住房城乡建设部土建类学科专业"十三五"规划教材
高等职业教育土建类专业课程改革系列教材

建筑装饰构造与施工技术

第3版

主　编　杨　洁
副主编　刘国峰　魏志鹏
参　编　李绪严　李　娟
主　审　易贤铎

机械工业出版社

本书根据职业院校建筑装饰工程技术专业现行专业标准以及现行装饰工程规范要求编写，打破了传统《建筑装饰工程构造与施工》教材的理论体系，适合采用"项目法"教学，以课堂讲授为主，再结合专门的实训课进行教学。本书注重解决实际问题能力的培养，为学生就业和学习其他专业知识、职业技能打下基础，使学生具备高素质劳动者和中高级专门人才所必需的专业知识和专业技能。全书共分为6个模块28个项目，主要内容包括：墙面装饰构造与施工、顶棚装饰构造与施工、楼地面装饰构造与施工、门窗构造与施工、隔墙隔断装饰构造与施工、特种装饰构造与施工。

本书适用于职业院校建筑装饰工程技术、建筑工程技术、环境艺术设计、工程造价、建设工程监理、现代物业管理等专业，同时可作为成人教育、相关职业岗位培训教材以及有关工作人员的参考书或自学用书。

为方便教学，本书配有电子课件、习题解答及模拟试卷，凡使用本书作为教材的教师可登录机械工业出版社教育服务网（www.cmpedu.com）注册下载。咨询电话：010-88379375。

图书在版编目（CIP）数据

建筑装饰构造与施工技术 / 杨洁主编. —3版. —北京：机械工业出版社，2023.12（2025.6重印）

住房城乡建设部土建类学科专业"十三五"规划教材　高等职业教育土建类专业课程改革系列教材

ISBN 978-7-111-74853-3

Ⅰ.①建…　Ⅱ.①杨…　Ⅲ.①建筑装饰–建筑构造–高等职业教育–教材②建筑装饰–工程施工–高等职业教育–教材　Ⅳ.①TU767

中国国家版本馆CIP数据核字（2024）第006501号

机械工业出版社（北京市百万庄大街22号　邮政编码100037）
策划编辑：常金锋　　责任编辑：常金锋　陈将浪
责任校对：陈　越　　封面设计：陈　沛
责任印制：常天培
河北虎彩印刷有限公司印刷
2025年6月第3版第2次印刷
184mm×260mm·16.25印张·399千字
标准书号：ISBN 978-7-111-74853-3
定价：59.00元

电话服务	网络服务
客服电话：010-88361066	机　工　官　网：www.cmpbook.com
010-88379833	机　工　官　博：weibo.com/cmp1952
010-68326294	金　书　网：www.golden-book.com
封底无防伪标均为盗版	机工教育服务网：www.cmpedu.com

前 言

《国家中长期教育改革和发展规划纲要（2010—2020年）》确立了职业教育发展目标，该纲要提出要形成适应经济发展方式转变和产业结构调整要求、体现终身教育理念、中等和高等职业教育协调发展的现代职业教育体系，满足人民群众接受职业教育的需求，满足经济社会对高素质劳动者和技能型人才的需要。

本书在修订过程中依据党的二十大报告中提出的"办好人民满意的教育""加快建设高质量教育体系"，集中体现教育目标、理念、内容、方法和规律，为深入实施科教兴国战略和人才强国战略提供基本载体和关键支撑。

从全国范围来看，建筑装饰行业是国民经济的支柱产业之一，作为现代服务业的主要行业，其对人才的需求量很大，对所需人才也提出了新要求，主要包括：具有较高的人文素质和基本职业素养；具有相应的职业资格证书；具有必需、够用的专业知识和较强的专业实践能力；具有较强的交流与沟通能力，能够适应市场和行业的变化；具有终身学习的意识和学习能力。基于市场对人才的要求，本书具有以下特色：

1. 适应岗课赛证的要求

为了更好地适应建筑装饰工程技术专业的职业教育教学，本书符合有关国家职业标准和行业岗位要求，同时也对接职业技能大赛和职业资格证书要求，为建筑装饰行业高素质技术技能人才的培养提供保证。

2. 坚持以能力为本位

本着以学生为主体的教学理念，着眼于学生的全面发展和培养学生的综合素质与职业能力，以"模块式"教学体现课程的教学目标，适合当前职业教育的课程任务和目标，可操作性明显增强。

3. 创新信息化呈现手段

本书坚持推进教育数字化的思想，在编写过程中进行立体化教材建设，符合"互联网+职业教育"发展需求，配有动画二维码、完整的电子课件等数字化资源，方便教师进行数字化教学。

本书由中央财政支持的重点专业（建筑装饰工程技术）建设单位湖北轻工职业技术学院杨洁任主编；由黄冈职业技术学院刘国峰、包头铁道职业技术学院魏志鹏任副主编；湖北轻工职业技术学院李绪严和李娟参与了本书的编写工作。本书由湖北轻工职业技术学院易贤铎主审。

本书是课程改革的产物，限于编者水平，书中难免存在不妥之处，希望读者在采用本书的同时能在实际的教学过程中对本书提出意见和建议，使得本书能够不断改进和完善。

编 者

动画二维码清单

页码	名称	二维码	页码	名称	二维码
20	墙面乳胶漆施工工序		72	矿棉板吊顶构造	
20	新砌墙体粉刷工艺		72	纸面石膏双层板吊顶构造	
44	软包墙面构造		118	木地板与地砖交接处	
58	暗藏灯带窗帘盒节点				

目 录

前 言

动画二维码清单

模块一 墙面装饰构造与施工 ... 1
  项目一　抹灰类墙面施工 ... 1
  项目二　贴面类墙面施工 ... 11
  项目三　涂刷类墙面施工 ... 20
  项目四　裱糊类墙面施工 ... 31
  项目五　镶板类墙面施工 ... 37
  项目六　软包类墙面施工 ... 44
  习题 ... 50

模块二 顶棚装饰构造与施工 ... 52
  项目一　直接式顶棚施工 ... 52
  项目二　木龙骨顶棚施工 ... 58
  项目三　轻钢龙骨顶棚施工 ... 72
  项目四　金属装饰板顶棚施工 ... 87
  项目五　铝合金开敞顶棚施工 ... 96
  项目六　软膜顶棚施工 ... 102
  习题 ... 110

模块三 楼地面装饰构造与施工 ... 111
  项目一　整体式地面施工 ... 111
  项目二　块材类地面施工 ... 118
  项目三　实木地板地面施工 ... 127
  项目四　复合地板地面施工 ... 135
  项目五　软质地面施工 ... 142
  习题 ... 150

模块四 门窗构造与施工 ... 152
  项目一　木质装饰门施工 ... 152

项目二　木质门窗套施工 163
项目三　铝合金平开窗施工 171
项目四　塑钢推拉窗施工 182
项目五　全玻璃地弹簧门施工 189
习题 198

模块五　隔墙隔断装饰构造与施工 200

项目一　木龙骨隔墙施工 200
项目二　轻钢龙骨隔墙施工 208
项目三　板材隔墙施工 218
项目四　玻璃砖隔墙施工 224
习题 230

模块六　特种装饰构造与施工 232

项目一　玻璃幕墙施工 232
项目二　玻璃采光顶施工 242
习题 251

参考文献 252

模块一　墙面装饰构造与施工

项目一　抹灰类墙面施工

本项目知识点

1. 抹灰类墙面的构造、施工工艺流程、施工方法。
2. 抹灰类墙面的施工准备、质量要求、应注意的质量问题。

本项目技能点

1. 熟悉抹灰类墙面施工的特点和基本要求。
2. 掌握抹灰类墙面施工的质量要求和工艺流程。

一、项目概况

抹灰类墙面造价低廉、施工简便、效果良好，广泛应用于建筑墙面装饰。抹灰类墙面施工主要是指用各种加色的或不加色的水泥砂浆、石灰砂浆、混合砂浆、石膏砂浆、聚合物水泥砂浆等为主要装饰材料对墙面进行装饰装修的工程做法。本项目需按照施工要求完成如图 1-1 所示的装饰抹灰墙面。

图 1-1　装饰抹灰墙面

二、项目分析

按照装饰效果，抹灰类墙面分为一般抹灰和装饰抹灰两类。

（一）一般抹灰

一般抹灰主要是为了满足建筑物的使用要求，对墙面进行最基本的装饰装修处理。

一般抹灰有石灰砂浆、混合砂浆、水泥砂浆等。外墙抹灰厚度一般为 20～25mm，内墙抹灰厚度为 15～20mm，顶棚抹灰厚度为 12～15mm。在构造上和施工时应分层操作：一般分为底层、中层和面层，各层的作用和要求不同。抹灰类墙面构造组成如图 1-2 所示。

（1）底层抹灰主要起到与基层墙体粘结和初步找平的作用。

（2）中层抹灰在于进一步找平以减少打底砂浆层干缩后可能出现的裂纹。

（3）面层抹灰主要起表面装饰作用，因此要求面层表面平整、无裂痕、颜色均匀。

墙面抹灰按质量要求分为二级：普通抹灰、高级抹灰。普通抹灰为一层底灰、一层罩面灰，二遍成活；高级抹灰为一层底灰、几层中灰、一层罩面灰，多遍成活，需设标筋，阴阳角找方正，分层找平，表面压光。

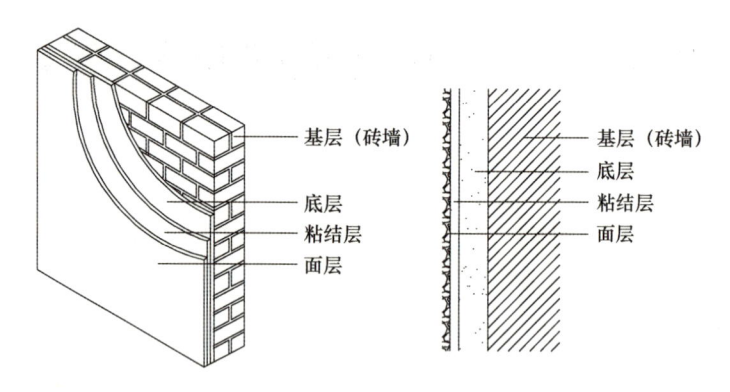

图 1-2 抹灰类墙面构造组成

一般抹灰墙面的构造做法见表 1-1。

表 1-1 一般抹灰墙面的构造做法

抹灰名称	构造做法	应用范围
混合砂浆抹灰	底层：水泥：石灰：砂子加麻刀 =1:1:3，6mm 厚 中层：水泥：石灰：砂子加麻刀 =1:1:6，10mm 厚 面层：水泥：石灰：砂子 =1:0.5:3，8mm 厚	一般砖石墙面
水泥砂浆抹灰	素水泥浆一道，内掺水重 3%～5% 的有机高分子乳胶 底层：14mm 厚 1:3 水泥砂浆（扫毛或划出条纹） 面层：6mm 厚 1:2.5 水泥砂浆	有防潮要求的房间
纸筋灰或麻刀灰抹灰	底层：13mm 厚 1:3 石灰砂浆 面层：2mm 厚纸筋灰或麻刀灰	一般民用建筑砖石类墙面
石膏灰罩面	底层：13mm 厚 1:2～1:3 麻刀灰砂浆 面层：2～3mm 厚石膏灰（分三遍完成）	高级装修的室内抹灰罩面
膨胀珍珠岩灰浆罩面	底层：13mm 厚 1:2～1:3 麻刀灰砂浆 面层：水泥：石膏灰：膨胀珍珠岩 =100:(10～20):(3～5)，2mm 厚	有保温隔热要求的建筑内墙面

（二）装饰抹灰

装饰抹灰是指利用抹灰的基本材料，除对墙面作一般抹灰之外，利用不同的施工操作方法将其直接做成饰面层，使抹灰除了具有与一般抹灰相同的功能外还具有不同的质感、纹理和色泽的装饰效果。装饰抹灰有水刷石、干粘石、斩假石、水泥拉毛、假石漆等。装饰抹灰墙面的构造做法见表 1-2。

表 1-2 装饰抹灰墙面的构造做法

抹灰名称	构造做法	应用范围
拉毛饰面	底层：13mm 厚 1:0.5:4 水泥石灰砂浆打底，待底灰六七成干时刷素水泥浆一道 面层：1:0.5:1 水泥石灰砂浆拉毛（厚度视拉毛长度而定）	用于对音响效果要求较高的建筑内墙面
喷毛饰面	底层：12mm 厚 1:1:6 混合砂浆 面层：1:1:6 水泥石灰膏混合砂浆，用喷枪喷两遍	一般用于公共建筑外墙面

(续)

抹灰名称	构造做法	应用范围
拉条抹灰	底层：12mm 厚 1:1:6 混合砂浆 面层：1:1:6 水泥石灰膏混合砂浆，用喷枪喷两遍	一般用于公共建筑门厅、影剧院观众厅墙面
水刷石饰面	底层：与一般抹灰同 面层：1:2.5:0.5 水泥细黄砂纸筋灰混合砂浆，用拉条模拉线条成型（厚度小于 12mm）	用于外墙重点装饰部位
干粘石饰面	底层：7~8mm 厚 1:3 水泥砂浆 面层：水泥:石灰膏:砂子:有机高分子乳胶=100:50:200:(5~15)，厚 4~5mm	用于民用建筑及轻工业建筑外墙饰面
斩假石饰面	底层：15mm 厚 1:3 水泥砂浆，刮素水泥浆一道 面层：10mm 厚 1:1.25 水泥石渣浆，用剁斧剁斩出类似石材雕琢的纹理效果	一般用于公共建筑重点装饰部位
假面砖饰面	底层：12mm 厚 1:3 水泥砂浆打底，3mm 厚 1:1 水泥砂浆垫层 面层：3~4mm 厚水泥:石灰膏:氧化铁黄:氧化铁红:砂子=100:20:(6~8):2:150（质量比），用铁钩及铁梳做出砖纹	一般用于民用建筑外墙面或内墙局部装饰

三、项目准备

（一）材料准备

抹灰类墙面主要材料为水泥砂浆、石灰砂浆、混合砂浆、聚合物水泥砂浆等。各种抹灰砂浆材料配合比见表 1-3。

表 1-3 各种抹灰砂浆材料配合比

抹灰砂浆名称	组成成分	配合比值
石灰砂浆	石灰膏、砂和水	石灰膏:砂=1:2.5 或 1:3
水泥石灰砂浆	水泥、石灰膏、砂和水	水泥:石灰膏:砂 1.5:1:3、1:3:9、1:2:1、1:0.5:4、1:1:2、1:1:6、1:0.5:3、1:1:4、1:0.5:2、1:0.2:2
水泥砂浆	水泥、砂和水	水泥:砂=1:1、1:1.5、1:2、1:2.5、1:3
聚合物水泥砂浆	水泥、有机高分子乳胶、砂和水	水泥:有机高分子乳胶:砂=1:(0.05~0.1):2
膨胀珍珠岩水泥浆	水泥、膨胀珍珠岩和水	水泥:膨胀珍珠岩=1:8
麻刀石灰	石灰膏、麻刀和水	每 1m³ 石灰膏中约掺 12kg 麻刀
纸筋石灰	石灰膏、纸筋和水	每 1m³ 石灰膏中约掺 48kg 纸筋
石膏灰	石膏粉和水	每 1t 石膏粉加水约 0.7 m³
水泥浆	水泥和水	每 1t 水泥加水约 0.34 m³
麻刀石灰砂浆	麻刀石灰、砂和水	麻刀石灰:砂=1:2.5、1:3
纸筋石灰砂浆	纸筋石灰、砂和水	纸筋石灰:砂=1:2.5、1:3

（二）工具准备

抹灰类墙面施工常用的工具有各类抹子、辅助工具和刷子等工具。

抹灰用的各种抹子主要有方头铁抹子、圆头铁抹子、木抹子、阴角抹子、圆弧阴角抹子和阳角抹子等；常用的辅助工具有托灰板、木杠、八字靠尺、钢筋卡子、靠尺板、托线板和线垂等。部分抹灰类工程常用施工工具见表 1-4。

表 1-4　部分抹灰类工程常用施工工具

名称	用途	图片
方头铁抹子	用于抹灰	
圆头铁抹子	用于压光罩面灰	
木抹子	用于搓平底灰和搓毛砂浆表面	
阴角抹子	用于压光阴角	
圆弧阴角抹子	用于有圆弧阴角部位的抹灰面压光	
阳角抹子	用于压光阳角	
木杠	用于基础找平	

（三）施工作业条件准备

1. 施工前的检查

抹灰工程施工，必须在结构工程或基层质量检验合格并进行工序交接后进行。对其他配合工种项目也必须进行检查，这是确保抹灰工程质量和生产进度的关键。抹灰前应对下列项目进行检查：

（1）主体结构和水电、暖气、煤气设备的预埋件，以及消防梯、雨水管管箍、泄水管、阳台栏杆、电线绝缘的托架等安装是否齐全和牢固，各种预埋铁件、木砖位置标高是否正确。

（2）门窗框及其他木制品是否安装齐全并校正后固定，是否预留抹灰层厚度，门窗口高度是否符合室内水平线标高。

（3）板条、苇箔或钢丝网吊顶是否牢固，标高是否正确。

（4）水、电管线，配电箱是否安装完毕，有无漏项，水暖管道是否做过压力试验，地漏位置及坡度是否正确。

（5）对已安装好的门窗框，采用钢板或板条进行保护。

2. 基层的表面处理

抹灰前应根据具体情况对基层表面进行必要的处理。

（1）墙上的脚手眼、各种管道穿越过的墙洞和楼板洞、剔槽等应用1:3水泥砂浆填嵌密实或堵砌好。散热器和密集管道等背后的墙面抹灰，应在散热器和管道安装前进行，抹灰面接槎应顺平。

（2）门窗框与立墙交接处用水泥砂浆或水泥混合砂浆（加少量麻刀）分层嵌塞密实。

（3）基层表面的灰尘、污垢、油渍、碱膜、沥青渍、粘结砂浆等均应清除干净，并用水喷洒湿润。

（4）混凝土墙、混凝土梁头、砖墙或加气混凝土墙等基层表面的凸凹处，要剔平或用1:3水泥砂浆分层补齐，模板铁线应剪除。

（5）板条墙或顶棚板条留缝间隙过窄处，应予以处理，一般间隙要求达到7~10mm（单层板条）。

（6）金属网应铺钉牢固、平整，不得有翘曲、松动现象。

（7）在木结构与砖石结构、木结构与钢筋混凝土结构相接处的基体表面抹灰，应先铺设金属网，并绷紧牢固。金属网与各基体的搭接宽度从缝边起每边不小于100mm，并应铺钉牢固，不翘曲。

（8）平整光滑的混凝土表面如设计无要求时，可不抹灰，用刮腻子处理。如设计有要求或混凝土表面不平，应进行凿毛，方可抹灰。

（9）预制混凝土楼板顶棚，在抹灰前需用1:0.3:3水泥石灰砂浆将板缝勾实。

3. 浇水润墙

（1）为了确保灰砂浆与基层表面粘结牢固，防止产生抹灰层空鼓、裂缝、脱落等质量通病，抹灰前除必须对抹灰基层表面进行处理外，还应对墙体浇水湿润。

（2）在刮风季节，为防止抹灰面层干裂，在内墙抹灰前，必须首先把外门窗封闭（安装一层玻璃或覆盖一层塑料薄膜）。对12cm以上厚砖墙，应在抹灰前一天浇水，12cm厚的砖墙浇一遍，24cm厚的砖墙浇两遍。

（3）在常温下进行外墙抹灰，墙体一定要先浇两遍水，以防止底层灰的水分很快被墙面吸收，影响底层砂浆与墙面的粘结力。

（4）加气混凝土表面孔隙率大，其毛细管为封闭性和半封闭性，阻碍了水分渗透速度。它同砖墙相比，吸水速度约慢 3~4 倍，因此应提前两天进行浇水，每天两遍以上，使渗水深度达到 8~10mm。混凝土墙体吸水率低，抹灰前浇水可以少一些。

此外，各种基层浇水程度，还与施工季节、气候和室内外操作环境有关，因此应根据实际情况酌情掌握。

四、项目实施

（一）施工工艺流程

1. 内墙抹灰施工流程

门窗框四周堵缝→墙面清理→基层处理→吊垂直、套方找规矩→抹灰饼、冲筋→弹灰层控制线→做墙面阳角护角→浇水湿润墙面→抹底层砂浆→罩面灰→养护。

2. 外墙抹灰施工流程

门窗框四周堵缝→墙面清理→基层处理→浇水润湿墙面→吊垂直、套方、找规矩→抹灰饼→冲筋→弹灰层控制线→抹底层砂浆→弹线分格→粘分格条→抹罩面灰→勾缝→养护。

（二）施工操作要点

1. 内墙抹灰施工流程

（1）基层处理。基层为混凝土墙板，因混凝土表面光滑，应对其表面进行"毛化"处理。其方法有两种：一种是将其光滑的表面用尖钻剔毛，使其表面粗糙不平，然后用水湿润基层；另一种方法是将光滑的表面清扫干净，用 10% 氢氧化钠溶液（俗称火碱水）除去混凝土表面的油污后，将碱液冲洗干净后晾干，采用机械喷涂或用笤帚甩上一层 1:1 稀粥状水泥细砂浆（内掺 20% 有机高分子乳胶水拌制），使其凝固在光滑的基层表面，用手掰不动为好。混凝土表面毛化处理效果，如图 1-3 所示。

对基层为加气混凝土砌块，用笤帚将墙面上的粉尘扫净，浇水将墙面润透，使水浸入加气块达 10mm 为宜。对缺棱掉角的砌块，或砌块的接缝处高差较大时，可用 1:1:6 的水泥混合砂浆掺 20% 有机高分子乳胶拌和均匀，分层衬平，每遍厚度为 5~7mm；待灰层凝固后，用水湿润，用上述同配合比的细砂浆（砂子应用纱绷筛先筛选），用机械喷或用笤帚甩在加气混凝土表面，第二天浇水养护，直至砂浆疙瘩凝固，用手掰不动为止。

图 1-3 混凝土表面毛化处理效果

（2）吊垂直、套方、找规矩、抹灰饼。分别在门窗洞口角、垛、墙面等处吊垂直、套方、找规矩、抹灰饼，并按灰饼充筋后，在墙面上弹出抹灰层控制线，如图 1-4 所示。

（3）做暗护角。用 1：2 水泥砂浆做暗护角，护角高度不应低于 2m，每侧宽度不应小于 50mm，如图 1-5 所示。

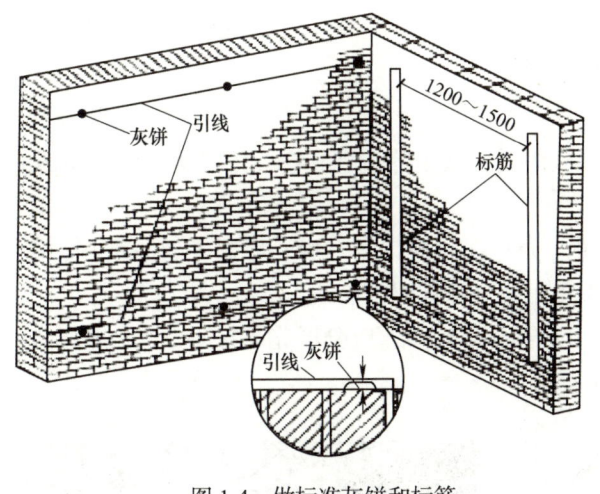

图 1-4 做标准灰饼和标筋

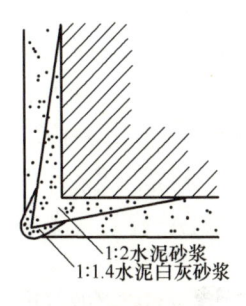

图 1-5 暗护角

（4）抹底层砂浆。刷掺水重 10% 的有机高分子乳胶水泥素浆一道（水胶比为 0.4～0.5），然后刷 1：1：6 水泥混合砂浆（内墙、顶棚），每遍厚度为 5～7mm，应分层充筋抹平，并用大杠刮平、找直，木抹子搓毛，如图 1-6 所示。

（5）抹面层砂浆。底层砂浆抹好后，次日即可抹面层砂浆。首先将墙面润湿，按图样尺寸弹线分格，粘分格条，做滴水槽，抹面层砂浆。面层砂浆采用配合比为 1：0.5：3 的水泥混合砂浆，厚度为 5～8mm。先用水湿润，抹时先薄薄地刮一层素水泥膏，使其与底灰粘牢，随后抹罩面灰与分格条抹平，并用杠横竖刮平，木抹子搓毛，铁抹子溜光、压实，如图 1-7 所示。待其表面无明水时，用软毛刷蘸水垂直于地面按同一方向轻刷一遍，以保证面层灰的颜色一致，避免和减少收缩裂缝。

图 1-6 抹底层砂浆

图 1-7 铁抹子溜光、压实

抹灰的施工程序：从上往下打底，底层砂浆抹完后，将架子升上去，再从上往下抹面层砂浆。应注意在抹面层砂浆以前，应先检查底层砂浆有无空裂现象，如有空裂，应剔凿返修后再抹面层砂浆；另外应注意先将底层砂浆上的尘土、污垢等清除干净并浇水湿润后，方可进行面层抹灰。

（6）养护。水泥混合砂浆抹灰层应喷水养护。

2. 外墙面抹灰施工流程

（1）基层处理：将墙面上残存的砂浆、污垢、灰尘等清理干净，用水浇墙面，将砖缝中的尘土冲掉，使墙面润湿，如图1-8所示。

（2）吊垂直、套方、找规矩、抹灰饼。分别在门窗口角、垛、墙面等处吊垂直、套方、找规矩，抹灰饼，并按灰饼充筋后，在墙面上弹出抹灰层控制线。

（3）抹底层砂浆。使用的水泥砂浆，配合比为1:3，应分层充筋抹平，大杠横竖刮平，木抹子搓毛，终凝后浇水养护，如图1-9所示。

图1-8 喷水润湿墙面　　　　图1-9 外墙抹灰

（4）弹线、分格、粘分格条。首先应按图样上的要求弹线分格，粘分格条，注意粘竖条时应粘在所弹立线同一侧，防止左右乱粘，如图1-10所示。分格条粘好后，当底灰五六成干时，即可抹面层砂浆。

（5）抹面层砂浆。先刷掺水重10%的有机高分子乳胶水泥素浆一道，紧跟着抹面。面层砂浆采用配合比为1:2.5的水泥砂浆或配合比为1:0.5:2.5的水泥、粉煤灰混合砂浆，一般厚度在5mm左右，分两次与分格条抹平，再用杠横竖刮平，木抹子搓毛，铁抹子压实、压光，待表面无明水后，用刷子蘸水按垂直于地面方向轻刷一遍，使其面层颜色一致。做完面层后应喷水养护。面层砂浆常温时可采用配合比为1:2.5的水泥砂浆。

（6）做滴水线（槽）。在檐口、窗台、窗楣、雨篷、阳台、压顶和突出墙面等部位，上面应做出流水坡度，下面应做滴水线（槽）。滴水线（槽）距外表面不应小于40mm，滴水线（或鹰嘴）应保证其坡向正确，如图1-11所示。

图 1-10 分格条示例

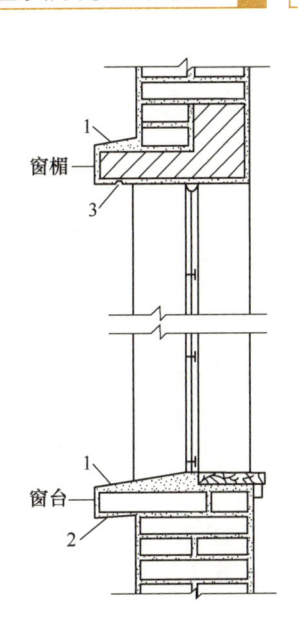

图 1-11 滴水槽与滴水线
1—流水坡度　2—滴水线　3—滴水槽

(7) 喷水养护。

(三) 施工注意事项

(1) 找规矩、弹线。首先根据设计图样要求的抹灰等级或确定的样板间施工方案，按照基层表面平整、垂直的情况找好规矩，即四角规方、横线找平、立线吊直，弹出准线、墙裙线、踢脚线。经检验符合要求后确定抹灰层厚度。

(2) 灰饼、标筋（冲筋）。为控制抹灰层的厚度和平整度，必须用与抹灰材料相同的砂浆先做出灰饼和冲筋。

(3) 做阳角护角。室内墙面、柱面和门洞口的阳角护角做法应符合设计要求。如设计无要求时，应采用强度等级不低于M20的水泥砂浆做暗护角，其高度不应低于2m，每侧宽度不应小于50mm，如图1-12所示。

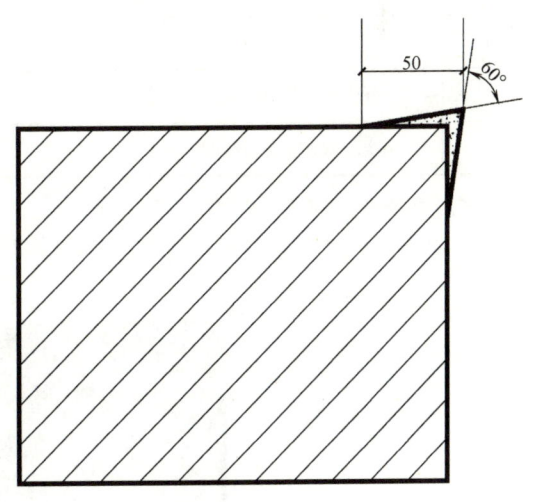

图 1-12 柱子阳角护角

(4) 基层为混凝土墙时，抹灰前应凿毛或薄刮一层素水泥浆。在加气混凝土或粉煤灰砌块基层上抹灰时，应先洒水湿润，然后刷有机高分子乳胶水泥浆一道。

(5) 在加气混凝土基层上所抹底灰的强度宜与加气混凝土强度相近，中层灰的配合比也宜与底灰基本相同。底灰宜用粗砂，中层灰和面层灰宜用中砂。

(6) 采用水泥砂浆面层时，需将底子灰表面扫毛或划出纹道，面层应注意接槎，表面压光不得少于两遍，罩面后次日进行洒水养护。

（7）在分层抹灰中，应在底层抹灰后间隔一定时间，让其晾干和水分蒸发后再涂抹后一层。

（8）纸筋灰或麻刀灰罩面时，宜在底子灰干至五六成时进行，底子灰如过于干燥应先浇水湿润，罩面分两遍压实赶光。

（9）内墙裙、踢脚线的抹灰一般要比罩面灰墙面凸出 3~5mm，收口时根据设计高度弹线，把靠尺靠在弹线上用铁抹子切齐，收边清理。

五、项目验收

（1）一般抹灰分普通抹灰和高级抹灰，当设计无要求时，按普通抹灰验收。

（2）检查数量。室内每个检验批至少抽查 10%，并不得少于 3 间；不足 3 间时应全数检查。室外每个检验批每 100m² 应至少抽查一处，每处不得小于 10m²。

（3）一般抹灰工程质量要求及验收方法见表 1-5。在检查抹灰平整度时要使用靠尺，如图 1-13 所示。

表 1-5　一般抹灰工程质量要求及验收方法

项次	项　目	允许偏差/mm 普通抹灰	允许偏差/mm 高级抹灰	检验方法
1	立面垂直度	4	3	用 2m 垂直检测尺检查
2	表面平整度	4	3	用 2m 靠尺和塞尺检查
3	阴阳角方正	4	3	用 200mm 直角检测尺检查
4	分格条（缝）直线度	4	3	拉 5m 线，不足 5m 拉通线，用钢直尺检查
5	墙裙、勒脚上口直线度	4	3	拉 5m 线，不足 5m 拉通线，用钢直尺检查

注：1. 普通抹灰，本表第 3 项阴角方正可不检查。
　　2. 顶棚抹灰，本表第 2 项表面平整度可不检查，但应平顺。

图 1-13　采用靠尺检查抹灰层平整度

六、项目拓展

1. 装饰抹灰与一般抹灰的区别

一般抹灰与装饰抹灰同属于建筑装饰装修分部工程的抹灰子分部工程，是两个不同的分项工程。一般抹灰指水泥砂浆、石灰砂浆、水泥混合砂浆、聚合物水泥砂浆、麻刀石灰、纸筋石灰、石膏灰等抹灰。装饰抹灰指水刷石、斩假石、干粘石、假面砖等装饰抹灰。

2. 装饰抹灰工程的验收

装饰抹灰工程质量要求及验收方法见表1-6。它适用于水刷石、斩假石、干粘石、假面砖等装饰抹灰工程的质量验收。

表1-6 装饰抹灰工程质量要求及验收方法

项次	项目	允许偏差/mm 水刷石	斩假石	干粘石	假面砖	检验方法
1	立面垂直度	5	4	5	5	用2m垂直检测尺检查
2	表面平整度	3	3	5	4	用2m靠尺和塞尺检查
3	阳角方正	3	3	4	4	用200mm直角检测尺检查
4	分格条（缝）直线度	3	3	3	3	拉5m线，不足5m拉通线，用钢直尺检查
5	墙裙、勒脚上口直线度	3	3	—	—	拉5m线，不足5m拉通线，用钢直尺检查

项目二　贴面类墙面施工

本项目知识点

1. 贴面类墙面的构造、施工工艺流程、施工方法。
2. 贴面类墙面的施工准备、质量要求、要注意的质量问题。

本项目技能点

1. 熟悉贴面类墙面施工的特点和基本要求。
2. 掌握贴面类墙面施工的质量要求和工艺流程。

一、项目概况

贴面类墙面是将大小不同的块材通过构造连接镶贴于墙体表面形成的墙体饰面。常用的墙体贴面材料有三类：一是陶瓷制品，如瓷砖、面砖、陶瓷锦砖、玻璃锦砖等；二是天然石材，如大理石、花岗岩等；三是预制块材，如水磨石饰面板、人造石材等。本项目需按照施工要求完成如图1-14所示的瓷砖贴面墙装饰。

二、项目分析

贴面类墙面按照墙体饰面材料的特点（如形状、重量、适用部位）不同，其构造方法有一定的差异，可分为粘贴类和干挂类。

图1-14 瓷砖贴面墙装饰

（一）粘贴类墙面

质量小、面积小的饰面材料，如瓷砖、面砖、陶瓷锦砖、玻璃锦砖等，可以直接采用砂浆等粘结材料镶贴，构造做法基本相同。但由于各饰面材料的性质的差别，粘贴做法略有不同。

1. 面砖饰面

面砖多数是以陶土为原料，表面有平滑的和带一定纹理质感的，背部质地粗糙且带有凹槽，可增强面砖和砂浆之间的粘结力。

砖饰面的构造做法：先在基层上抹15mm厚1:3的水泥砂浆作底灰，分两层抹平即可；粘贴砂浆用1:2.5水泥砂浆或1:0.2:2.5水泥石灰膏混合砂浆，其厚度不小于10mm，然后在其上贴面砖，并用1:1白色水泥砂浆嵌缝，如图1-15所示。

2. 瓷砖饰面

瓷砖饰面的构造做法：10~15mm厚1:3水泥砂浆打底，5~8mm厚1:0.1:2.5水泥石灰膏混合砂浆粘贴，贴好后用清水将瓷砖表面擦洗干净，然后用白水泥嵌缝。

3. 陶瓷锦砖与玻璃锦砖饰面

陶瓷锦砖与玻璃锦砖饰面的构造做法如图1-16所示。

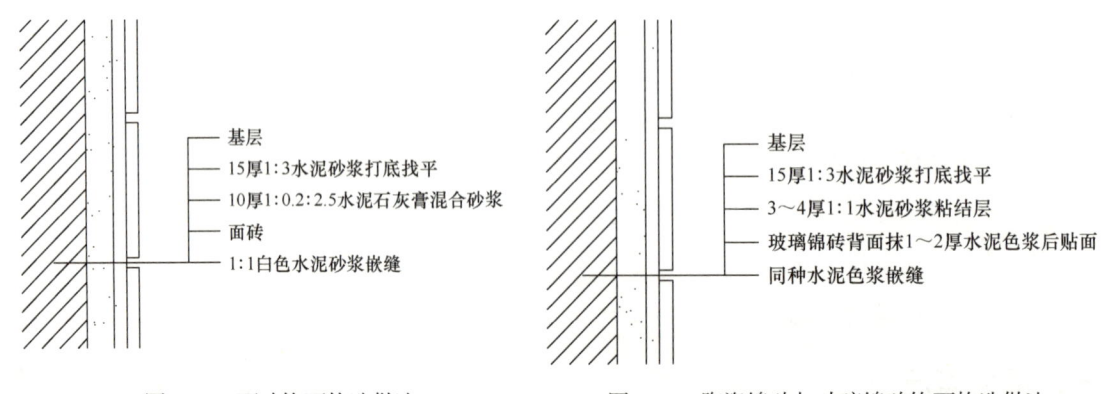

图1-15 面砖饰面构造做法　　图1-16 陶瓷锦砖与玻璃锦砖饰面构造做法

4. 人造石材饰面

（1）砂浆粘贴法。人造石材薄板饰面的构造做法比较简单，通常采用1:3水泥砂浆打底，1∶0.3∶2 的水泥石灰膏混合砂浆或水泥∶有机高分子乳胶∶水 =10∶0.5∶2.6 的有机高分子乳胶水泥浆粘结镶贴板材。

（2）聚酯砂浆固定法。聚酯砂浆固定法是先用胶砂比 1∶(4.5～5) 的聚酯砂浆固定板材四角和填满板材之间的缝隙，待聚酯砂浆固化并能起到固定作用以后，再进行灌浆操作。

（3）树脂胶粘贴法。树脂胶粘贴法的构造做法如图 1-17 所示。

（二）干挂类墙面

重量大、面积大的饰面材料，如花岗岩、大理石等，必须采取相应的构造连接措施，才能保证与主体结构的连接强度。传统做法是采用钢筋网挂法，板材与墙体之间灌注 1∶2.5 水泥砂浆。由于水泥砂浆会发生反碱现象，造成板材表面污染，因此现在常采用的构造做法是干挂法，如图 1-18 所示。

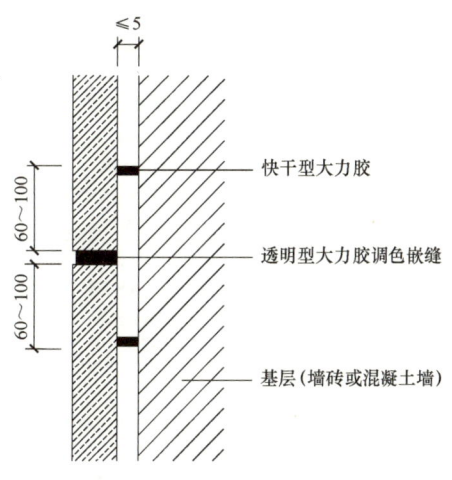

图 1-17 树脂胶粘贴法构造做法

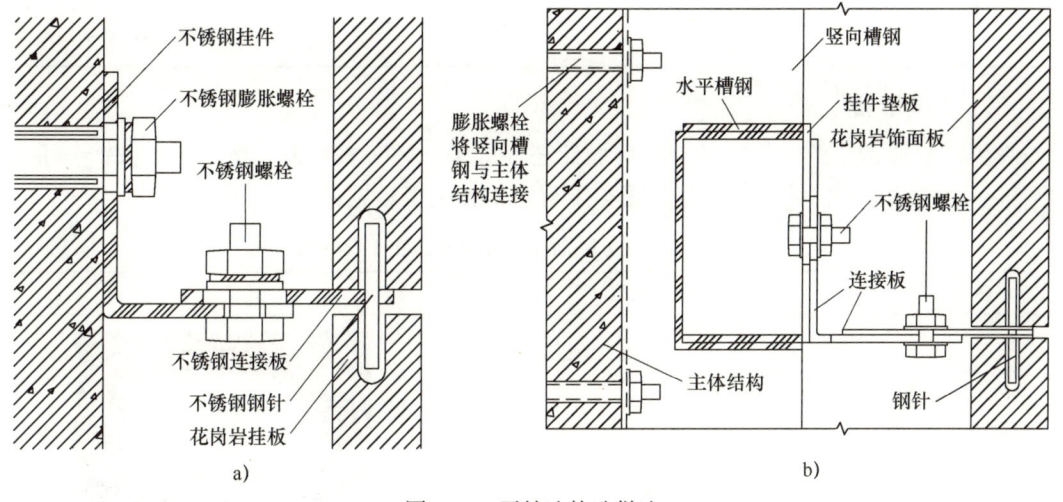

图 1-18 干挂法构造做法
a）直接干挂法　b）间接干挂法

三、项目准备

（一）材料准备

贴面类墙面常用的墙体贴面材料见表 1-7、表 1-8。

表 1-7 陶瓷制品饰面块材

饰面块材名称	常见规格 （长/mm×宽/mm×厚/mm）	特　点	适用范围
釉面瓷砖	152×152×5 152×152×6	表面光滑易清洗。颜色、印花、图案多样	多用于卫生间、厨房、浴室、实验室、游泳池等处饰面工程

(续)

饰面块材名称	常见规格 (长/mm × 宽/mm × 厚/mm)	特　点	适用范围
面砖 (又称外墙面砖)	113 × 77 × 17 146 × 113 × 17 233 × 113 × 17 265 × 113 × 17	颜色多样	主要用于外墙面、柱面、窗心墙、门窗套等部位
陶瓷锦砖 (又称马赛克)	39 × 39 × 5 23.6 × 23.6 × 5 18.5 × 18.5 × 5 15.2 × 15.2 × 4.5	分为陶瓷和玻璃两种，粘贴在325mm×325mm的玻璃纤维网上。质地坚实、经久耐用、色泽多样、耐酸碱、耐水、耐磨，易清洗	适用于餐厅、卫生间、浴室地面，内墙面及外墙面的装饰，以及大厅等艺术壁画装饰

表 1-8　饰面石材

石材种类	石材名称	特　点	适用范围
天然石材	大理石	质地均匀细密，硬度小，易于加工和磨光，表面光洁如镜，棱角整齐，美观大方，但其耐候性较花岗石差	主要用于建筑室内装饰装修饰面
天然石材	花岗石	质地坚硬密实，加工后表面光滑平整，棱角整齐，耐酸碱、耐冻	适用于建筑室内外装饰装修饰面
人造石材	人造大理石	花色可仿大理石，装饰效果好，表面抗污染性强，耐火性好，易于加工	主要用于建筑室内装饰
人造石材	人造花岗石	花色可仿花岗石，装饰效果好，表面抗污染性强，耐火性好，易于加工	主要用于建筑室内装饰

(二) 工具准备

除了抹灰所常用的工具之外，贴墙面砖还要准备下述工具：刀、橡胶锤、铁铲、手锤、切割机、手电钻、冲击钻等。部分贴面类工程常用施工工具见表1-9。

表 1-9　部分贴面类工程常用施工工具

名　称	用　途	图　片
水盆	泡砖	
橡胶锤	砖贴上去后敲平敲实，有效避免产生空鼓	
切割机	按现场实际尺寸切砖	

(续)

名　称	用　途	图　片
水平尺	用来看斜度或水平度	
美工刀	用来在贴好的墙砖之间割一下，去掉多余的水泥，适用于贴无缝砖	

（三）施工作业条件准备

1. 基层处理

镶贴饰面的基体表面应具有足够的稳定性和刚度，基体表面残留的砂浆、尘土及油渍等，应用钢丝刷刷洗干净。基体表面凸凹明显部位，应事先用1∶3水泥砂浆补平。为使基体与找平层粘结牢固，可洒水泥砂浆（水泥∶细砂 = 1∶1拌成稀浆）或聚合物水泥浆（108胶∶水 = 1∶4的胶水拌水泥）进行处理。

2. 抹找平层

加气混凝土外端应在基层清洁后，先刷108胶水溶液一遍，然后满钉孔径为32mm×32mm、丝径0.7mm的镀锌机织钢线网，钉距（ϕ6扒钉）纵横不大于600mm，再抹1∶1∶4水泥混合砂浆粘结层及1∶2.5水泥砂浆的找平层。檐口、腰线、窗台、雨篷等处，在抹找平层时，将流水坡和滴水线留出，抹完找平层砂浆之后，要根据气温情况及时进行浇水养护。

3. 浸水

镶贴前要先清扫干净，而后置于清水中浸泡。浸泡时间不少于2h，釉面砖需浸泡到不冒气泡为止，然后取出阴干备用，如图1-19、图1-20所示。

图1-19　浸水　　　　　　图1-20　阴干

4. 预排

镶贴前应进行预排，预排时要注意同一墙面的横竖排列，均不得有一行以上的非整砖。非整砖行应排在最不醒目的部位或阴角处，方法是用接缝宽度调整砖行。室内镶贴砖如设计无具体规定时，接缝宽可在 1～1.5mm 之间调整。在管线、灯具、卫生设备支承等部位，应用整砖套割吻合，不得用非整砖拼凑镶贴，以保证饰面的美观。合理充分的预排工作，能最大限度地减少贴砖的损耗。

四、项目实施

（一）施工工艺流程

（1）内墙贴面的施工流程：弹线、排砖、设标志块→粘贴面砖→擦洗、嵌缝→清理、验收。

（2）外墙贴面的施工流程：抹找平层→刷结合层→排砖、分格、弹线→粘贴面砖→勾缝→清理、验收。

（二）内墙面施工操作要点

1. 弹线、排砖、设标志块

在清理干净的墙面找平层上，依照室内标准水平线找出地面标高，按贴砖的面积计算纵横皮数，用水平尺找平，并弹出饰面砖的水平和垂直控制线。如用阴阳三角镶边时，则应将镶边位置预先分配好。纵向不足整块的部分，留在最下一皮砖与地面连接处，如图 1-21 所示。

2. 粘贴面砖

粘贴饰面砖时，应先贴若干块废饰面砖作为标志块，上下用托线板挂直，作为粘贴厚度的依据，横向每隔 1.5m 左右做一个标志块，用拉线或靠尺校正平整度。在门洞口或阳角处，如有阳三角条镶边时，则应将尺寸留出，先铺贴一侧的墙面，并用托线板校正靠直。如无镶边，则应双面挂直，如图 1-22 所示。

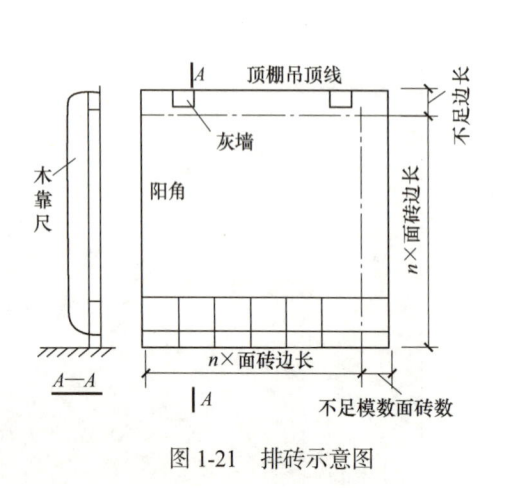

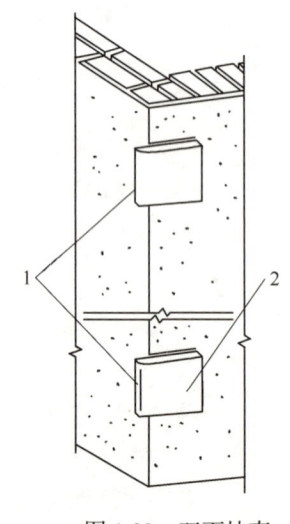

图 1-21 排砖示意图

图 1-22 双面挂直
1—小面挂直靠平　2—大面挂直靠平

按地面水平线嵌上一根八字靠尺或直尺，用水平尺校正，作为第一行饰面砖水平方向的依据。粘贴时，饰面砖的下口坐在八字靠尺或直靠尺上，这样可防止饰面砖因自重而向下滑移，以确保其铺贴的横平竖直，如图1-23所示。墙面与地面的相交处有阴角条镶边时，需将阴三角条的位置留出后，方可放置八字靠尺或直靠尺。

　　粘贴饰面砖宜从阳角处开始，并由下往上进行。铺贴时应保持与相邻饰面砖的平整。如饰面砖的规格尺寸或几何形状不等时，应在粘贴时随时调整，使缝隙宽窄一致。

　　制作非整砖块时，可根据所需要的尺寸划痕，用合金钢錾手工切割，折断后在磨石上磨边，也可采用台式无齿锯或电热切割器等切割，如图1-24所示。

图1-23　铺贴第一行面砖　　　　　图1-24　切割瓷砖

　　如墙面留有孔洞，应先用陶瓷铅笔在饰面砖上画好孔洞尺寸位置线，然后用切砖刀裁切或用胡桃钳将瓷砖局部钳去，如图1-25所示。

　　镶边条的粘贴顺序，一般先贴阴（阳）三角条再贴墙面，即先粘贴侧墙面饰面砖，再粘贴阴（阳）三角条，然后再粘另一侧墙面饰面砖。这样，阴（阳）三角条即比较容易与墙面吻合，如图1-26所示。

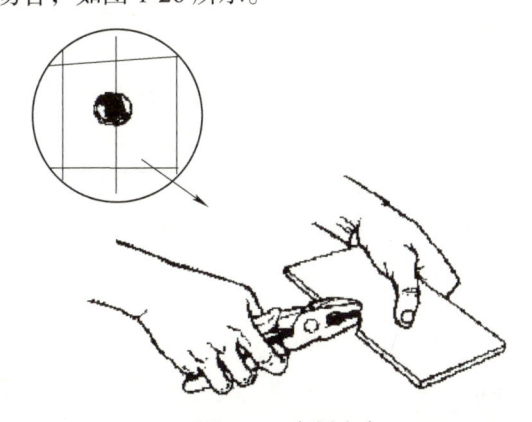

图1-25　套割吻合　　　　　图1-26　阳角镶边条粘贴效果

3. 擦洗、嵌缝

　　粘贴完后，用清水将饰面砖表面擦洗干净，用圆钉或小钢锯条将接缝内残余砂浆划出（注意划缝应在砂浆凝固前进行），再用白水泥浆勾缝（图1-27），压嵌密实，并将饰面砖表面全部擦洗完工后，可用棉丝擦净墙面污物；污染严重的，可用稀盐酸刷洗，随后用清水冲净。

(三) 施工注意事项

1. 内墙贴面施工注意要点

（1）施工前，重点做好进场原材料的质量检查验收，所有材料应具有产品合格证书及相关性能检测报告。需进行复验的材料，应经过见证取样并封样送检，合格后方可使用。需对基体的后置埋件进行拉拔检测时，应做好现场监督检测工作。

图 1-27　用白水泥浆勾缝

（2）粘贴墙面时，应先贴大面，后贴阴阳角、凹槽等费工多、施工难度大的部位。

（3）施工中，着重对预埋件（或后置埋件）、连接节点、防水层、防腐处理等隐蔽工程加强监督检查，保证饰面砖安装牢固。

（4）施工过程中应按工艺操作要点做好工序质量监控。

2. 外墙贴面施工注意要点

（1）抹找平层时应掌握以下要点

1）在基体处理完毕后，进行挂线、贴灰饼、冲筋（标筋），其间距不宜超过 2m。

2）抹找平层前应将基体表面润湿，并按设计要求在基体表面刷结合层。

3）找平层应分层施工，严禁空鼓，每层厚度不应大于 7mm，且应在前一层终凝后再抹后一层；找平层总厚度不应大于 20mm，若超过此值必须采取加固措施。

4）找平层的表面应刮平搓毛，并在终凝后浇水养护。

5）找平层的表面平整度允许偏差为 4mm，立面垂直度允许偏差为 5mm。

6）外墙饰面砖样板（件）完成后，必须进行粘结强度检验。

（2）排砖、分格、弹线。排砖应按设计要求和施工样板进行，并确定其接缝宽度和分格。排砖宜使用整砖，对必须使用非整砖的部位，非整砖宽度不宜小于整砖宽度的 1/3。排完砖后，即弹出控制线，做出标记。用面砖做灰饼，找出墙面、柱面、门窗套等横竖标准，阳角处要双面排直，灰饼间距不应大于 1.5m。

（3）面砖宜自上而下粘贴。对多层、高层建筑应以每一楼层层次为界，完成一个层次再做下一个层次，如图 1-28 所示。粘贴时，在面砖背后满抹粘结砂浆（粘结层厚度宜为 4~8mm），粘贴后用橡胶锤轻轻敲击，使之与基层粘结牢固，并用靠尺、方尺随时找平找方。贴完一皮后须将砖上口灰刮平，每日收工前须清理干净。在与抹灰层交接的门窗套、窗间墙、柱等处应先抹好底子灰，然后粘贴面砖。面砖与抹灰层交接处做法可按设计要求处理。

（4）在面砖粘贴完成一定段落后，应立即勾缝。勾缝应按设计要求的材料和深度进行（当设计无要求时，可用 1:1 水泥砂浆勾缝，砂子需过纱绷筛）。勾缝应按先水平后垂直的顺序进行，应连续、平直、光滑、无裂纹、无空鼓，如图 1-29 所示。

（5）与预制构件一次成型的外墙饰面砖工程，应按设计要求铺砖、接缝。饰面砖不得有开裂和残缺，接缝要横平竖直。

（6）粘贴饰面砖工程完工后，应及时将表面清理干净。

图 1-28　外墙面砖铺贴自上而下　　　　图 1-29　用水泥砂浆勾缝

五、项目验收

（1）《建筑装饰装修工程质量验收标准》（GB 50210—2018）适用于内墙饰面砖粘贴工程和高度不大于 100m、抗震设防烈度不大于 8 度、采用满粘法施工的外墙面砖粘贴工程的质量验收。工程质量一定要满足国家法律法规、规范、标准的要求。

（2）内墙饰面砖粘贴工程质量要求及验收方法见表 1-10。

表 1-10　内墙饰面砖粘贴工程质量要求及验收方法

项目	质量要求	检验方法
主控项目	1）饰面砖的品种、规格、图案、颜色和性能应符合设计要求	观察；检查产品合格证书、进场验收记录、性能检测报告和复验报告
	2）饰面砖粘贴工程的找平、防水、粘结和填缝材料及施工方法应符合设计要求及国家现行产品标准和工程技术标准的规定	检查产品合格证书、复验报告和隐蔽工程验收记录
	3）饰面砖粘贴必须牢固	检查样板件粘结强度检测报告和施工记录
	4）满粘法施工的饰面砖工程无空鼓、裂缝	观察；用小锤轻击检查
一般项目	1）饰面砖表面应平整、洁净、色泽一致，无裂痕和缺损	观察
	2）阴阳角表面搭接方式、非整砖使用部位应符合设计要求	
	3）墙面突出物周围的饰面砖应整砖套割吻合，边缘应整齐。墙裙、贴脸空出墙面的厚度应一致	观察；尺量检查
	4）饰面砖接缝应平直、光滑，填嵌应连续、密实；宽度和深度应符合设计要求	
	5）有排水要求的部位应做滴水线（槽）。滴水线（槽）应顺直，流水坡向应正确，坡度应符合设计要求	观察；用水平尺检查

六、项目拓展

1. 陶瓷锦砖铺贴工艺流程

基层处理→吊垂直、套方、找规矩→贴灰饼→抹找平层→弹控制线→贴陶瓷锦砖→揭纸、调缝→擦缝、清理。

因为陶瓷锦砖的特殊构造，使得施工过程中对揭纸也有具体要求，如图 1-30 所示，贴完陶瓷锦砖的墙面，要将拍板靠在贴好的墙面上，拿锤子对拍板满敲一遍，然后将陶瓷锦砖上的护面纸用软刷子刷上水润湿，等待 20～30min，待护面纸吸水泡开，便可开始揭纸。揭纸时要有顺序地仔细操作，从一角开始沿平行于纸背方向轻轻揭起，如发现有小块陶瓷锦砖随纸带下，要在揭纸后重新补上。

2. 玻璃锦砖铺贴工艺流程

抹找平层→弹线分格→镶贴操作→揭纸调整→嵌格擦缝→清洗养护→刷罩面剂。

前几道工艺与陶瓷锦砖的施工基本相同，清洗养护是指待粘结层水泥砂浆终凝后，用清水从上向下均匀淋湿玻璃锦砖墙面，随即用毛刷蘸稀盐酸自上而下依次擦洗。在酸洗之后，需用清水由上而下顺序冲净整个墙面。全部清洗后，次日喷水养护。

刷罩面剂是根据要求在玻璃锦砖的饰面涂刷罩面剂。其方法是，待玻璃锦砖面层干燥后，涂刷 191 丙烯酸清漆∶水 =1∶2 的防水罩面剂，可避免饰面起碱泛白，使之保持洁净美观。玻璃锦砖墙面装饰效果，如图 1-31 所示。

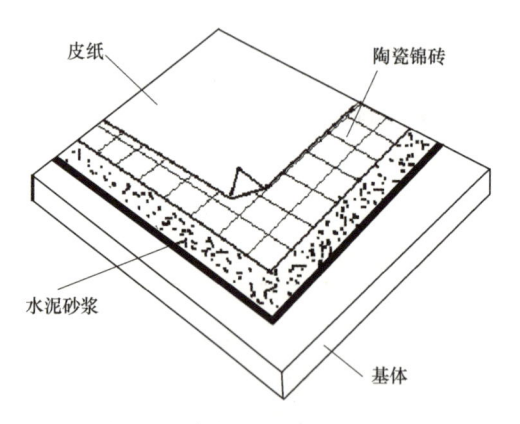

图 1-30　陶瓷锦砖铺贴结构示意图

图 1-31　玻璃锦砖墙面装饰效果

项目三　涂刷类墙面施工

本项目知识点

1. 涂刷类墙面的构造、施工工艺流程、施工方法。
2. 涂刷类墙面的施工准备、质量要求、要注意的质量问题。

本项目技能点

1. 熟悉涂刷类墙面施工的特点和基本要求。
2. 掌握涂刷类墙面施工的质量要求和工艺流程。

墙面乳胶漆施工工序

新砌墙体粉刷工艺

一、项目概况

涂刷类饰面是在墙面基层上，经批刮腻子处理使墙面平整，然后涂刷选定的建筑涂料所形成的一种饰面。涂料的装饰作用通过色彩、光泽、纹理等方面来实现，较其他饰面材料更具独特效果。

涂刷类饰面具有工效高、工期短、材料用量少、自重轻、造价低、维修更新方便等优点，但涂刷类饰面的耐久性略差。本项目需按照施工要求完成如图 1-32 所示的墙面涂饰装饰。

二、项目分析

由于涂料所形成的涂层薄且平滑，即使采用厚涂料或拉毛做法，也只能形成微弱的小毛面，不能形成凹凸程度较大的粗糙质感表面。所以，涂刷类饰面的装饰作用主要在于改变墙面色彩，而不在于改善质感。

涂刷类饰面的涂层构造，一般可分为三层，即底层、中间层和面层。图 1-33 所示为墙面乳胶漆和木制清漆的构造。

图 1-32　墙面涂饰装饰

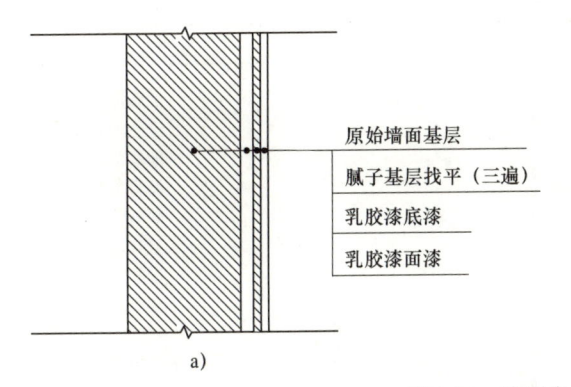

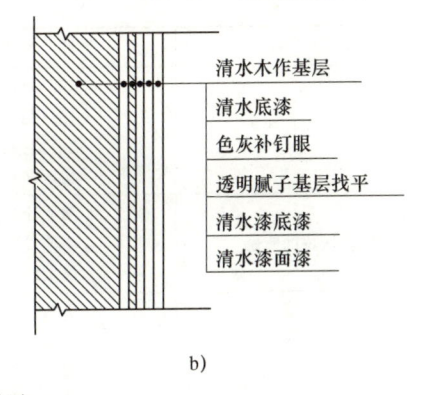

图 1-33　涂刷类墙面构造

a）墙面乳胶漆构造　b）墙面木制清漆构造

1. 底层

底层俗称刷底漆，直接涂刷在满刮腻子找平的基层上。其主要作用是增加涂层与基层之间的粘结力，清理基层表面的灰尘，使部分悬浮的灰尘颗粒固定于基层。另外，底漆还兼具有基层封闭剂（封底）的作用，可以防止树脂、水泥砂浆抹灰层中的可溶性盐等物质渗出表面，造成对涂饰饰面的破坏。

2. 中间层

中间层是整个涂层构造中的成型层，其作用是通过适当的施工工艺，形成具有一定厚度的、匀实饱满的涂层，达到保护基层和形成所需要的装饰效果的目的。中间层的质量可以保证涂层的耐久性、耐水性和强度，在某些情况下还对基层起到补强的作用。近年来，常采用厚涂料、白水泥、砂粒等材料配制中间成型层的涂料。

3. 面层

面层的作用主要在于体现涂层的色彩和光感，提高饰面层的耐久性和抗污染能力。面层至少涂刷两遍，以保证涂层色彩均匀，并满足耐久性、耐磨性等方面的要求。一般情况下，油性漆、溶剂型涂料的光泽度要高一些。

三、项目准备

（一）材料准备

涂刷类墙面的饰面材料色彩丰富，品种繁多，为建筑装饰设计提供了灵活多样的表现手段。透明清漆可提高和加强饰面材料的表现特征；质感涂料能通过涂装工具使涂膜形成各种抽象而又独特的立体肌理；有的涂料通过调配色彩和不同的涂装手法可使被涂物表面形成仿自然纹理；有的涂料还能使物体表面呈现特殊的荧光、珠光和金属光泽。内墙乳胶漆属于水溶性涂料，如图1-34所示。

涂刷类墙面常用的材料种类见表1-11。

图1-34 某品牌乳胶漆

表1-11 涂刷类墙面常用的材料种类

分类方法	种类	分类方法	种类
按涂料状态	溶剂型涂料 水溶型涂料 乳液型涂料 粉末涂料	按主要成膜物质	油脂涂料 天然涂料 酚醛涂料 沥青涂料 醇酸涂料 氨基涂料 聚酯涂料 环氧涂料 丙烯酸涂料 烯类树脂涂料 硝基涂料 纤维酯涂料 纤维醚涂料 聚氨基甲酸酯涂料 元素有机聚合物涂料 橡胶涂料 元素无机聚合物涂料
按涂料装饰质感	薄质涂料 厚质涂料 复层涂料		
按建筑物涂刷部位	内墙涂料 外墙涂料 地面涂料 顶棚涂料 屋面涂料		
按涂料的特殊功能	防火涂料 防水涂料 防霉涂料 防虫涂料 防结露涂料		

（二）工具准备

涂刷类工程施工常用工具包括小型机具、手工基层处理工具和涂料涂饰用工具。部分涂刷类工程常用施工工具见表1-12。

表1-12 部分涂刷类工程常用施工工具

类型	名称	用途	图片
常用小型机具	圆盘打磨机	打磨基层	

（续）

类型	名称	用途	图片
常用小型机具	旋转钢丝刷	刷扫清除基层面上的污垢、附着物及尘土	
	钢针除锈机	刷扫清除基层面上的锈斑	
常用手工基层处理工具	尖头锤	清除基层上的杂物	
	刮铲		
	钢丝刷	刷扫清除基层上的锈斑	
涂料涂饰用工具	油刷	刷涂涂料	
	排笔	刷涂涂料	
	涂料辊筒	辊涂涂料	

（三）施工作业条件准备

1. 内墙涂饰作业条件

（1）对涂料有影响的其他土建及水电安装工程均已施工完毕，并预先进行了必要的遮挡。

（2）室内各项抹灰均已完成，穿墙孔洞已填堵完毕。墙面和顶棚面干燥程度已达到，但不大于8%。

（3）施工环境温度高于5℃。

（4）相邻施工环境下无明火施工。

2. 木制表面涂饰作业条件

（1）施工温度始终保持均衡，不得有较大的突然变化，且通风良好，湿作业已完工并具备一定的强度，环境比较干燥。一般木质表面涂饰工程施工时的环境温度不宜低于10℃，相对湿度不宜大于60%。

（2）在室外或室内高于3.6m处作业时，应预先搭设脚手架，并以不妨碍操作为准。

（3）大面积施工前应事先做样板间，经检查鉴定合格后，方可组织班组进行施工。

（4）操作前应认真进行交接检查工作，并对遗留问题进行妥善处理。

（5）木基层表面含水率一般不大于12%。

四、项目实施

（一）施工工艺流程

1. 内墙涂饰

基层处理→第一遍满刮腻子、磨光→第二遍满刮腻子→复补腻子、磨光→第一遍乳胶漆、磨光→第二遍乳胶漆。

2. 木制表面涂饰

基层处理→润色油粉→满刮油腻子→刷油色→刷第一遍清漆（刷清漆→修补腻子→修色→磨砂纸）→刷第二遍清漆→刷第三遍清漆。

（二）施工操作要点

1. 内墙涂饰

（1）基层处理。混凝土和砂浆抹灰基层表面处理的基本要求是：基层的pH在10以下，含水率在8%～10%之间；基层表面应平整，无油污、灰尘、溅沫及砂浆流痕等杂物，阴、阳角应密实，轮廓分明；基层应坚固，如有空鼓、酥松、起泡、起砂、孔洞、裂缝等缺陷，应进行处理；外墙预留的伸缩缝应进行防水密封处理。

（2）满刮腻子。表面清扫后，用水和醋酸乙烯乳胶（配合比为10∶1）的稀释溶液将腻子调制到适合稠度，用它填补好墙面、顶棚面的蜂窝、洞眼、麻面、残缺处。腻子干透后先用开刀将多余腻子铲平整，然后用粗砂纸打平。

1）第一遍刮腻子及打磨。当室内墙面、顶棚面涂饰面较大的缝隙填补平整后，使用批嵌工具满刮乳胶腻子一遍。所有微小砂眼及收缩裂缝均需刮满，以密实、平整、线角棱边整齐为好。同时，应顺次沿着墙面、顶棚面横刮，不得漏刮，接头不得留槎，注意不要玷污门窗。腻子干透后，用1号砂纸裹着小平木板，将腻子渣及高低不平处打磨平整，注意，用力要均匀，保护棱角。打磨后用清扫工具清理干净。刮腻子、砂纸打磨如图1-35、图1-36所示。

2）第二遍满刮腻子及打磨。第二遍满刮腻子方法同第一遍刮腻子，但要求此遍腻子与前遍腻子刮抹方向互相垂直，即沿着墙面、顶棚面竖刮，将面层进一步满刮及打磨平整直至光滑为止。

模块一　墙面装饰构造与施工　25

图 1-35　刮腻子　　　　　　　　　　图 1-36　砂纸打磨

3）复补腻子。第二遍腻子干后，全部检查一遍，如发现局部有缺陷应局部复补涂料腻子一遍，并用牛角刮刀刮抹，以免损伤其他部位的漆膜。

4）磨光。复补腻子干透后，用细砂纸将涂料面打磨平滑，注意，用力要轻而匀，不得磨穿漆膜，打磨后将表面清扫干净。

（3）第一遍乳胶漆、磨光。乳胶漆可喷涂或刷涂于混凝土、水泥砂浆、水泥板和纸面石膏板等基层上。它要求基层具有足够的强度，无粉化、起度或掉皮现象。

1）喷涂。喷涂是利用压力或压缩空气将涂料涂布于墙面、顶棚面的机械化施工方法。所用的空气压缩机如图 1-37 所示。喷涂的特点是涂膜外观质量好、工效高，适用于大面积施工，并可通过调整涂料黏度、喷嘴大小及排气量而获得不同质感的装饰效果，如图 1-38 所示。

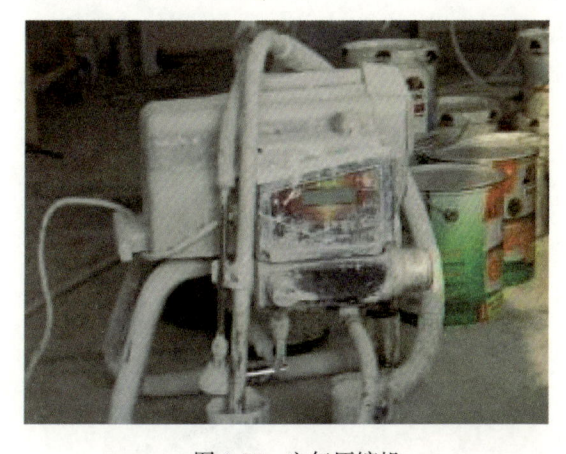

图 1-37　空气压缩机　　　　　　　　图 1-38　大面积墙面喷涂

喷涂时，空气压缩机的压力应控制在 0.4～0.8MPa。手握喷枪要稳，出口料与墙面垂直，喷斗距墙面 400～600mm，如图 1-39 所示。先喷涂门窗口，然后与被涂墙面作平行移动，相邻两行喷涂面重叠宽度宜控制在喷涂宽度的1/3，防止漏喷和流淌。喷涂施工尽可能一气呵成，争取到分格缝处再停歇。喷涂行走路线如图1-40所示。

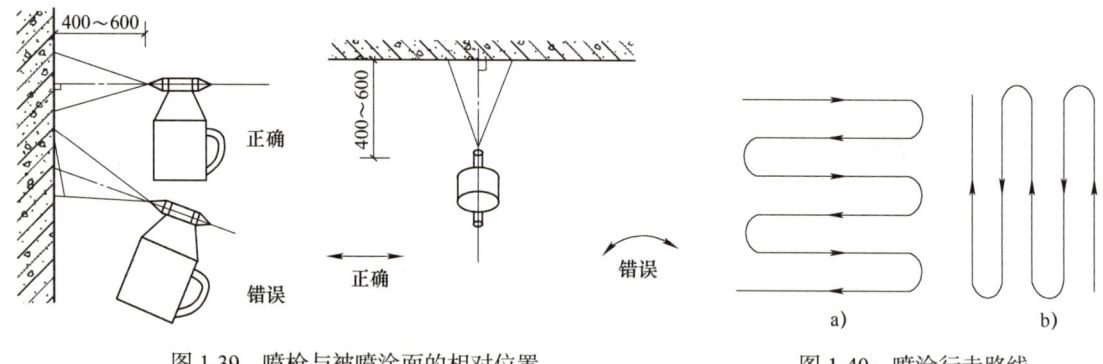

图1-39 喷枪与被喷涂面的相对位置

图1-40 喷涂行走路线
a) 横向喷涂路线 b) 竖向喷涂路线

顶棚和墙面一般喷两遍成活，两遍时间相隔约2h。若顶棚与墙面喷涂不同颜色的涂料时，应先喷涂顶棚，后喷涂墙面。喷涂前，用纸或塑料布将门窗扇及其他装饰物盖住，避免污染。

2）辊涂、刷涂。用辊筒刷均匀涂刷一遍，注意不要漏刷，也不要刷得过厚，涂刷时在交色部位留出1～2cm余地。刷涂也可使用排笔，先刷门窗口，然后竖向、横向涂刷两遍，其间隔时间与施工现场的温度、湿度有密切关系，通常不少于2h。要求接槎严密，颜色均匀一致，不显刷纹。辊涂操作如图1-41所示。

（4）第二遍涂料。其涂刷顺序和第一遍相同，要求表面更美观细腻，必须使用排笔涂刷，用排笔刷展平涂刷痕和溅沫以防止流坠。每个刷面均应从边缘开始向另一边涂刷，并应一次完成，以免出现接痕。大面积涂刷时应多人配合流水作业，互相衔接。

2. 木制表面涂饰

（1）基层处理。对木质基层表面的基本要求是：平整光滑、节疤少、棱角整齐、木纹颜色一致，无尘土、油污等脏物。木制品表面的缝隙、毛刺、脂囊应进行处理，可以用腻子刮平、打光，较大的脂囊和节疤应剔除后用木纹相同的木料修补。施工前应用砂纸打磨木质基层表面，如图1-42所示。

图1-41 辊涂操作

图1-42 木质基层表面处理

（2）润色油粉。用大白粉24、松香水16、熟桐油2（质量比）等混合搅拌成润色油粉（颜色同样板颜色），盛在小油桶内。用棉丝蘸油粉反复涂抹木料表面，并要擦进木料鬃眼内，而后用麻布擦净，线角用竹片除去余粉。注意，墙面及五金件上不得沾染油粉。待油粉干后，用1号砂纸轻轻顺木纹打磨，先磨线角、裁口，后磨四口平面，直到光滑为止。注意不要将鬃眼内油粉磨掉。磨光后用潮湿的软布将磨下的粉末、灰尘擦净。

（3）满刮油腻子。用石膏粉20、熟桐油7、水50（质量比），并加颜料调成油腻子（颜色浅于样板1~2色）。注意腻子油性不可过太或过小，如油性过大，涂刷时不易浸入木质内，如油性过小，涂刷时则易钻入木质内，这样刷的油色不易均匀。

用开刀或牛角板将腻子刮入钉孔、裂纹、鬃眼内，如图1-43所示。刮抹时要横抹竖起，如遇接缝或节疤较大时，应用开刀、牛角板将腻子挤入缝内，然后抹平。腻子一定要刮光，不残留。待腻子干透后，用1号砂纸轻轻顺木纹打磨，先磨线角、裁口，后磨四口平面，注意保护棱角，来回打磨至光滑为止。磨完后用潮湿的软布将磨下的粉末擦净。

（4）刷油色。先将铅油（或调和漆）、汽油、光油、清油等混合在一起（颜色同样板颜色），然后倒在小油桶内，使用时经常搅拌，以免沉淀造成颜色不一致。刷油色时，应从外至内，从左至右，从上至下进行，顺着木纹涂刷。刷门窗框时不得污染墙面，刷到接头处要轻抹，达到颜色一致。全部刷好后，检查有无漏刷，小五金件上沾染的油色要及时擦净。

因油色干燥较快，所以刷油色时动作应敏捷，要求无缕无节，横平竖直，刷油时刷子要轻飘，避免出刷纹，如图1-44所示。油色涂刷后，要求木材色泽一致，而又不盖住木纹，所以每一个刷面一定要一次刷好，不留接头，两个刷面交接接口不要互挡沾油，沾油后要及时擦掉。

图1-43 腻子修补钉孔　　　　　　　图1-44 刷涂

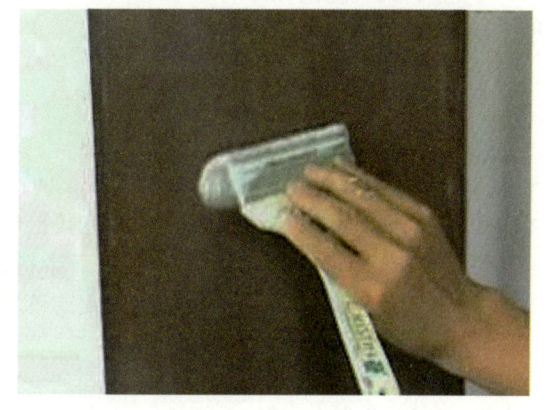

（5）刷第一遍清漆：

1）刷清漆。其刷法与刷油色相同，但刷第一遍用的清漆应略加一些稀释剂便于快干。因清漆黏性较大，最好使用已用出刷口的旧刷子，刷时要注意不流、不坠，涂刷均匀。待清漆完全干透后，用1号砂纸或旧砂纸彻底打磨一遍，将头遍清漆面上的光亮基本打磨掉，再用潮湿的软布将粉尘擦净。

2）修补腻子。一般要求刷油色后不抹腻子，特殊情况下，可以使用油性略大的带色石膏腻子修补残缺不全之处。操作时必须使用铝合金板刮抹，不得损伤漆膜，腻子要收刮干净，光滑无腻子疤，如图1-45所示。

3）修色。木料表面上的黑斑、节疤、腻子疤和材色不一致处，应用漆片、酒精加色调配（颜色同样板颜色），或用由浅到深的清漆、调和漆和稀释剂调配，进行修色。材色深的应修浅，浅的应加深，将深浅色的木料拼成一色，并绘出木纹。

4）磨砂纸。使用细砂纸轻轻往返打磨，然后用潮湿的软布擦净粉末，如图1-46所示。

图1-45　修补腻子　　　　　　　　图1-46　细砂纸打磨

（6）刷第二遍清漆。应使用原桶清漆不加稀释剂（冬季可略加催干剂），刷油操作同前，但刷油动作要敏捷，清漆涂抹应饱满一致，不流不坠，光亮均匀，刷完后再仔细检查一遍，有毛病要及时纠正。

（7）刷第三遍清漆。待第二遍清漆干透后，首先要进行磨光，然后用水砂纸磨光。第三遍清漆刷法同第二遍。

（三）施工注意事项

1. 基层处理

（1）新建筑物的混凝土或抹灰基层表面在涂刷涂料前，应先涂刷抗碱封闭底漆。

（2）旧墙面在涂刷涂料前，应清除疏松的旧装饰层并涂刷界面剂。

（3）混凝土或抹灰基层涂刷溶剂型涂料时，含水率不得大于8%；涂刷乳液型涂料时，含水率不得大于10%。木材基层的含水率不得大于12%。

2. 嵌、刮腻子，磨砂纸

（1）嵌、刮腻子要控制遍数。嵌刮前基层表面的麻面、蜂窝、残缺处要填补好，打磨平整、光滑。

（2）基层腻子应平整、坚实、牢固、无粉化、不起皮、无裂缝；内墙腻子的粘结强度应符合《建筑室内用腻子》（JG/T 298—2010）的规定。

（3）厨房、卫生间、浴室墙面必须使用耐水腻子。

3. 涂刷涂料

（1）涂刷面层涂料前可以涂刷封闭底漆。封底漆必须在干燥、清洁、牢固的表面上进行，可采用喷涂或辊涂的方法施工，涂层必须均匀，不可漏涂。

（2）用饰面涂料涂饰面层时，应按涂刷顺序涂刷均匀，用力轻而匀，表面清洁干净。

五、项目验收

1. 检查数量

（1）室外涂饰工程每 100m² 应至少检查一处，每处不得小于 10m²。

（2）室内涂饰工程每个检验批应至少抽查 10%，并不得少于 3 间；不足 3 间时应全数检查。

2. 质量验收

各种类型涂料饰面工程的质量要求及检验方法见表 1-13~ 表 1-19。

表 1-13　水性涂料饰面工程质量要求及检验方法

项　目	质量要求	检验方法
主控项目	1）水性涂料饰面工程所用涂料的品种、型号和性能应符合设计要求	检查产品合格证书、进场验收记录和性能检测报告
	2）水性涂料饰面工程的颜色、图案应符合设计要求	观察
	3）水性涂料饰面工程应涂饰均匀、粘结牢固，不得漏涂、透底、起皮和掉粉	观察、手摸检查
	4）水性涂料饰面工程的基层处理应符合相关要求	观察、手摸检查和检查施工记录
一般项目	1）薄涂料的涂饰质量和检验方法应符合表 1-15 要求	观察
	2）厚涂料的涂饰质量和检验方法应符合表 1-16 要求	
	3）复层涂料的涂饰质量和检验方法应符合表 1-17 要求	
	4）涂层与其他装修材料和设备衔接处应吻合、界面应清晰	

表 1-14　溶剂型涂料饰面工程质量要求及检验方法

项　目	质量要求	检验方法
主控项目	1）溶剂型涂料饰面工程所用涂料的品种、型号和性能应符合设计要求	检查产品合格证书、进场验收记录和性能检测报告
	2）溶剂型涂料饰面工程的颜色、光泽、图案应符合设计要求	观察
	3）溶剂型涂料饰面工程应涂饰均匀、粘结牢固，不得漏涂、透底、起皮和生锈	观察、手摸检查
	4）水性涂料饰面工程的基层处理应符合相关要求	观察、手摸检查和检查施工记录
一般项目	1）色漆的涂饰质量和检验方法应符合表 1-18 要求	观察
	2）清漆的涂饰质量和检验方法应符合表 1-19 要求	
	3）涂层与其他装修材料和设备衔接处应吻合、界面应清晰	

表 1-15　薄涂料的涂饰质量要求及检验方法

项次	项　目	普通涂饰	高级涂饰	检验方法
1	颜色	均匀一致	均匀一致	观察
2	泛碱、咬色	允许少量轻微	不允许	
3	流坠、疙瘩	允许少量轻微	不允许	
4	砂眼、刷纹	允许少量轻微砂眼、刷纹通顺	无砂眼、刷纹	
5	装饰线、分色线直线度允许偏差 /mm	2	1	拉 5m 线，不足 5m 拉通线，用钢直尺检查

表 1-16　厚涂料的涂饰质量要求及检验方法

项次	项　目	普通涂饰	高级涂饰	检验方法
1	颜色	均匀一致	均匀一致	观察
2	泛碱、咬色	允许少量轻微	不允许	
3	点状分布	—	疏密均匀	

表 1-17　复层涂料的涂饰质量要求及检验方法

项次	项　目	质量要求	检验方法
1	颜色	均匀一致	观察
2	泛碱、咬色	不允许	
3	喷点疏密程度	均匀、不允许连片	

表 1-18　色漆的涂饰质量要求及检验方法

项次	项　目	普通涂饰	高级涂饰	检验方法
1	颜色	均匀一致	均匀一致	观察
2	光泽、光滑	光泽基本均匀，光滑无挡手感	光泽均匀一致、光滑	观察、手摸检查
3	刷纹	刷纹通顺	无刷纹	观察
4	裹棱、流坠、皱皮	明显处不允许	不允许	
5	装饰线、分色线直线度允许偏差 /mm	2	1	拉 5m 线，不足 5m 拉通线，用钢直尺检查

表 1-19　清漆的涂饰质量要求及检验方法

项次	项　目	普通涂饰	高级涂饰	检验方法
1	颜色	基本一致	均匀一致	观察
2	木纹	棕眼刮平、木纹清楚	棕眼刮平、木纹清楚	
3	光泽、光滑	光泽基本均匀，光滑无挡手感	光泽基本均匀，光滑	观察、手摸检查
4	刷纹	无刷纹	无刷纹	观察
5	裹棱、流坠、皱皮	明显处不允许	不允许	

六、项目拓展——涂料颜色调配

涂料颜色调配是一项比较细致而又复杂的工作。涂料的颜色花样非常多，要进行调色，首先需要对涂料颜色性能有一定的了解。

各种颜色都可由红、黄、蓝三种最基本的颜色（原色）调成。例如，黄与蓝相调成绿色，黄与红相调成橙色，红与蓝相调成紫色，红黄蓝相调成为黑色。在调色时，两种原色调成一个复色，而与其对应的另一个色则为其补色，补色加入复色中会使颜色变暗，甚至变成灰色或黑色，因此需要注意调色与其补色的关系。如果把三种原色的配比作更多的变化，就可调出更多的不同色彩。涂料的颜色调配方法及注意事项如下：

（1）涂料的各种颜色在组合比例中，以量多者为主色，量少者为次色或副色。调配各种颜色时，必须使用同类涂料，应将次色或副色加入主色内，不能相反，同时应徐徐加入并不断搅拌，应随时观察颜色的变化。

（2）调色时应由浅入深，尤其是加入着色力强的颜料时，切忌过量。

（3）颜色在湿时较淡，干了以后颜色就会转深。因此，在配色过程中，湿涂料的颜色要比样板上涂料的颜色略淡些，并应事先了解某种原包在复色涂料中的漂浮程度及涂料的变化情况。

项目四　裱糊类墙面施工

本项目知识点

1. 裱糊类墙面的构造、施工工艺流程、施工方法。
2. 裱糊类墙面的施工准备、质量要求、要注意的质量问题。

本项目技能点

1. 熟悉裱糊类墙面施工的特点和基本要求。
2. 掌握裱糊类墙面施工的质量要求和工艺流程。

一、项目概况

裱糊类饰面工程是指在室内平整光滑的墙面、顶棚面、柱面和室内其他构件表面，用壁纸、墙布等材料裱糊的装饰工程，具有色彩丰富、质感性强的特点。本项目需按照施工要求完成如图1-47所示的墙面裱糊装饰。

图1-47　墙面裱糊装饰工程效果

二、项目分析

裱糊类墙面装饰装修经常使用的饰面卷材有壁纸、壁布、皮革、微薄木等。各种卷材类饰面材料均应粘贴在具有一定强度、平整光洁的基层上，如水泥砂浆基层、水泥混合砂浆基层、混凝土墙体、石膏板基层等。裱糊工程的构造主要有基层和面层，如图1-48所示。

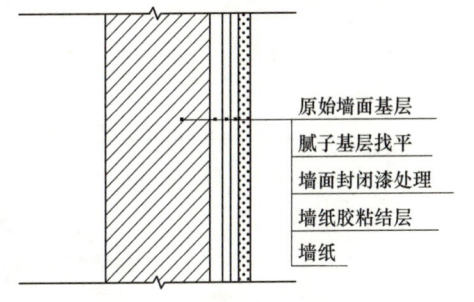

图1-48　裱糊饰面构造图（原始墙面基层、腻子基层找平、墙面封闭漆处理、墙纸胶粘结层、墙纸）

（一）基层

满刮腻子，砂纸打磨平整，使基层表面平整、光洁、干净、不疏松掉粉，并有一定强度。为了避免基层吸水过快，应进行封闭处理，即在基层表面用稀释的无机高分子乳胶水涂刷基层一遍，进行基层封闭处理。

（二）面层

裱糊工艺有搭接法、拼缝法、推贴接等。裱糊时应保证壁纸表面平整，无明显搭接痕迹。

三、项目准备

（一）材料准备

在裱糊类饰面材料中，壁纸的使用最为广泛普遍。壁纸的种类很多，常用的有三种，即普通壁纸、发泡壁纸和特种壁纸。裱糊类墙面常用材料的分类见表1-20。

表1-20 裱糊类墙面常用材料的分类

类 别	品 种	特 点	适用范围
普通壁纸	单色压花壁纸	花色品种多、适用面广、价格低，可制成仿丝绸、织锦等图案	居住和公共建筑内墙面
	印花壁纸	可制成各种色彩图案，并可压出立体感的凹凸花纹	
发泡壁纸	低发泡壁纸 中发泡壁纸 高发泡壁纸	中、高档次的壁纸，装饰效果好，并兼有吸声功能，表面柔软，有立体感	居住和公共建筑内墙面
特种壁纸	耐水壁纸	用玻璃纤维毡做基材	卫生间浴室等墙面
	防火壁纸	有一定阻燃防火性能	防火要求较高的室内墙面
	木屑壁纸	可在纸上漆成各种颜色，表面粗糙，别具一格	多用于高级公共建筑厅堂
	彩色砂粒壁纸	表面似彩砂涂料，质感强	一般室内柱面、门厅、走廊等局部装饰
	纤维壁纸	质感强，可与室内织物协调，形成高雅舒适的气氛	居住和公共建筑内墙面
织物复合壁纸		将丝、棉、毛、麻等天然纤维复合于纸基上制成。具有色彩柔和、透气、吸声、无毒、无味等特点，但价格偏高，不易清洗	饭店、酒吧等高级墙面点缀
金属壁纸		以纸为基材，涂覆一层金属薄膜制成。具有金碧辉煌、华丽大方、不老化、耐擦洗、无毒无味等特点	公共建筑的内墙面、柱面及局部点缀
复合纸质壁纸		将双层纸（表纸和底纸）施胶、层压、复合在一起，再经印刷、压花、表面涂胶制成。质感好、透气、价格较便宜	各种建筑物内墙面

（二）工具准备

裱糊工程常用的工具较多，有剪裁工具、刷具、辊压工具及钢直尺、量尺、水平尺等测量工具。裱糊类工程常用施工工具见表1-21。

表1-21 裱糊类工程常用施工工具

名 称	用 途	图 片	名 称	用 途	图 片
裁纸刀	裁切壁纸		排刷	理平壁纸	
刮板	刮抹、赶压和理平壁纸		胶辊	涂刷胶水、辊压壁纸	

（三）施工作业条件准备

1. 壁纸材料预处理

为防止壁纸遇水后膨胀变形，壁纸裱糊前应做预处理。各种壁纸预处理方法如下：

（1）无毒塑料壁纸裱糊前应先在壁纸背面刷清水一遍后，立即刷胶，或将壁纸浸入水中 3~5min 后，取出将水抖净，静置约 15min 后，再行刷胶。

（2）复合壁纸不得浸水，裱糊前应先在壁纸背面涂刷胶粘剂，放置数分钟。裱糊时，应在基层表面涂刷胶粘剂。

（3）纺织纤维壁纸不宜在水中浸泡，裱糊前宜用湿布清洁壁纸背面。

（4）带背胶的壁纸裱糊前应在水中浸泡数分钟。

（5）金属壁纸裱糊前浸水 1~2min，阴干 5~8min 后在其背面刷胶。

（6）玻璃纤维墙布和无纺布不需做胀水处理，背面不能刷胶粘剂，胶粘剂应直接刷在基层上。

2. 作业条件

（1）混凝土和墙面抹灰已完成，且经过干燥，含水率不高于 8%；木材制品含水率不得大于 12%。

（2）已完成水电及设备、顶棚、墙面上预埋件的留设。

（3）门窗油漆工作已完成。

（4）有水磨石地面的房间，出光、打蜡已完成，并将水磨石面层保护好。

（5）面层清扫干净，如有凸凹不平、缺棱掉角或局部面层损坏者，提前修补好并应干燥；预制混凝土表面提前刮石膏腻子找平。

（6）事先将突出墙面的设备部件等卸下收存好，待壁纸或墙布粘贴完后再重新装好复原。

（7）对湿度较大的房间和经常潮湿的墙体表面，如需做裱糊时，应采用有防水性能的壁纸和胶粘剂等材料。

（8）如房间较高应提前准备好脚手架。

（9）对施工人员进行技术交底时，应强调技术措施和质量要求。大面积施工前应先做样板间，经鉴定合格后，方可组织班组施工。

（10）在裱糊施工过程中及裱糊饰面干燥之前，应避免气温突然变化或穿堂风吹。温度一般应高于 15℃，空气相对湿度一般应小于 85%。

四、项目实施

（一）施工工艺流程

基层处理（嵌、刮腻子，磨砂纸，涂刷封闭底漆）→弹线、预拼→裁纸→湿润纸→刷胶→裱贴→清理、修整。

（二）施工操作要点

1. 基层处理

（1）新建筑物的混凝土或抹灰基层墙面和顶棚，刮腻子前应涂刷抗碱封闭底漆。

（2）旧墙面和顶棚在裱糊前应清除疏松的旧装修层，并涂刷界面剂。

（3）混凝土或抹灰基层含水率不得大于8%；木材基层的含水率不得大于12%。

（4）基层应平整、坚实、牢固，无粉化、起皮和裂缝；腻子的粘结强度应符合建筑规范要求。

（5）抹灰基层表面平整度、立面垂直度及阴阳角方正应符合规范要求。

（6）基层表面颜色应一致。

（7）裱糊前应用封闭底胶涂刷基层。

2．弹线、预拼试贴

（1）为使裱糊的壁纸纸幅垂直、花饰图案连贯一致，裱糊前应先分格弹线，如图1-49、图1-50所示。

图1-49　弹线吊垂直　　　　　　　图1-50　弹分格线

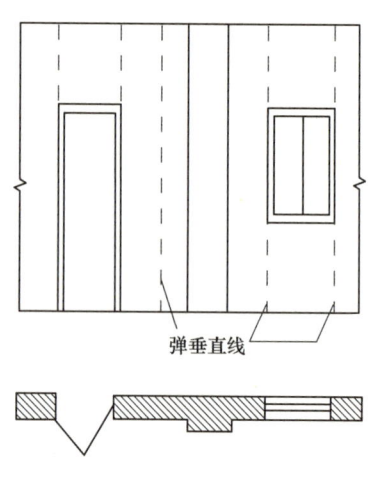

（2）全面裱糊前应先预拼试贴，观察接缝效果，确定裁纸尺寸及花饰拼贴。

3．裁纸

（1）根据弹线找规矩的实际尺寸统一规划裁纸并编号，以便按顺序粘贴。

（2）裁纸时以上口为准，下口可比规定尺寸略长10～20mm。如为带花饰的壁纸，应先将上口的花饰对好，小心裁割，不得错位。

4．湿润纸

塑料壁纸涂胶粘贴前，必须先将壁纸在水槽中浸泡几分钟，并把多余的水抖掉，静置2min，然后再裱糊。其目的是使壁纸不致在粘贴时吸湿膨胀，出现气泡、皱折。

5．刷胶粘剂

胶粘剂应选用绿色环保型号，施工时要求调配或溶水（粉状胶粘剂）备用，调配好的胶粘剂应当日用完。基层表面与壁纸背面应同时涂胶。刷胶粘剂要求薄而均匀、不裹边，如图1-51所示。基层表面的涂刷宽度要比预贴的壁纸宽20～30mm。涂刷胶粘剂的工具最好使用辊筒和毛刷，其涂胶速度快，且辊涂质量好。刷好胶的壁纸要胶面对叠平放，如图1-52所示。

图1-51 壁纸刷胶

图1-52 壁纸刷胶后对叠

6. 裱贴

裱贴壁纸的基本顺序是：先垂直面，后水平面；先细部，后大面。根据分格弹线和壁纸的裱糊顺序编号，从距离窗口较近的一个阴角部位开始，依次至另一个阴角收口。由上而下用刮板进行刮压，使其表面粘贴平整，没有气泡、胶包，如图1-53所示。

7. 清理、修整

表面的胶水、斑污应及时擦干净，各处翘角、翘边应进行补胶，并用辊子压实；有气泡处，可先用注射针头排气，同时注入胶液，再用辊子压实，如图1-54所示。

图1-53 壁纸裱贴

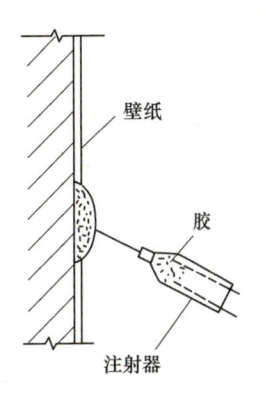

图1-54 气泡处理

（三）施工注意事项

（1）为保证壁纸的颜色、花饰一致，裁纸时应统一安排，按编号顺序裱糊。主要墙面应用整幅壁纸，不足幅宽的壁纸应用在不明显的部位或阴角处。

（2）有花饰图案的壁纸，如采用搭接法裱糊时，应使相邻两幅壁纸的花饰图案准确重叠，然后用直尺在重叠处由上而下一刀裁断，撕掉余纸后粘贴压实。

（3）壁纸不得在阳角处拼缝，应包角压实；壁纸裹过阳角应不小于20mm。阴角壁纸搭缝时，应先裱糊压在里面的壁纸，再粘贴面层壁纸。搭接面应根据阴角垂直度而定，一般宽度不小于5mm，如图1-55、图1-56所示。

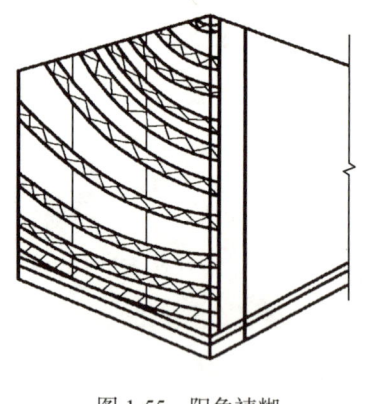

图1-55　阳角裱糊

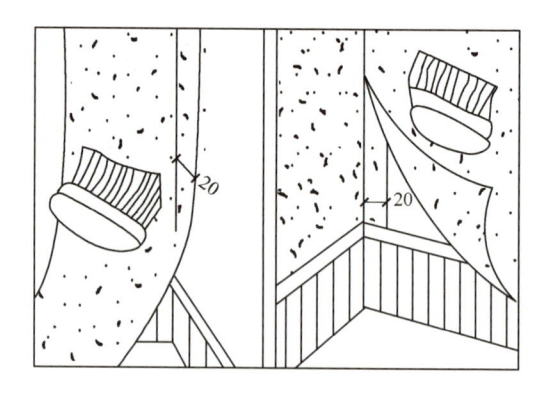

图1-56　阴角裱糊

（4）遇有基层卸不下来的设备或突出物件时，应将壁纸舒展地裱在基层上，然后剪去不需要部分，使突出物四周不留缝隙。

（5）壁纸与顶棚、挂镜线、踢脚板的交接处应严密顺直。

（6）整间壁纸裱糊后，如有局部出现翘边、气泡等，应及时修补。

五、项目验收

裱糊饰面工程每个检验批应至少抽查10%，并不少于3间，不足3间时应全数检查。此规定适用于聚氯乙烯塑料壁纸、复合纸质壁纸、墙布等裱糊工程的质量验收。裱糊工程质量要求及检验方法见表1-22。

表1-22　裱糊工程质量要求及检验方法

项　　目	项目内容	检验方法
主控项目	1）壁纸、墙布的种类、规格、图案、颜色和燃烧性能等级必须符合设计要求及国家现行标准的有关规定	观察；检查产品合格证书、进场验收记录和性能检测报告
	2）裱糊工程基层处理质量应符合相关规定	观察、手摸检查、检查施工记录
	3）裱糊后各幅拼接应横平竖直，拼接处花纹、图案应吻合，不离缝，不搭接，不显拼缝	观察、拼缝检查，距离墙面1.5m处正视
	4）壁纸、墙布应粘贴牢固，不得有漏贴、补贴、脱层、空鼓和翘边	观察、手摸检查
一般项目	1）裱糊后的壁纸、墙布表面应平整，色泽应一致，不得有波纹起伏、气泡、裂缝、皱折及斑污，斜视时应无胶痕	观察、手摸检查
	2）复合压花壁纸的压痕及发泡壁纸的发泡层应无损坏	观察
	3）壁纸、墙布与各种装饰线、设备线盒应交接严密	
	4）壁纸、墙布边缘应平直整齐，不得有纸毛、飞刺	
	5）壁纸、墙布阴角处搭接应平顺，光滑，阳角处应无接缝	

六、项目拓展——无纺墙纸的施工

1. 无纺墙纸

无纺墙纸又称不织布，是由定向的或随机的纤维构成。无纺墙纸是新一代环保材料，具有防潮、透气、柔韧、质轻、不助燃、容易分解、无毒无刺激性、色彩丰富、价格低廉、可循环再利用等特点，多采用聚丙烯、PP 材质粒料为原料制成。无纺墙纸因具有布的外观和某些性能而称其为布。

2. 无纺墙纸铺贴技巧

（1）清理墙面刮腻子。首先把墙上的灰浆疙瘩、灰渣清理打扫干净，用水、石膏或胶腻子把磕碰坏的麻面抹平，再用刮腻子板把墙面满刮胶腻子，待腻子干燥后用砂纸（布）磨平并打扫干净再刷一道底胶。

（2）裁布。裱糊前根据墙面高度裁布，要留有余量，一般在桌子上裁布，也可以在墙上裁。

（3）刷胶糊布。本工艺是最重要的施工工序，具体施工要点如下：

1）在布背面和墙上均刷胶。胶的配合比为 108 胶∶4% 纤维素水溶液∶乳胶 =1∶0.3∶0.1，加适量水。墙上刷胶时根据布的宽窄，不可刷得过宽，刷一段糊一张。

2）选好首张糊贴位置和垂直线即可开始裱糊。

3）从第二张起，裱糊先上后下进行对缝对花，对缝必须严密不搭槎，对花端正不走样，对好后用板式鬃刷舒展压实。

4）在裱糊墙布时，应在电器开关、插销处裁破布面露出设施。

5）裱糊墙布时，阳角不允许对缝，更不允许搭接，客厅、明柱正面不允许对缝，门、窗口面上不允许加压布条。

6）施工时建议采用保护带，以防胶水溢到表面污染壁纸表面。如不慎溢胶，不要擦拭，用干净的海绵或毛巾吸拭。如果用的是纯淀粉胶，也可等胶完全干透后用毛刷轻刷。

项目五　镶板类墙面施工

本项目知识点

1. 镶板类墙面的构造、施工工艺流程、施工方法。
2. 镶板类墙面的施工准备、质量要求、要注意的质量问题。

本项目技能点

1. 熟悉镶板类墙面施工的特点和基本要求。
2. 掌握镶板类墙面施工的质量要求和工艺流程。

一、项目概况

镶板类墙面饰面工程是指用竹、木及其制品，石膏板、矿棉板、塑料板、玻璃、薄金属板材等材料制成的饰面板，通过镶、钉、拼、贴等施工方法构成的墙面饰面。这些材料有较好的接触感和可加工性，所以在建筑装饰中被大量采用。

不同的饰面板，因材质不同，可达到不同的装饰效果。如采用木条、木板做墙裙、护壁使人感到温暖、亲切、舒适、美观；采用木材可以按设计需要加工成各种弧面或形体转折，若保持木材原有的纹理和色泽，则更显质朴、高雅；采用经过烤漆、镀锌、电化等处理过的铜、不锈钢等金属薄板饰面，则会使墙体饰面色泽美观、花纹精巧、装饰效果华贵。

本项目需按照施工要求完成如图 1-57 所示的镶板墙面装饰效果。

二、项目分析

镶板类墙面的构造主要分为骨架、面层两部分。

图 1-57 镶板墙面装饰效果

（一）骨架

先在墙内预埋木砖，墙面抹底灰，刷热沥青或铺油毡防潮，然后钉双向木墙筋，一般间距 400～600mm（视面板规格而定），木筋断面（20～45）mm×（40～45）mm。

（二）面层

面层饰面板通过镶、钉、拼、贴等构造方法固定在墙体基层骨架上。镶板类墙面构造如图 1-58 所示。

三、项目准备

（一）材料准备

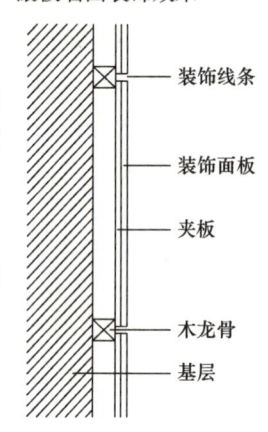

图 1-58 镶板类墙面构造

建筑装饰工程中镶板类工程主要使用材料有木龙骨、成品板材。成品板材按用途可以分为两大类：一类是主要做基层使用的板材；另一类是主要做面板使用的板材。

镶板类墙面常用板材种类见表 1-23。

表 1-23 镶板类墙面常用板材种类

板材种类	常见规格（长/mm×宽/mm×厚(H)/mm）	特 点
胶合板	2440×1220×H 2000×1000×H （H=12、9、5、3、2.5）	1）板材幅面大，易于加工 2）板材纵横向强度均匀，适应性强 3）板材平整，收缩小，避免了木材开裂、翘曲等缺陷 4）板材厚度按需要选择，木材利用率高 5）含水率一、二类为 6%～10%，三、四类为 8%～16%

（续）

板材种类	常见规格（长/mm×宽/mm×厚(H)/mm）	特　点
微薄木装饰板（又称饰面板）	1220×2440×H（H=0.1～1）品种：柚木、水曲柳、榉木、黑胡桃木、花梨木等	表面保持了木材天然纹理，细腻优美，真实感和立体感强，具有自然美的特点 薄木贴面装饰板作为一种表面装饰材料，必须粘结在一定厚度和具有一定强度的基层上，不宜单独使用
铝塑板（又称铝塑复合板）	2440×1220×H（H=3、2.5、2.2、2、1.8、1.6）颜色类型：银白、金黄、深蓝、粉红、海蓝、瓷白、咖啡、银灰、石纹、木纹等花色系列	1）耐腐蚀、颜色丰富、无光污染，其表面不易附着灰尘，有较强的清洁性 2）高强度，采用优质防锈铝，强度高，确保室外幕墙的抗风、防震、防雨水渗透、抗冲击 3）安装、施工及更换比较方便快捷 4）加工性能优良，易切割、裁剪、折边、弯曲 5）隔声和减震性能好，隔热效果和阻燃性能良好，火灾时没有毒烟雾生成
防火板	1220×2440×H（H=1～2）颜色类型：银白、金黄、深蓝、粉红、海蓝、瓷白、咖啡、银灰、石纹、木纹等花色系列	1）具有色彩丰富、图案花色繁多和耐湿、耐磨、耐烫、阻燃、耐腐蚀、易清洗等特点 2）表面形式多样，有高光泽、浮雕状、麻纹低光泽等，在室内装饰中既能达到防火要求，又能达到装饰效果 3）由于防火板比较薄，必须粘结在一定强度的基板上，如胶合板、木板、纤维板、金属板等 4）切割时注意不要出现裂口，可根据使用尺寸每边多留几毫米，供修边用 5）一般使用强力粘胶粘贴
装饰波浪板	1220×2440 主要品种：小直纹、大直纹、斜波纹、横纹、水波纹、冲浪纹等造型和纯白板、彩色板、闪光板、梦幻板、裂纹板、仿古板、金箔、仿石等	1）防潮、防水、防变形 2）工艺先进、经久耐用 3）吸声降噪 4）新型、时尚、高档

（二）工具准备

镶板工程所用的工具有电动机、手电钻、冲击电钻、台式电锯、圆盘锯、螺钉旋具；此外，还有钢直尺、裁刀、刮板、毛刷、排笔、长卷尺、锤子等。镶板类墙面常用工具种类见表1-24。

表 1-24　镶板类墙面常用工具种类

名　称	主要用途	图　片
电动螺钉旋具	旋入螺钉	
冲击电钻	在混凝土、砖墙等基体上钻孔和扩孔	
台式电锯	大块木料切割	
手提电动圆盘锯	材料切割	

（三）施工作业条件准备（以木质护墙板的施工为例）

室内木质护墙板饰面施工应在墙面隐蔽工程、抹灰工程及吊顶工程完成并经过验收合格后进行。若有龙骨则应在安装好门框和窗台板之后进行固定。当墙体有防水要求时，还应对防水工程进行验收。除此之外，在做施工准备时，还应注重以下几个方面：

（1）在现场堆放、搬动过程中，护墙板制品及其安装配件要轻拿轻放，不得暴晒和受潮，防止开裂变形。

（2）所有木材的树种、材质及规格等均应符合设计的要求，应避免木材的以次充优或者大材小用、长材短用、优材劣用等现象。工程中使用的人造木板和胶粘剂等材料，应检测甲醛及其他有害物质含量。各种木制材料的含水率应符合国家标准的有关规定。所用木龙骨骨架以及人造木板的背面均应涂刷防火涂料，按具体产品的使用说明确定涂刷方法。采用配套成品或半成品时，要按质量标准进行验收。

（3）检查墙面结构质量，其强度、稳定性及表面的平整度、垂直度应符合装饰饰面的要求。有防潮要求的墙面，应按设计要求进行防潮处理。

（4）根据设计要求，安装护墙板骨架需要预埋防腐木砖时，应预先埋入墙体。当工程需要有其他后置埋件时，也应准确到位。埋件的数量、位置应符合龙骨布置的要求。

（5）对于采用木楔进行安装的工程，应按设计弹出标高和竖向控制线、分格线，打孔埋入木楔，木楔的埋入深度一般应不小于50mm，并应做防腐处理。

四、项目实施

（一）施工工艺流程

基层检查与处理 → 固定木龙骨 → 铺装板材 → 检查验收。

（二）木制饰面板施工操作要点

1. 基层检查与处理

（1）木龙骨安装前，应认真检查和处理结构主体及其表面，墙面要求平整、垂直、阴阳角方正，符合安装工程的要求。

（2）结构基体表面的质量对于护墙板龙骨与罩面的安装方法及安装质量有重要影响，特别是当采用木楔圆钉、水泥钢钉及射钉等方式固定木龙骨时，要求墙体基面层必须具有足够的刚性和强度，否则应采取必要的补强措施。

（3）对于有特殊要求的墙面，如建筑外墙的内立面，应首先按设计规定进行防潮、防渗漏等功能性的保护处理（如做防潮层或抹防水砂浆等）。内立面底部的防潮、防水，应与楼地面工程结合进行处理，严格按照设计要求和有关规定封闭立墙与楼地面的交接部位。同时，建筑外窗的窗台流水坡度、洞口窗框的防水密封等，均对该部位护墙板工程具有重要影响。

2. 固定木龙骨

（1）墙基体有预埋防腐木砖的，可将木龙骨钉固于木砖部位，要钉平、钉牢，以保证立筋（竖向龙骨）的垂直。当采用木楔圆钉固定龙骨时，可用16～20mm的冲击钻头在墙面钻孔，钻孔深度最小为40mm，钻孔位置按龙骨布置分格线确定，在孔内打入防腐木楔，再将木龙骨与木楔用水泥钢钉固定，如图1-59、图1-60所示。

图1-59　墙面钻孔　　　　　图1-60　龙骨与木楔用水泥钢钉固定

（2）在龙骨安装过程中，要随时吊垂线和拉水平线校正骨架的垂直度、水平度，并检查木龙骨与基层表面的靠平情况，空隙过大时应先采取适当的垫平措施（对于平整度和垂直度偏差过大的建筑结构表面应抹灰找平、找规矩），然后再将木龙骨钉牢。

（3）罩面分块或整幅板的横向接缝处，应设水平方向的龙骨。饰面板斜向分块时，应斜向布置龙骨。应确保罩面板的所有拼接缝隙均落在龙骨的中心线上，使罩面板铺钉牢固。龙骨间距应符合设计要求，一般竖向间距宜为400mm，横向间距宜为300mm，如图1-61所示。

图1-61　木龙骨间距

3. 铺装木质板材罩面

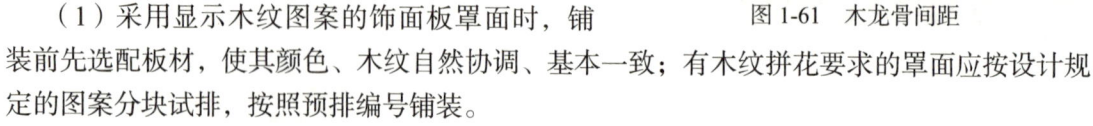

（1）采用显示木纹图案的饰面板罩面时，铺装前先选配板材，使其颜色、木纹自然协调、基本一致；有木纹拼花要求的罩面应按设计规定的图案分块试排，按照预排编号铺装。

（2）为确保罩面板接缝落在龙骨上，罩面板铺装前可在龙骨上弹好中心控制线，板块就位时其边缘应与控制线吻合，并保持接缝平整、顺直。

（3）如图1-62所示的胶合板用圆钉固定时，钉长根据胶合板的厚度选用，一般为25～35mm，钉距宜为80～150mm，钉帽应敲扁冲入板面0.5～1mm，钉眼用油性腻子抹平。当采用钉枪固定时，钉的长度一般采用15～20mm，钉距宜为80～100mm；当采用胶粘剂固定面板时，应按照胶粘剂产品的使用要求进行操作。安装封边收口条时，钉的位置应在线条的凹槽处或背离视线的一侧。

（4）如图1-63所示的采用木质企口装饰板罩面时，可根据产品配套材料及其应用技术要求进行安装，使用异形板卡或带槽口的压条等对板材嵌装固定。对于硬木压条或横向设置的腰带，应先钻透眼，然后再用钉固定。

图1-62　胶合板罩面固定

图1-63　木质企口装饰板罩面

（5）在弧形造型体或曲面墙上固定胶合板时，一般选用材质优良的三夹板，应先进行试铺。如果三夹板弯曲有困难或设计要求采用较厚的板材（如五夹板）时，可在胶合板背面用刀割竖向的卸力槽，等距离划割槽深1mm，在木龙骨表面涂胶，将整幅胶合板的长边方向横向围住龙骨骨架进行粘贴，然后用圆钉或钉枪从一侧向另一侧顺序铺钉。

五、项目验收

镶板饰面工程的主控项目、一般项目要求及检验方法见表1-25、表1-26。

表1-25　镶板饰面工程控制项目及检验方法

项目	项目内容	检验方法
主控项目	1）镶板类墙面所用骨架、配件、饰面板、填充材料及嵌缝材料的品种、规格、性能和木材的含水率、饰面板的颜色应符合设计要求。有隔声、隔热、阻燃、防潮等特殊要求的工程，材料应有相应性能等级的检测报告	观察，检查产品合格证书、进场验收记录、性能检测报告和复验报告
	2）骨架必须与基体结构连接牢固，并应平整、垂直、位置正确	手扳检查、尺量检查、检查隐蔽工程验收记录
	3）骨架间距和构造连接方法应符合设计要求。骨架内设备管线的安装、门窗洞口等部位的加强龙骨应安装牢固、位置正确，填充材料的设置应符合设计要求	检查隐蔽工程验收记录
	4）木龙骨及木墙面板的防火和防腐处理必须符合设计要求	
	5）骨架隔墙的墙面板应安装牢固，无脱层、翘曲、折裂及缺损	
	6）镶板类墙面板材所需预埋件、连接件的位置、数量及连接方法应符合设计要求	观察、手扳检查
	7）镶板类墙面板材安装必须牢固	
	8）镶板类墙面板材所用接缝材料的品种及接缝方法应符合设计要求	
一般项目	1）骨架隔墙内的填充材料应干燥，填充应密实、均匀、无下坠	轻敲检查、检查隐蔽工程验收记录
	2）镶板类墙面板材安装应垂直、平整、位置正确，板材不应有裂缝或缺损	观察、手扳检查
	3）镶板类墙面板材表面应平整光滑、色泽一致、洁净，接缝应均匀、顺直	
	4）镶板类墙面上的孔洞、槽、盒应位置正确、套割吻合、边缘整齐	观察
	5）镶板类墙面板安装的允许偏差和检验方法应符合表1-26的规定	见表1-26

表1-26　镶板类墙面工程的允许偏差和检验方法

项目	允许偏差/mm	检验方法
立面垂直度	4	用2m垂直检测尺检查
表面平整度	3	用2m靠尺和塞尺检查
阴阳角方正	3	用直角检测尺检查
接缝垂直度	3	拉5m线，不足5m拉通线，用钢直尺检查
压条直线度	3	拉5m线，不足5m拉通线，用钢直尺检查
接缝高低差	1	用钢直尺和塞尺检查

六、项目拓展——金属墙体饰面工程

1. 彩色涂层钢板

彩色涂层钢板俗称彩钢板,以优质冷轧钢板、热镀锌钢板或镀铝锌钢板为基板,经过表面脱脂、磷化、铬酸盐处理转化后,涂覆有机涂层后经烘烤制成,具有轻质高强、色彩鲜艳、耐久性好等特点,广泛应用于建筑、家电、装潢、汽车等领域,如图1-64所示。

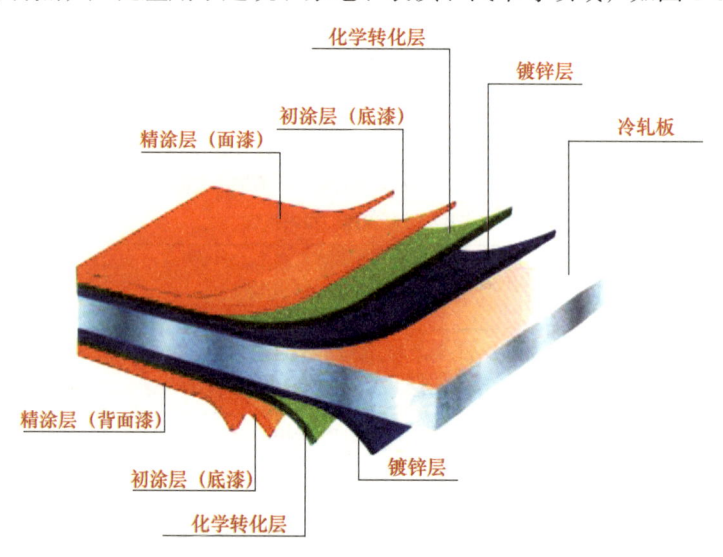

图1-64 彩色涂层钢板构造

2. 金属墙面施工工序

基层处理→弹线→预埋铁件→安装竖向龙骨→镶接横向龙骨→防锈处理→隐蔽验收→加工金属面板→安装金属面板→调整→封板缝→清理。

项目六 软包类墙面施工

本项目知识点

1. 软包类墙面的构造、施工工艺流程、施工方法。
2. 软包类墙面的施工准备、质量要求、要注意的质量问题。

本项目技能点

1. 熟悉软包类墙面施工的特点和基本要求。
2. 掌握软包类墙面施工的质量要求和工艺流程。

软包墙面构造

一、项目概况

软包是指一种在室内墙表面用柔性材料加以包装的墙面装饰方法。它所使用的材料质地柔软,色彩柔和,能够柔化整体空间氛围,其纵深的立体感也能提升家居档次。除了美

模块一　墙面装饰构造与施工

化空间的作用外，更重要的是它具有吸声、隔声、保温、防潮、防静电、防撞、质感舒适等特点。以前，软包大多运用于高档宾馆、会所、KTV等地方，在家居中不多见。而现在，一些高档小区的商品房、别墅和排屋等在装修的时候，也会大面积使用。

本项目需按照施工要求完成如图1-65所示的墙面软包工程。

图1-65　墙面软包工程效果

二、项目分析

软包饰面的构造组成主要有骨架、面层两大部分。

（一）骨架

墙内预埋防腐木砖，墙面抹底灰，均匀涂刷一层青油或铺满一层油纸，然后钉双向木筋。木筋一般间距400～600mm（视面板规格而定），木筋断面（20～45）mm×（40～45）mm。

（二）面层

（1）无吸声层软包饰墙面构造做法：将底层阻燃型胶合板就位，并将面层面料压封于木龙骨上，构造如图1-66所示。

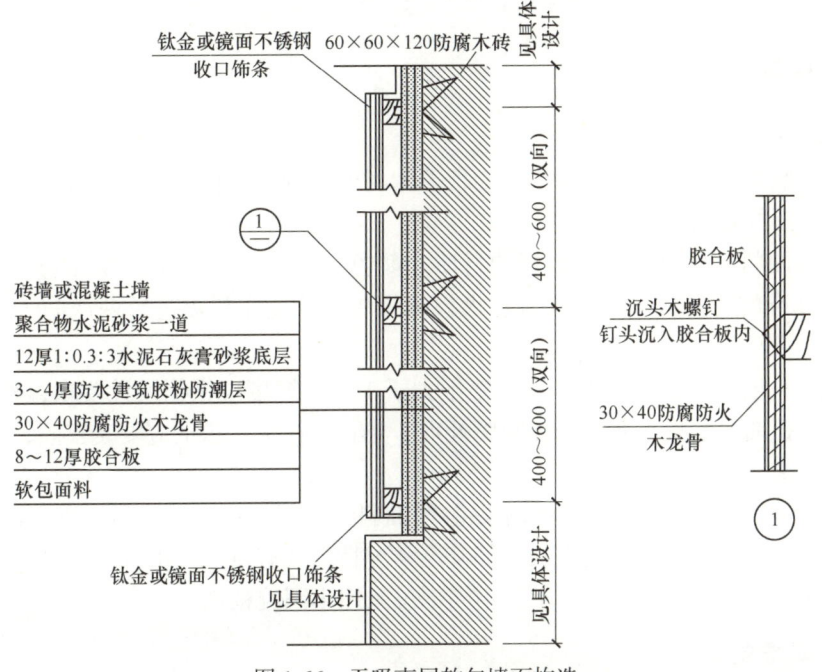

图1-66　无吸声层软包墙面构造

（2）有吸声层软包饰墙面构造做法：将底层阻燃型胶合板钉于木龙骨上，然后以饰面材料包矿棉（海绵、泡沫塑料、棕丝、玻璃棉等）覆于胶合板上，并用暗钉将其钉在木龙骨上，构造如图1-67所示。

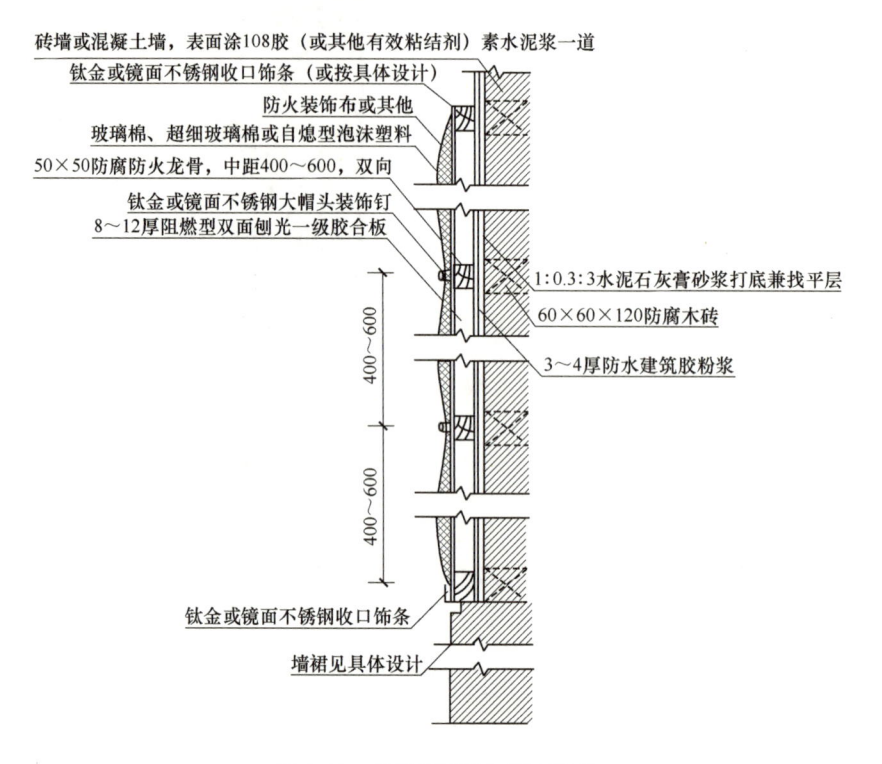

图1-67 有吸声层软包墙面构造

三、项目准备

（一）材料准备

（1）软包墙面木框、龙骨、底板、面板等木材的树种、规格、等级、含水率和防腐处理必须符合设计图样要求。

（2）软包面料、内衬材料及边框的材质、颜色、图案、燃烧性能等级应符合设计要求及国家现行标准的有关规定，并具有防火检测报告。普通布料需进行两次防火处理，并检测合格。

（3）龙骨一般用白松烘干料，含水率不大于12%，厚度应根据设计要求，不得有腐朽、节疤、劈裂、扭曲等瑕疵，并预先经防腐处理。龙骨、衬板、边框应安装牢固，无翘曲，拼缝应平直。

（4）外饰面用的压条分格框料和木贴脸等面料，一般采用工厂经烘干加工的半成品料，含水率不大于12%。选用优质五夹板，如基层情况特殊或有特殊要求者，也可选用九夹板。

（5）胶粘剂性能应符合设计要求，不同部位采用不同胶粘剂。

（二）工具准备

软包工程常用的工具有电动机、手电钻、冲击电钻、台锯、圆盘锯；此外，还有钢直尺、裁刀、刮板、毛刷、排笔、长卷尺、锤子等。

（三）施工作业条件准备

（1）混凝土和墙面抹灰完成，基层已按设计要求埋入木砖或木筋，水泥砂浆找平层已抹完并刷冷底子油。

（2）水电及设备，顶棚、墙面上预留预埋件已完成。

（3）室内的顶棚分项工程、地面分项工程基本完成，并符合设计要求。

（4）对施工人员进行技术交底时，应强调技术措施和质量要求。

（5）调整基层并进行检查，要求基层平整、牢固，其垂直度、平整度均符合验收规范要求。

四、项目实施

（一）施工工艺流程

基层或底板处理 → 吊直、套方、找规矩、弹线 → 计算用料、截面料 → 固定面料 → 安装贴脸或装饰边线、刷镶边油漆 → 修整软包墙面。

（二）软包墙面施工操作要点

1. 基层或底板处理

人造革软包要求基层牢固，构造合理。如果是将它直接装设于建筑墙体及柱体表面，为防止墙面、柱面的潮气使其基底翘曲变形而影响装饰质量，要求基层做抹灰和防潮处理。通常的做法是：采用1∶3的水泥砂浆抹灰至20mm厚，然后刷涂冷底子油一道并做一毡二油防潮层，构造如图1-68所示。当在建筑墙面、柱面上采用墙筋木龙骨做皮革或人造革装饰时，墙筋木龙骨一般为（20～50）mm×（40～50）mm截面的木方条，钉于墙、柱面的预埋木砖或预埋的木楔上，木砖或木楔的间距与墙筋的排布尺寸一致，一般为400～600mm间距，按设计要求进行分格或平面造型形式进行划分。固定好墙筋之后，即铺钉夹板做基层面板。基层面板拼缝用油腻子嵌平密实，满刮腻子1～2遍，待腻子干后，用砂纸磨平，如图1-69所示。

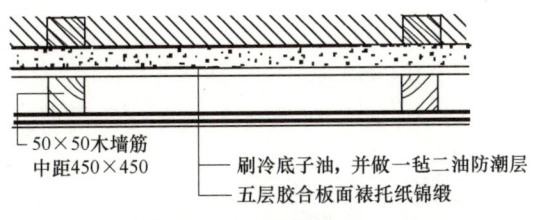

图1-68 基层防潮构造

图1-69 基层面板刮腻子

2. 吊直、套方、找规矩、弹线

根据设计图样要求，把需要软包墙面或柱面的装饰尺寸、造型等通过吊直、套方、找规矩、弹线等工序，把实际尺寸与造型落实到墙面或柱面上。

3. 计算用料、套裁填充料和面料

裁卷材（人造革、织锦缎）一定要大于墙面分格尺寸。面层按下列尺寸裁割：横向尺寸＝

竖龙骨中心间距 +50mm；竖向尺寸 = 软包墙面高度 + 上下端口长度之和。

4. 固定面料

采取直接铺贴法施工时，应待墙面细部装修基本完成时，边框油漆达到交活条件，方可粘贴面料。如将人造革软包材料覆于基面板之上，则可以先把矿棉、泡沫塑料、玻璃棉等填充材料规则地铺装于基面板上，采用暗钉方式进行固定，然后将人造革软包材料包裹其上，采用电化铝帽头钉四角钉固，也可同时采用不锈钢、铜或木压条，既方便施工，又使立面造型丰富。

皮革和人造革饰面的铺钉方法，主要有成卷铺装和分块固定两种形式。此外还有压条法、平铺泡钉压角法等，由设计而定。

（1）成卷铺装法。由于人造革材料可成卷供应，当进行较大面积施工时，可进行成卷铺装。但需注意，人造革卷材的幅面宽度应大于横向木筋中距 50 ~ 80mm，并保证基面五夹板的接缝必须置于墙筋上，如图 1-70 所示。

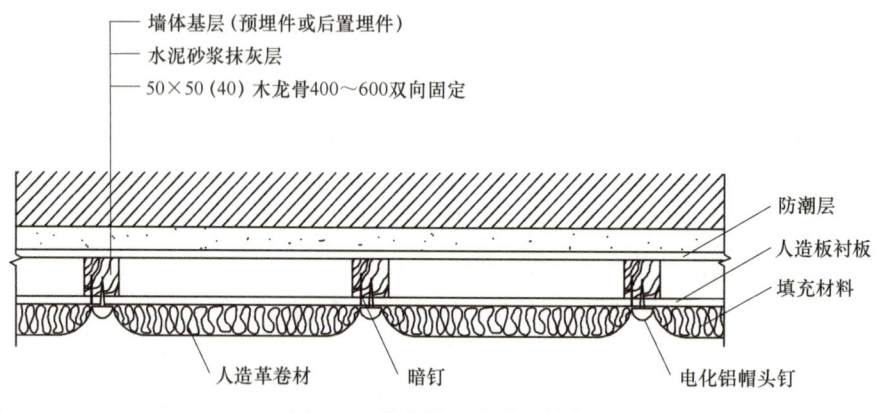

图 1-70 软包饰面的成卷铺装

（2）分块固定法。这种做法是先将皮革或人造革与五夹板按设计要求的分格，划块进行预裁，然后一并固定于木筋上。安装时，以五夹板压住皮革或人造革面层，压边 20 ~ 30mm，用圆钉钉于木筋上，然后将皮革或人造革与木夹板之间填入衬垫材料进而包覆固定。须注意的操作要点是：首先必须保证五夹板的接缝位于墙筋中线；其次，五夹板的另一端不压皮革或人造革而是直接钉于木筋上；再次是皮革或人造革剪裁时必须大于装饰分格划块尺寸，并足以在下一个墙筋上剩余 20 ~ 30mm 的料头。这样，第二块五夹板就可包覆第二片人造革面并压于其上进而固定，依此类推完成整个软包饰面工程。软包饰面分块固定如图 1-71 所示。这种做法，多用于酒吧台、服务台等部位的装饰。

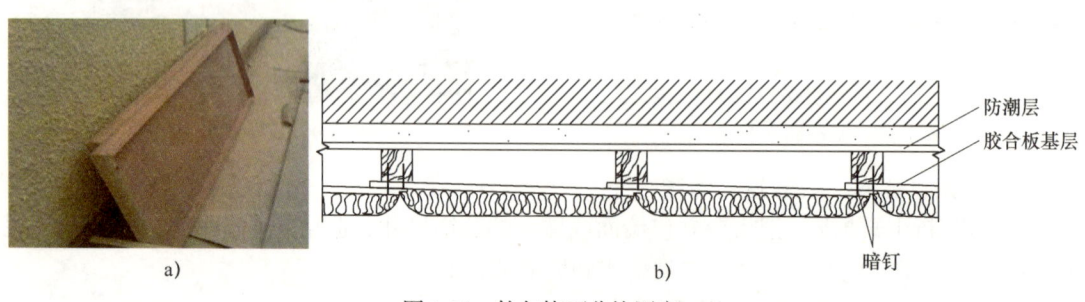

图 1-71 软包饰面分块固定
a）分块　b）分块软包构造

5. 安装贴脸或装饰边线

根据设计选定和加工好的贴脸或装饰边线，按设计要求把油漆刷好，便可进行装饰板安装工作。首先经过试拼，达到设计要求的效果后，便可与基层固定和安装贴脸或装饰边线，最后涂刷镶边油漆成活，如图 1-72 所示。

6. 修整软包墙面

除尘清理，钉粘保护膜和处理胶痕。

（三）施工注意事项

（1）切割填塞料海绵时，为避免海绵边缘出现锯齿形，可用较大铲刀及锋利刀沿海绵边缘切下，以保整齐，如图 1-73 所示。

图 1-72　安装完装饰边线的软包墙面　　　　图 1-73　填塞海绵的边缘应整齐

（2）在粘结填塞料海绵时，避免用含腐蚀成分的粘结剂，以免腐蚀海绵，造成海绵厚度减少，底部发硬，以至于软包不饱满。所以粘结海绵时应采用中性或其他不含腐蚀成分的胶粘剂。

（3）面料裁割及粘结时，应注意花纹走向，避免花纹错乱影响美观。

（4）软包制作好后用粘结剂或直钉将软包固定在墙面上，水平度、垂直度达到规范要求，阴阳角应进行对角。

五、项目验收

软包饰面工程每个检验批应至少抽查 20%，并不少于 6 间，不足 6 间时应全数检查，其主控项目、一般项目及检验方法见表 1-27、表 1-28。

表 1-27　软包饰面工程控制项目及检验方法

项　目	项目内容	检验方法
主控项目	1）软包的面料、内衬材料及边框的材质、颜色、图案、燃烧性能等级和木材的含水率应符合设计要求及国家现行标准的有关规定	观察，检查产品合格证书、进场验收记录和性能检测报告
	2）软包工程的安装位置及构造做法应符合设计要求	观察、尺量检查、检查施工记录
	3）软包工程的龙骨、衬板、边框应安装牢固，无翘曲，拼缝应平直	观察、手扳检查
	4）单块软包面料不应有接缝，四周应绷压严密	观察、手摸检查

(续)

项　　目	项目内容	检验方法
一般项目	1）软包工程表面应平整、洁净、无凹凸不平及皱折。图案应清晰、无色差，整体应协调美观	观察
	2）软包边框应平整、顺直、接缝吻合。其表面涂饰质量应符合规范的相关规定	观察、手摸检查
	3）清漆涂饰木质边框的颜色、木纹应协调一致	观察

表 1-28　软包饰面工程的允许偏差和检验方法

项　　目	允许偏差/mm	检验方法
垂直度	3	用 1m 垂直检测尺检查
边框宽度、高度	0，-2	用钢直尺检查
对角线长度差	3	用钢直尺检查
裁口、线条接缝高低差	1	用钢直尺和塞尺检查

六、项目拓展——如何鉴别软包的好坏

1. 面料

面料在软包类墙面工程最终效果中起了很重要的作用，常用的有布艺、普通 PU 皮革、犀皮以及真皮。用的面料差，时间长了会导致软包变形、粗糙，甚至装饰皮表面脱落。现时兴的家装一般选用犀皮面料，其价格是普通 PU 皮革的 3 倍左右，可保用 10 年。

2. 海绵

海绵对外观的影响不大，但是使用时间长了就会显现出其质量差异。质量好的海绵时间长了软包背景墙依然饱满，而质量差的海绵时间长了就会造成软包下陷，面料松弛，软包变得没有质感。所以购买软包材料时一定要注意海绵的厚度和质量。

3. 软包底板

软包底板市面上主要用中纤板、五夹板，还有的选择甲醛含量较低的板材。质量差的板材会变形。

4. 底布

软包背景墙背后有一层底布，是专业做软包用的粘布，用码钉枪打上去的。其作用有二：一是将软包背后不好看的地方遮盖住；二是二次固定软包表面的面料，以使软包更加结实。

习　　题

一、填空题

1. 抹灰类饰面是指建筑内外表面为_____、_____、_____、_____等做成的各种饰面抹灰层。它包括_____、_____。

2. 根据抹灰质量的不同，一般抹灰分_____和_____两种标准。

3. 装饰抹灰饰面按照不同施工方法和不同面层材料形成不同装饰效果的抹灰，可分为_____、_____、_____、_____、_____、_____、_____等墙饰面。

4. 贴面类墙体饰面按饰面部位不同分为 _____、_____；按构造方式不同分为 _____、_____。
5. 用于室外的饰面石材是 _____。
6. 涂刷类墙面按所用材料性能不同可分为 _____、_____ 涂饰工程。
7. 涂料的施工方法一般有 _____、_____、_____。
8. 在裱糊类饰面材料中，_____ 的使用最为广泛。
9. 在裱糊前不得浸水的是 _____ 壁纸。
10. 壁纸不得在阳角处拼缝，应 _____；壁纸裹过阳角应不小于 _____ mm。
11. 镶板类墙面的构造主要分为 _____、_____ 两部分。其中木龙骨骨架间距一般为 _____ mm。
12. 软包饰面由 _____、_____ 两大部分组成。其中面层有 _____ 和 _____ 两种做法。

二、是非题

1. 抹灰底层具有找平和粘结的作用，能弥补干缩裂缝，可增加防潮、防腐、保温隔热效果。（ ）
2. 水泥砂浆为水泥、砂、石灰、水的混合物。（ ）
3. 内墙砖饰面镶贴顺序为先墙面后地面，先下部后上部。（ ）
4. 底层涂料具有增加涂层和基层的黏附力，还兼具基层封闭剂的作用。（ ）
5. 透明油漆涂饰中腻子的颜色与底色颜色可以不一致。（ ）
6. 壁纸裱糊时，壁纸背面和基层应同时刷胶。（ ）
7. 玻璃纤维墙布和无纺墙布裱糊前都需做胀水处理。（ ）
8. 软包墙面具有吸声、保温、质感舒适等特点。（ ）
9. 墙面软包是在电器开关面板安装完毕之后。（ ）

三、简答题

1. 墙面抹灰通常由几层组成？它们的作用各是什么？
2. 简述内外墙抹灰的施工技术。
3. 什么是"护角"？它的构造如何？
4. 简述墙面砖饰面构造和墙面砖的施工工艺。
5. 简述涂刷施工流程。
6. 什么是裱糊工程？它有何特点？
7. 简述镶板类墙面的构造和施工工艺。
8. 简述软包饰面工程的有吸声层和无吸声层的施工技术。

模块二　顶棚装饰构造与施工

项目一　直接式顶棚施工

本项目知识点

1. 直接式顶棚的材料、构造、特点。
2. 直接式顶棚的施工工艺与施工要点。

本项目技能点

1. 能识读直接式顶棚装饰设计图。
2. 掌握直接式顶棚施工准备、操作方法、要注意的质量问题。

一、项目概况

直接式顶棚就是在屋顶板或楼板的底面直接进行基层处理，通过抹灰、涂刷、粘贴壁纸、铺设装饰饰面板所做成的顶棚。直接式顶棚基本不占据室内空间高度；其构造简单，构造层厚度小；在室内空间有限的情况下，可以充分利用空间；采用适当的处理手法，可获得多种装饰效果；材料用量少，施工方便，造价较低等特点。

但是，直接式顶棚由于顶棚受楼板结构形式的限制而不易变化；没有供隐蔽管线等设备、设施的内部空间。它一般用于功能较为单纯、空间尺寸比较小的房间或装饰要求不高的住宅、旅馆客房、教室、普通办公室等。

本项目需按照施工要求完成如图 2-1 所示的某儿童房直接涂刷顶棚施工。

图 2-1　直接涂刷顶棚施工效果

二、项目分析

直接涂刷顶棚属于直接抹灰顶棚中较常用的一种。它是先在顶棚基层上刷一道纯水泥浆，然后用混合砂浆打底找平，再做面层抹灰及顶棚面涂饰。

顶棚基层是屋顶或楼板底面，常见楼面为混凝土楼面，又称为清水顶棚，如图 2-2 所示。为了保证抹灰表面平整，避免裂缝，抹灰层一般应分层组成，分层操作。抹灰层一般由底层灰、中层灰和面层灰三层组成。如图 2-3 所示的抹灰层中，混合砂浆找平层属于底层灰，作用是初步找平；抹灰中间层属于中层灰，作用是进一步找平并与面层更好地粘结；油漆抹灰层属于面层灰,作用是增强装饰效果。

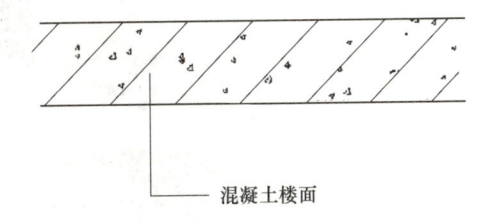

图 2-2 混凝土楼面(清水顶棚)

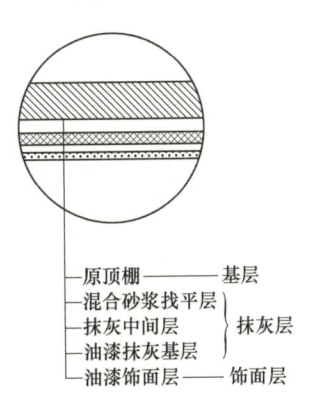

图 2-3 油漆饰面层构造

三、项目准备

(一) 材料准备

直接涂刷顶棚工程常用的材料见表 2-1。

表 2-1 直接涂刷顶棚工程常用的材料

名　　称	作　　用	图　片
水泥、石灰、石膏等	在建筑工程中,将散粒材料(如砂和石子)或块状材料粘结成一个整体,属于胶结材料	
砂子	在各类砂浆中起到骨料作用,并可有效地节省胶结材料。在水泥水化过程中,有效地降低水泥水化热,抑制水泥因物理、化学反应体积变化时裂缝的产生	
麻刀、纸筋、草秸	混合在抹灰材料中,起拉结和骨架作用,可以提高抹灰层的抗拉强度,增强抹灰层的弹性和耐久性,使抹灰不易裂缝和脱落,属于纤维材料	

（续）

名称	作用	图片
乳白胶	乳白胶（聚醋酸乙烯酯乳液胶粘剂）是一种以水为分散相，粘结力强，黏度适中，无毒、无腐蚀、无污染的现代绿色环保型胶粘剂，保证饰面与基层粘贴牢固	
建筑涂料	建筑涂料是涂敷于建筑物表面，并能与建筑物表面材料很好地粘结，形成完整涂膜的材料。建筑涂料主要使用合成树脂及其乳液、无机硅酸盐和硅溶剂	

（二）工具准备

直接涂刷顶棚常用的工具有铁抹子和辊筒，见表 2-2。

表 2-2 常用的工具及其用途

名称	图片及说明	用途
铁抹子		用于抹灰工程中，刮平灰浆
辊筒		用于将涂料辊涂到基层上

（三）施工作业条件准备

1. 材料进场验收

（1）检查主辅材料是否满足技术指标要求。
（2）检查主要材料合格证、材料检验报告、使用说明书、防伪标志。
（3）对主要材料进行复检，并有复检报告。
（4）进场材料外观质量检查。

2. 材料具体检查内容

（1）水泥：水泥到货后应根据供货单位的发货明细表或入库通知单及质量合格证，检查水泥包装上所注明的工厂名称、水泥品种、名称、代号和强度等级、包装日期、生产许可证编号等是否相符。本项目采用不低于 32.5 级的普通硅酸盐水泥和矿渣硅酸盐水泥，强度等级应符合设计要求，出厂时间在三个月以内，安定性合格。

（2）砂子：本项目采用中砂，或中砂与粗砂混合掺用的砂子。砂中有害物质含量应符合国家标准《建设用砂》(GB/T 14684—2022)的规定，其中含泥量应小于 3%。

（3）涂刷材料：本项目的涂刷材料优先选用绿色环保产品。涂料的品种、颜色应符合设计要求，并应有产品性能检测报告和产品合格证书。

（4）腻子：为使基层平面平整光滑，在涂刷涂料前应用腻子在基层表面上的凹坑、缝隙等嵌实填平，待其结硬后用砂纸打磨光滑。腻子一般用填料和少量的胶粘剂配制而成。填料常用大白粉（碳酸钙）、石膏粉、滑石粉（硅酸镁）、重晶石粉（硫酸钡）等；胶粘剂常用动物血料、合成树脂溶液、乳液和水等。本项目所用腻子为配制好的成品，粘结强度应符合国家现行标准的有关规定。

3. 技术准备

（1）机具准备：对本项施工专用工具已配备完全，可供正常使用。

（2）检查结构施工情况：顶棚施工前，应对照设计图，检查结构尺寸是否同建筑设计相符。除复核结构空间尺寸外，特别要注意结构是否有需要处理的质量问题。如钢筋混凝土的蜂窝麻面，有无超过规范所规定的要进行处理的裂缝等结构上所遗漏的问题。

四、项目实施

（一）直接涂刷顶棚工艺流程

搭脚手架 →混凝土表面清理→基层处理→弹线、套方、找规矩→浇水润湿顶棚面→满刮腻子→磨光→第二遍满刮腻子→磨光→干性油打底→第一遍涂料→补腻子→磨光→第二遍涂料→磨光→第三遍涂料→磨光。

（二）施工操作要点

1. 搭脚手架

一般用木料或者钢材做成架子，约距顶棚板高 1.2～1.8m，如图 2-4 所示。脚手架应结实安全，做好安全防范。

2. 基层处理

直接式顶棚装修对混凝土板表面平整要求较高，模板的质量直接影响顶棚的平滑程度，所以直接式顶棚要求有高精度的模板工程。

在基层处理时，首先需要将凸出的混凝土剔平，对钢模施工的混凝土，则应对其表面预先进行"毛化"处理，将其光滑的表面用尖钻剔毛，剔去光面，使其表面粗糙不平，并用水湿润基层。

图 2-4 钢质脚手架

3. 弹线、套方、找规矩

根据 50cm 水平线找出靠近顶板四周的水平线，作为顶板抹灰水平线，定出抹灰层厚度。

4. 抹底层砂浆

在顶板混凝土湿润的情况下，先刷掺水重10%的108胶水泥浆一道（水灰比为0.4～0.5）；紧接着抹1∶1∶6水泥混合砂浆，每遍厚度为5mm，操作时需用力压，以便将底灰挤入顶板细小孔隙中；然后用软刮板刮抹顺平，用木抹子搓平搓毛，如图2-5所示。

5. 抹面层砂浆

底层砂浆抹好后，待约六七成干时，即可抹罩面灰。面层砂浆配合比1∶0.5∶3水泥混合砂浆，厚度为5mm。抹时先用水湿润，然后薄薄地刮一层，使其与底灰粘牢，紧接着抹罩面灰，并用杠横竖刮平，木抹子搓毛，铁抹子溜光、压实，如图2-6所示。

图 2-5 用木抹子搓平

图 2-6 铁抹子溜光

水泥砂浆基层在常温下，要求保持七天以上，干燥程度不大于8%时方可涂饰涂料。

6. 批刮腻子、磨光

将顶棚表面的灰砂等清除，满批刮腻子两遍，如图2-7所示。注意接槎，来回刮平。用砂纸磨平、磨光，并清除浮尘。二遍腻子之间要隔开一到两天，即要等第一遍完全干燥后方可用砂纸打磨平整。

7. 刷涂料

对于油性涂料，可用熟桐油加汽油配成清油在基层上涂刷一遍，待其干燥后再涂主层涂料，干燥后再涂两遍罩面涂料。

在施工时，在辊子上蘸少量涂料后再在被刷顶棚上轻缓平稳地来回滚动，避免歪扭，以保证涂层厚度一致、色泽一致、质感一致，如图2-8所示。在边角处不易滚到的地方要用刷子补刷。采用辊涂法施工时应根据涂料的品种及要求的花饰确定辊子的种类。

图 2-7 批刮腻子

图 2-8 辊涂法施工

（三）施工注意事项

（1）涂料的稀释方法、施工温度及使用方法等，应严格执行使用说明书的规定。一个工程所需涂料应为同一批号的产品并一次备齐。涂料在使用前及使用过程中应经常搅拌。

（2）涂料的存放与运输应按使用说明书的规定进行。

（3）涂刷后至成膜前应避免淋水。

（四）成品保护

（1）顶棚薄抹灰工序与其他工序要合理安排，避免刷后其他工序又进行修补工作。

（2）顶棚薄抹灰完工后应加强管理，认真保护好。

（3）施工前应对已完成的地面面层进行保护，严禁落下的灰尘造成污染。

（4）干燥前，应防止尘土沾污和热气侵袭。

（5）拆脚手架或移动高凳时应注意保护好已施工的顶棚面。

五、项目验收

一般抹灰的允许偏差和检验方法见表 2-3；喷涂、辊涂、弹涂允许偏差见表 2-4；溶剂型涂料的涂饰质量和检验方法见表 2-5。

表 2-3　一般抹灰的允许偏差和检验方法

项次	项目	允许偏差 /mm 普通抹灰	允许偏差 /mm 高级抹灰	检验方法
1	立面垂直度	4	3	用 2m 垂直检测尺检查
2	表面平整度	4	3	用 2m 靠尺和塞尺检查
3	阴阳角方正	4	3	用直角检测尺检查
4	分格条（缝）直线度	4	3	拉 5m 线，不足 5m 拉通线，用钢直尺检查
5	墙裙、勒脚上口直线度	4	3	拉 5m 线，不足 5m 拉通线，用钢直尺检查

表 2-4　喷涂、辊涂、弹涂允许偏差

项次	项目	允许偏差 /mm	检验方法
1	立面垂直度	5	用 2m 托线板检查
2	表面平整度	4	用 2m 靠尺和塞尺检查
3	阴阳角垂直	4	用 2m 托线板检查
4	阴阳角方正	4	用 20cm 方尺及楔形塞尺检查
5	分格条（缝）直线度	3	拉 5m 线，不足 5m 拉通线，用钢直尺检查

表 2-5　溶剂型涂料的涂饰质量和检验方法

项次	项目	普通涂饰	高级涂饰	检验方法
1	颜色	均匀一致	均匀一致	观察
2	光泽、光滑	光泽基本均匀，光滑无挡手感	光泽均匀一致	观察、手摸检查
3	刷纹	刷纹通顺	无刷纹	观察
4	裹棱、流坠、皱皮	明显处不允许	不允许	观察
5	装饰线、分色线直线度允许偏差 /mm	2	1	拉 5m 线，不足 5m 拉通线，用钢直尺检查

六、项目拓展——直接喷刷顶棚

直接喷刷顶棚与直接涂刷顶棚类似，不同点在于顶棚涂料是通过喷涂的方式施工。直接喷刷顶棚构造如图 2-9 所示。

目前较先进的喷涂方式是用静电喷涂。静电喷涂与传统的喷漆工艺相比较，具有显著优势：不需稀料，施工对环境无污染，对人体无毒害；静电喷涂工艺涂层外观质量优异，附着力及机械强度高；喷涂施工固化时间短；涂层耐腐耐磨能力高出很多；不需底漆；施工简便，对工人技术要求低；成本低于喷漆工艺；静电喷粉喷涂过程中不会出现喷漆工艺中常见的流淌现象。

静电喷涂工艺原理是将塑料粉末通过高压静电设备充电，并在电场的作用下均匀地吸附在被加工的工件表面上，然后经过高温烘烤，塑料颗粒就会融化成一层致密的保护层牢牢附着在工件表面。图 2-10 所示为静电喷涂的喷枪。

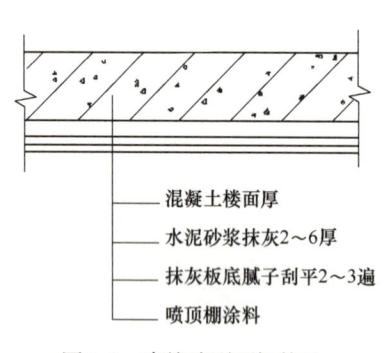

图 2-9　直接喷刷顶棚构造

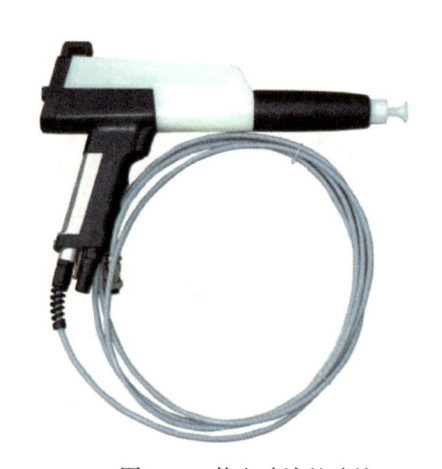

图 2-10　静电喷涂的喷枪

项目二　木龙骨顶棚施工

本项目知识点

1. 木龙骨顶棚构造、施工工艺流程、施工方法。
2. 木龙骨顶棚的施工准备、质量控制要点、要注意的质量问题。

本项目技能点

1. 熟悉木龙骨顶棚施工的特点和基本要求。
2. 掌握木龙骨顶棚施工的质量要求和工艺流程。

一、项目概况

暗藏灯带窗帘盒节点

木龙骨顶棚在家装中相当普遍，往往运用在客厅中，因为客厅是住宅中的重要空间，也是居室空间中活动的主要场所。因此，客厅的装饰设计是住宅的设计重点，客厅顶棚是其重要组成部分。顶棚的设计是根据其平面布局进行的。本项目需按照施工要求完成如图 2-11 所示的客厅圆形顶棚装饰。该客厅顶棚为内凹式圆形，采用木龙骨结构，顶棚分了两级，形成高低错落的感觉。

二、项目分析

木龙骨顶棚的构造由吊杆、龙骨架、饰面板组成。图 2-12 所示为木龙骨顶棚的剖面图。

要完成客厅整圆形木龙骨结构顶棚的装饰施工，首先要识读设计师提供的原始平面图及设计后的顶棚平面图，掌握设计师的设计意图及希望达到的效果，如图 2-13 及图 2-14 所示。要根据施工图和施工现场的条件进行施工方案分析；根据现场实际情况及尺寸，确定顶棚的合理施工方法。

图 2-11 客厅圆形顶棚实景图

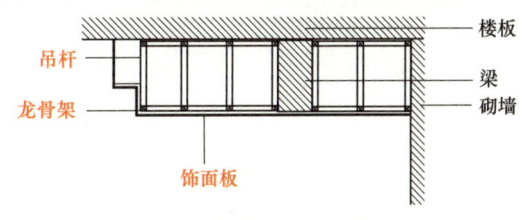

图 2-12 木龙骨顶棚剖面图

在这个案例中为满足客厅整体效果，实现设计目的，需将原梁隐蔽。在确定了客厅顶棚二级吊顶的高度，并且在完成了其他顶棚后，按照木龙骨石膏板的构造做法及采用规范要求的施工工艺，就能达到设计效果。

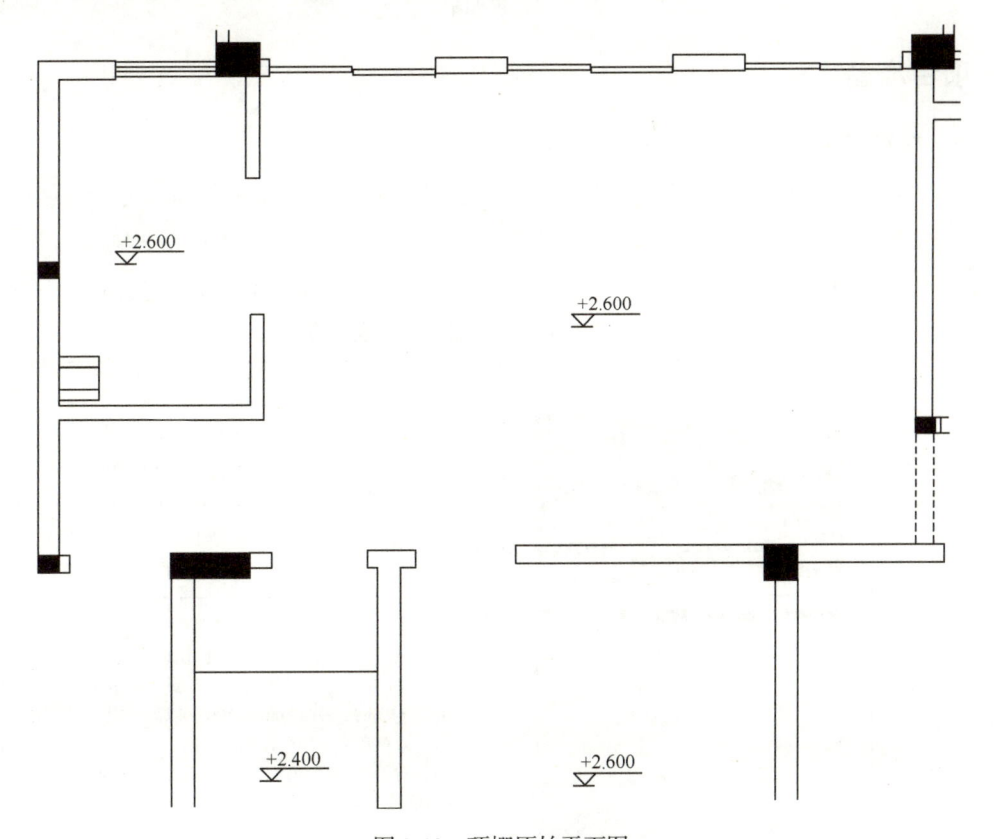

图 2-13 顶棚原始平面图

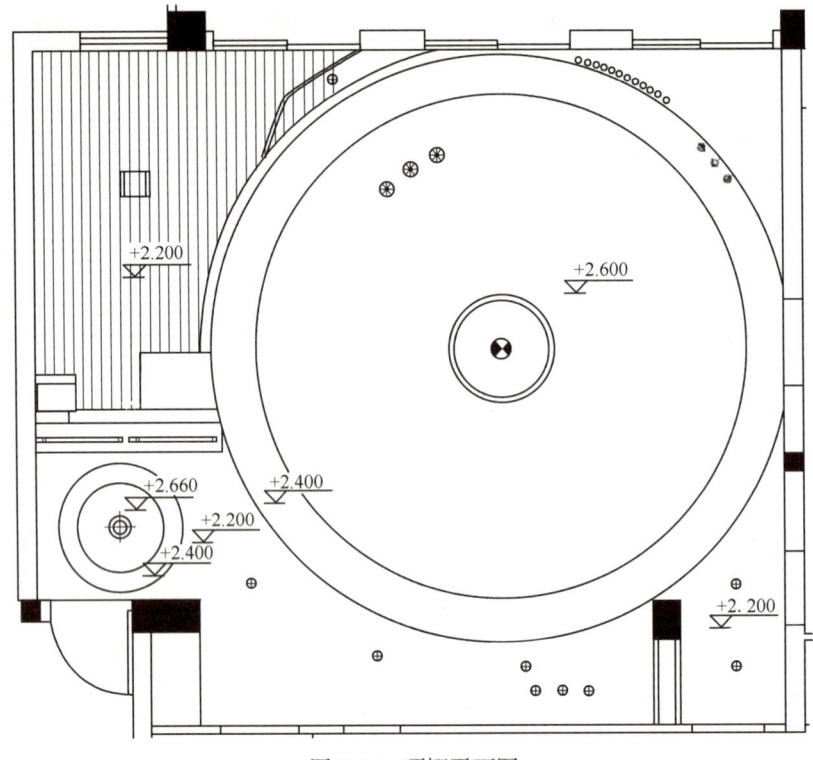

图 2-14 顶棚平面图

三、项目准备

(一) 材料准备

木龙骨顶棚的主材料有木龙骨、石膏板、吊筋等，见表2-6；辅助材料又分为连接件（直钉、铁钉、自攻螺钉等）、涂料（防火涂料、白乳胶、防锈漆）、填充材料（接缝胶带）等，见表2-7。

表 2-6 木龙骨顶棚主要材料的特点及应用

材料名称	图 例	主要特点及应用
木龙骨		材质较轻、纹理顺直、干缩性小、不开裂、不易变形。木龙骨材料的规格为25mm×25mm、20mm×30mm、30mm×40mm。用作吊顶的龙骨支架及次龙骨
普通纸面石膏板		具有重量轻、隔热、抗震，使用寿命长的特点。无法悬挂较重的饰品，抗潮湿能力差（石膏易粉化）。常见规格为1220mm×2400mm、1220mm×3000mm等，厚度为9mm、12mm 普通纸面石膏板适用于顶棚的装饰，但不宜用于厕所、厨房等空气相对湿度大于70%的潮湿环境，否则必须采取相应的防潮措施

（续）

材料名称	图例	主要特点及应用
吊筋		用木方做吊筋，因其具有重量轻、易做造型等特点。规格有 30mm×40mm 和 30mm×50mm，长度为 4m

表 2-7　木龙骨顶棚辅助材料的特点及应用

材料名称		图例	主要特点及应用
连接件	铁钉		也称为圆钉，常用规格有 25mm、35mm、45mm、100mm 用于固定和连接木龙骨
	自攻螺钉		螺纹深、螺距宽、强度高，可直接在钻孔内攻出螺纹 用于石膏板与木龙骨连接
	直钉		钉长分别为 32mm、38mm、40mm、50mm、64mm 一般用于木饰面板与木龙骨的连接，也可用于固定和连接木龙骨
涂料	防火涂料		具有不燃不爆、无毒、无污染、施工干燥快等特点 用于工程中可燃木质基材的防火保护，可防止初期火灾和减缓火灾的蔓延及扩大
	白乳胶		黏性较大，胶层韧性好，无毒，能耐稀酸、稀碱，但耐水性差、耐热性差 多用于木质材料粘结，也可用于木龙骨与石膏板粘结

（续）

材料名称		图例	主要特点及应用
涂料	乳胶漆		又称为合成树脂乳液涂料，是以合成树脂乳液为基料加入颜料、填料及各种助剂配制而成的一类水性涂料 用于顶棚面层涂饰
	防锈漆		由油料与阻蚀性颜料（红丹、黄丹、铝粉等）调制而成，油料加40%～80%红丹制成的红丹漆，对钢铁的防锈效果较好 用于金属、木材、混凝土等表面的防腐蚀
填充材料	接缝胶带		抗拉强度极高，具有防裂、防皱、防缩作用 用于石膏板板缝、墙顶面阴阳角的嵌缝
	熟胶粉		为片状结构，是一种特殊改性淀粉纤维，主要由羧甲基纤维素、改性淀粉等组成。它具有增稠、填补、粘结、乳化、扩散、提高稳定性等多种作用，使处理后的墙壁表面不开裂 作为内墙腻子胶粉，直接批刮腻子
	801胶		不含甲醛、无毒、不含化学溶剂，不会对人体造成危害，经济便宜，使用方便 广泛用于建筑施工，配制腻子

（二）工具准备

木龙骨顶棚施工所需的工具有电锤、手提电锯、电钻、直钉枪、风批、墨线盒、卷尺、直锯、木刨等，见表2-8。

表2-8　木龙骨顶棚施工主要工具及用途

名称	图例	用途
电锤		在楼板和墙体里面打孔

模块二　顶棚装饰构造与施工　63

（续）

名　称	图　例	用　途
电钻		在木方中打眼
风批		将自攻螺钉固定到石膏板内
墨线盒		弹定点线和标高线
锯子	直锯　　　钢锯	裁切木料
木刨		刨平木料
小钉锤		将铁钉钉入木料中
铁抹子		顶棚面层批腻子

（三）施工作业条件准备

1. 技术准备

木龙骨顶棚施工前，顶棚上部的管线、照明预留、空调管线或设备等安装就位，并对隐蔽项目进行了验收，以及对安装的设备基本调试完毕。

2. 材料进场检验

（1）木龙骨作为主要骨架材料，在挑选时应注意以下几点：

1）规格选择。在购买木龙骨时，应根据装修部位的设计要求，选择截面尺寸符合要求的木龙骨。本项目中，需要使用截面为 30mm×40mm 和 30mm×50mm 的木方。

2）干燥程度。木材具有湿胀干缩的特性。为避免使用过程中的变形，在选择时应注意选择经过烘干处理的木方。木龙骨的含水率应符合国家现行标准的有关规定，一般为 8%～12%。

3）表面选择。在选择木龙骨时，须注意木龙骨本身应无过多疤结、劈裂等缺陷，表面平直无弯曲。

4）对木龙骨还要进行防腐、防火、防蛀处理。

（2）纸面石膏板作为饰面材料其品种很多，有普通纸面石膏板、耐火纸面石膏板、纸面石膏装饰吸声板等。在选材时应根据该设计要求，本项目中选择普通的纸面石膏板。验收时，要查看石膏板，保证表面平整，边缘整齐。

（3）其他辅料按采购计划选购符合质量标准满足施工要求的产品。其中，防火涂料应有产品合格证书及使用说明书。

四、项目实施

（一）施工工艺流程

弹线定标高→安装吊点及边龙骨固定件→安装拼接龙骨→检查预留位置→调整龙骨标高→安装并固定面板→完成面层涂料前的基础工作（刷防锈漆→调整阴角→补钉孔→校正缝口→补缝）→贴胶带→批灰→打砂纸→第二次补灰→第二次打砂纸→刷乳胶漆。

（二）施工操作要点

1. 弹线定标高

根据设计或使用要求，以地坪线为基准，用充水软塑管以水柱法在四周墙壁上弹出标高水平线。水柱法是利用大气压强的原理让站在两端的人手中的水管中水柱一样高来定位，如图 2-15 所示。从水平线量至吊顶设计高度即为主龙骨或边龙骨的底标高，再用粉线弹出，如图 2-16 所示。

图 2-15 弹出标高水平线　　　　图 2-16 弹出龙骨的底标高线

2. 安装吊点及边龙骨固定件

（1）吊点安装时，应是主龙骨从吊顶中心向两边，吊点间距小于 1200mm，并标出吊杆的固定点。

吊点的固定方法有四种：第一种，采用射钉将木方（截面一般为 40mm×50mm）直接固定在楼板底部作为与吊杆的连接件。第二种，用冲击电锤在楼板底部打孔（图2-17a），再用膨胀螺栓固定木方（图2-17b和图2-17c）或用膨胀螺栓固定角钢、用射钉固定角钢等。第三种，将木楔嵌入电锤打好的孔内（图2-18a），再将木龙骨与其固定作为连接件（图2-18b）。第四种，直接把木楔作为吊杆嵌入电锤打好的孔内，如图2-19所示。

本项目的木龙骨顶棚吊点固定采用上述第三种方法进行操作。

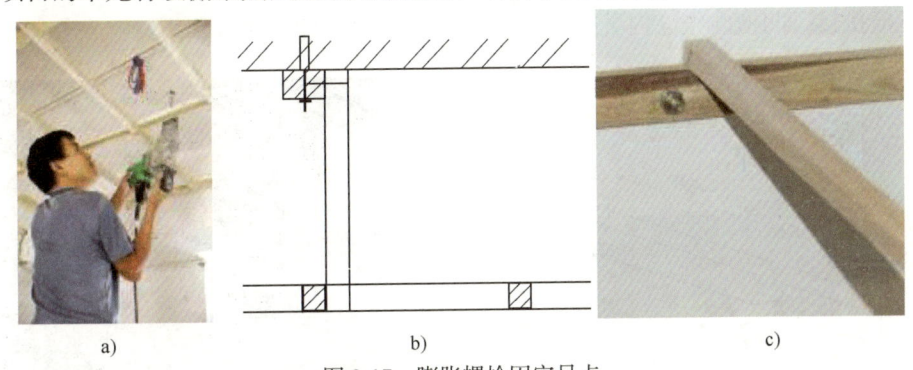

图2-17 膨胀螺栓固定吊点

a）冲击电锤打孔 b）膨胀螺栓固定木方剖面图 c）膨胀螺栓固定木方

图2-18 利用木楔固定作为连接件

a）嵌入木楔 b）将木楔与木龙骨固定作为连接件

（2）边龙骨安装应按设计要求弹线，沿墙上的吊顶标高水平线，用钻孔安装木楔的方法固定边龙骨，如图2-20所示。木楔安装应高出吊顶标高水平线10~15mm，直径应大于12mm，间距为500mm。

图2-19 木楔直接作为吊杆　　　　图2-20 钻孔安装木楔固定边龙骨

3. 拼接龙骨

在拼接木龙骨前,应先在其四面涂刷防火涂料,然后在地面进行分片拼接。木龙骨在地面按设计拼装成形,然后整体吊装。拼接木龙骨时应考虑便于吊装,所以木龙骨架每片组合不宜大于 10m², 木龙骨的分格尺寸不宜大于 400mm。自制的木龙骨架要按分格尺寸开凹槽,如图 2-21 所示。如果市场上出售成品木龙骨备有凹槽可以省略此工序。按凹槽的咬口方式将龙骨纵横拼接,凹槽内先涂白乳胶,再用小圆钉钉牢,如图 2-22 所示。

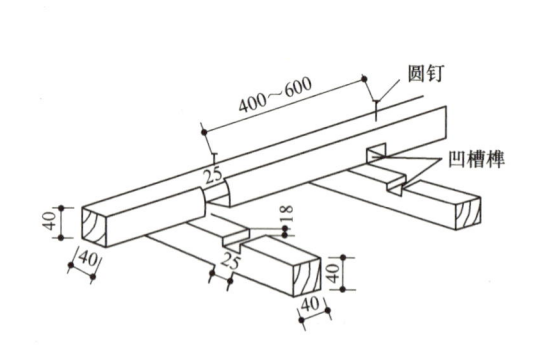

图 2-21 木龙骨拼接示意图

图 2-22 拼接井字形龙骨

再根据墨线标定的高度确定吊杆长度,并制作吊杆;然后,用膨胀螺钉和圆钉将吊杆两头分别连接在吊点和龙骨上,将骨架与吊点固定件接牢,如图 2-23 所示。

图 2-23 木龙骨吊杆连接

a) 确定吊杆长度 b) 将吊杆按所需长度锯齐 c) 将锯好的吊杆进行连接

4. 检查预留位置(管线安装、灯具、空调风口、窗帘盒等位置)

按住宅装饰的工序,顶棚施工应该在线路敷设完成后进行。因此,顶棚在固定前必须再次认真检查管线安装情况,如发现有如图 2-24 所示的不妥之处应及时调整,以进行规范的布线,如图 2-25 所示。

5. 调整龙骨标高

安装时先将拼装好的木龙骨托送至标高位置,用钢丝或其他方式在顶棚上作为临时固定。要使其底部与墙上弹出的标高水平线平齐,以此调整骨架的高度,龙骨外边与楼板上弹出的轮廓线应对应;再用墨线根据四周标高调整龙骨高度并定位,如图 2-26 所示。

模块二 顶棚装饰构造与施工 67

图 2-24 布线不规范，破坏了结构梁 　　图 2-25 布线要规范，电线要套管

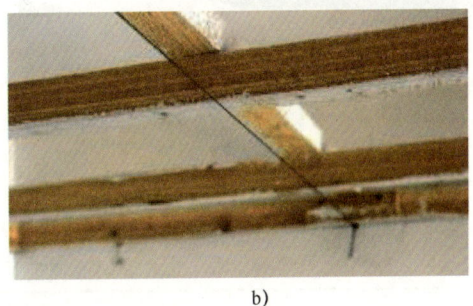

a)　　　　　　　　　　　　　　b)

图 2-26 调整龙骨高度并定位
a) 用小钉锤调整墨线高度　b) 用墨线确定标高

6. 安装并固定面板

木龙骨连接固定完毕后，要安装并固定面板。本项目根据设计要求，选择纸面石膏板。为确保石膏板与木龙骨连接后的粘结牢固，应在木龙骨与石膏板结合面涂刷白乳胶（图2-27），然后进行纸面石膏板的安装。首先，竖向托起石膏板，由于石膏板横向搬运易断裂，所以当石膏板横向放置时，应注意受力均匀，如图2-28所示。

图 2-27 涂刷白乳胶 　　　　　图 2-28 托起纸面石膏板

纸面石膏板用平头自攻螺钉与次龙骨连接安装，纸面石膏板的长边应沿纵向次龙骨铺设。首先，在自由状态下将石膏板与木龙骨临时固定在一起；安装时，从板中间向四周逐步进行，不可多点作业，也不能由两边往中间钉固，因为容易造成受力不均，使顶棚在使用过程中逐渐变形。石膏板临时固定后，应在每一个木龙骨中间处弹线（图2-29a），以便自攻螺

钉能准确地固定在木龙骨上，如图 2-29b 所示。

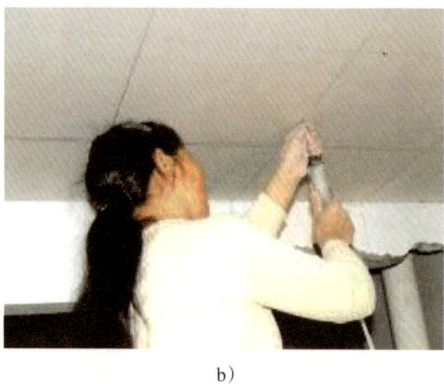

图 2-29 固定石膏板
a）确定木龙骨中间处并在中间处弹线 b）自攻螺钉固定石膏板

7. 完成面层涂料前的基础工作

完成面层涂料前的基础工作程序及操作要点见表 2-9。

表 2-9 完成面层涂料前的基础工作程序及操作要点

程　序	操作要点	图　示
第一步，刷防锈漆	由于自攻螺钉在固定时钻头会造成钉头损伤，所以应对钉头进行刷防锈漆处理	
第二步，调整阴角	由于墙基层或墙角可能会出现不平整的缺陷，为确保顶棚与墙面的阴角平整，应用弹墨线的方法来定位误差	
第三步，清理石膏板面层	石膏板在施工时会出现某些质量缺陷，如钉眼暴露在面层外，石膏板表面有异物污染，应将其表面清理干净再进行下一工序的施工	
第四步，补钉眼和补缝	用腻子填平钉眼和补缝	

8. 贴胶带

将接缝带泡于水中,如图 2-30 所示。泡透后取出将水沥干,再将之贴在接缝处,如图 2-31 所示。

图 2-30 接缝带泡于水中

图 2-31 接缝处贴胶带

9. 满刮腻子、刷乳胶漆

第一步,对安装固定后的顶棚面板,进行头遍满刮腻子,如图 2-32a 所示。满刮腻子完毕后,待腻子干透,用砂纸打磨,找平表面。第二步,按照同样的方法进行二次满刮腻子,方向与第一遍的方向垂直,如图 2-32b 所示,待腻子干透进行二次打砂纸找平,如图 2-33 所示。第三步,用辊子沾乳胶漆在顶棚上涂刷两到三遍,如图 2-34 所示。每遍刷漆之间应相隔 2h 以上(视其表干时间而定,冬天时间要长一点)待其基本干燥。第二遍面漆刷完之后需要一到两天才能完全干透。在涂料完全干透前应注意防水、防晒,防止漆膜出现问题。

a)

b)

图 2-32 满刮腻子

a) 第一遍腻子 b) 第二遍腻子

图 2-33 打砂纸找平

图 2-34 涂刷乳胶漆

五、项目验收

顶棚应严格按照国家标准进行施工，木龙骨纸面石膏板顶棚的质量控制要点见表2-10，并具体参照《住宅装饰装修工程施工规范》（GB 50327—2001）吊顶部分的规定执行。木龙骨石膏板顶棚工程安装允许偏差与检验方法见表2-11。

表2-10　木龙骨纸面石膏板顶棚的质量控制要点

质量通病	原因分析	防治措施
木龙骨吊顶的主、次龙骨不平整	1）木龙骨的材质不好，不顺直，有硬弯，变形大，木材含水率大，在施工中或使用后产生收缩翘曲变形 2）龙骨吊点位置不正确，吊点间距过大或不均匀 3）未拉通线调整主、次龙骨的水平位置和标高 4）四周墙面上侧吊顶的水平线偏差较大，中间平线起拱度不符合规定 5）吊杆与木龙骨的受力节点结合不严密、不牢固	1）应选用含水率符合国家现行规定的松木、杉木等软质木材，不宜用桦木、柞木等硬质木材 2）要符合设计要求并按设计要求弹线，确定龙骨吊点位置，主龙骨吊点间距应小于1.2m 3）安装、调整时必须拉通线检查，以确保主、次龙骨的位置及平整度 4）沿四周墙面上，按吊顶高度要求弹出标高线，弹线要清晰、准确，起拱高度应按房间短向跨度的1/1000～3/1000取值 5）各受力点必须装钉严密、牢固，吊杆和接头木料应选用软质材料，钉子的长度、直径、间距要适宜，防止装钉时开裂
顶棚面层不平整	1）起拱控制不好 2）安装前未弹线，使吊杆间距过大或不均匀 3）龙骨与墙面距离过大 4）次龙骨间距过大 5）次龙骨铺设方向不对 6）安装设备面板（灯具等）切断龙骨后未加设吊杆 7）吊杆太长无反支撑	1）施工前应认真测量标高尺寸，弹出各种基准线 2）龙骨和吊杆的规格一致、尺寸合格、安装牢固。安装前应设计有安装布置图，合理布局 3）长龙骨接长时应对接，相邻龙骨的接头要错开 4）各吊挂件规格一致、尺寸合格、安装牢固 5）铺设大块板材时，应使板的长边垂直于次龙骨方向 6）施工前应进行深化设计，安装设备面板（灯具等），避开龙骨位置，实在避不开须切断龙骨的应加设吊杆 7）对吊杆长度超过1.5m的应加设反支撑
板面不平，接缝不严	1）施工时材料湿度过大 2）嵌缝操作不佳 3）成品保护不好。纸面石膏板与龙骨固定时，采用多点同时施工，引起振动，造成板面出现弯棱、凸鼓、开裂	1）空气湿度对板材的胀缩影响较大，环境湿度过大，石膏板吸水膨胀，湿度下降时又会释水收缩，因此安装前应注意材料的湿度 2）应选用优质的腻子，并用穿孔纸带等有效地粘住板缝。嵌填板缝应分层进行 3）安排好各专业的施工工序，先敷设吊顶内的专业管线，经管线、穿线、保温、打压后再封面板，防止吊顶面板施工完成后上人作业时产生较大的振动

表2-11　木龙骨石膏板顶棚工程安装允许偏差与检验方法

序号	项　目	允许偏差/mm 石膏板	检验方法
1	表面平整度	3	用靠尺和楔形塞尺检查，查看不同部位的间隙尺寸差异是否在允许偏差范围内
2	接缝直线度	3	拉通线尺量检查
3	接缝高低差	1	用钢直尺和楔形塞尺检查

六、项目拓展

（一）石膏板的留缝

石膏板之间应该预留伸缩缝，避免衔接不平整。图2-35a所示为石膏板接缝处板缝衔接的情况，可以看出石膏板两个边沿均不平整。其原因是木工在安装石膏板时未按规范预留伸缩缝，其剖面结构，如图 2-35b 所示。

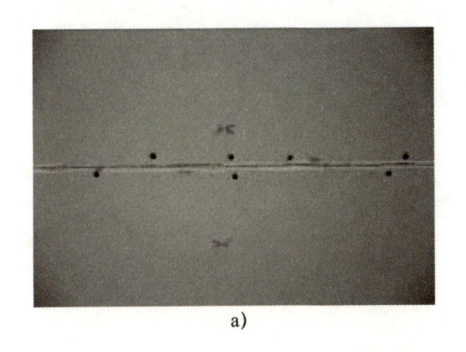

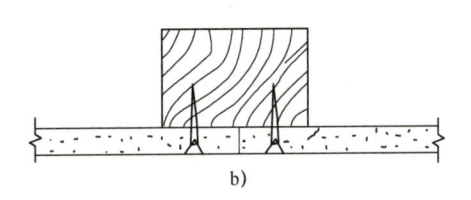

图 2-35　石膏板未预留伸缩缝
a）未预留伸缩缝　b）未预留伸缩缝的剖面结构

正确的做法是，在石膏板安装前将其边沿用刨子修出斜角，两边石膏板预留成 Y 形伸缩缝，如图 2-36 所示。这项工作应由木工完成，而不能留给油漆工完成。

还应该注意，安装双层石膏板时，面层板与基层板的接缝应错开，而且不得在同一根龙骨上接缝。

图 2-36　预留伸缩缝的正确做法

（二）纸面石膏板的切割

（1）先划线，再用多用刀沿着直尺在要切割处将纸面石膏板的正面覆面纸切断。

（2）将切断覆面纸的石膏板较小的那部分移至操作台外悬着，切断线正好与操作台边缘重合。

（3）用力下压悬于台外的那部分石膏板，使板芯断开。

（4）用多用刀将石膏板的背纸切断。其做法如图 2-37 所示。

图 2-37　纸面石膏板的切割

（三）纸面石膏板的孔加工

1. 小孔的加工

纸面石膏板小圆孔加工可采用普通麻花钻或山尖钻，若是异形孔可先钻圆孔，然后用针锯或木锉加工。

2. 大孔的加工

纸面石膏板的大孔（以方形孔为例）加工的步骤（图 2-38）：

（1）按开孔尺寸划线，再钻（或锤）一个孔。

（2）用锯从孔中心沿对角线向对角切割。

（3）用多用刀切断板的正面覆面纸。

（4）向下用手掰断石膏芯体。

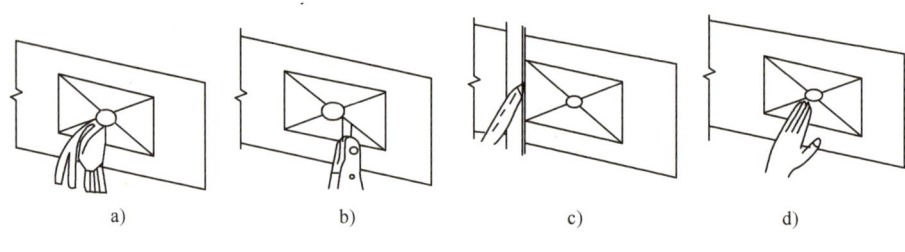

图 2-38 纸面石膏板上的大孔加工

a) 在对角线中心开洞 b) 从中心沿对角线向角部锯切 c) 沿外线用刀片切断面纸 d) 掰断

项目三　轻钢龙骨顶棚施工

本项目知识点

1. 轻钢龙骨顶棚构造、施工工艺流程、施工方法。
2. 轻钢龙骨顶棚的施工准备、质量要求、要注意的质量问题。

本项目技能点

1. 熟悉轻钢龙骨顶棚施工的特点和基本要求。
2. 掌握轻钢龙骨顶棚施工的质量要求和工艺流程。

矿棉板吊顶构造

纸面石膏双层板吊顶构造

一、项目概况

轻钢龙骨纸面石膏板吊顶，是目前应用最广泛的一种吊顶。它由轻钢龙骨和纸面石膏板组成，可以满足吊顶防火的要求，因而被广泛应用于现代建筑中，如商厦、医院、会堂、展览馆、候车室等民用设施，以及室内净空较大的而需吊顶的内装修工程中。本项目要完成如图 2-39 所示的轻钢龙骨纸面石膏板吊顶的制作与安装。

二、项目分析

吊顶的构造按组成吊顶轻钢龙骨骨架来分，有上人吊顶和不上人吊顶两种。

图 2-39　轻钢龙骨纸面石膏板吊顶完工图

（一）上人吊顶

由于有些吊顶的内部（即楼板与吊顶的上部之间）需要敷设电气线路、管线或设备安装等，为了便于上人检修，故吊顶除了要承受吊顶本身的自重之外，还要承受人员在吊顶内部进行检修的附加荷载，这类吊顶被称为上人吊顶。因此上人吊顶要在龙骨的选择上要采用能承受较大荷载的龙骨——承载龙骨（主龙骨）；此外，在吊杆与楼板的连接更要牢固可靠，如图 2-40 所示。上人吊顶平面图及节点图如图 2-41 所示。

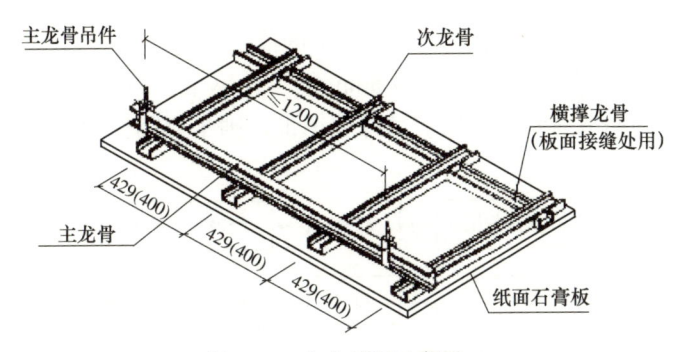

图 2-40 上人吊顶示意图

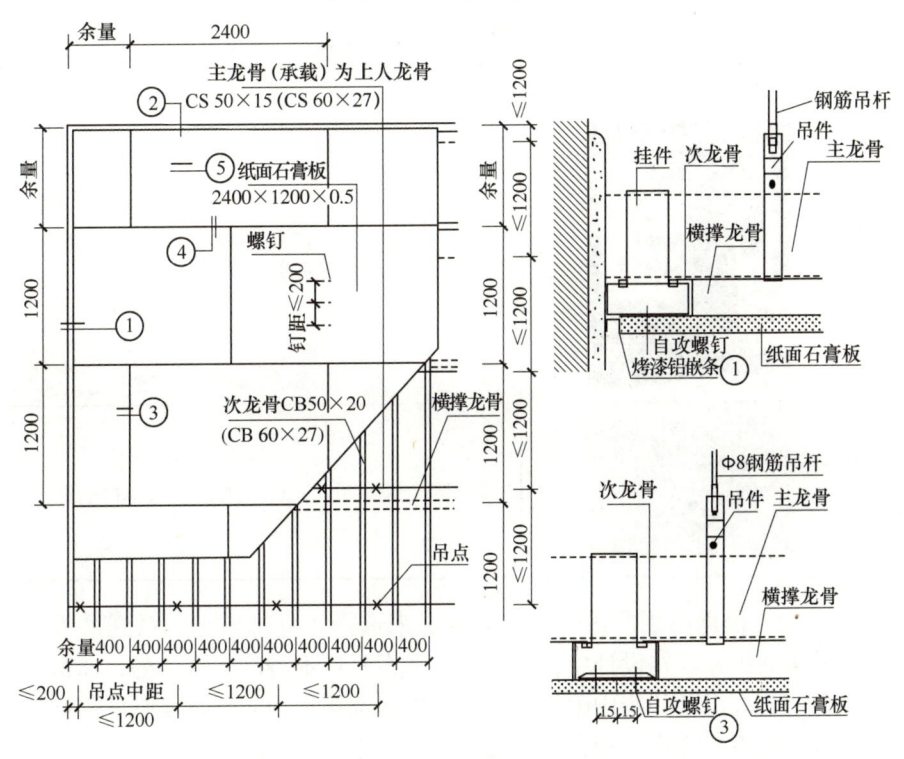

图 2-41 上人吊顶平面图及节点图

(二) 不上人吊顶

对于吊顶并不需要承受人员检修所附加的荷载，而吊顶本身仅需承受吊顶本身的自重以及较小的线路、设备的荷载，这类吊顶被称为不上人吊顶，如图 2-42 所示。

三、项目准备

(一) 材料准备

1. 吊顶用轻钢龙骨

吊顶用轻钢龙骨具有良好的力学性能、灵活的应用形式，而且具有施工简便、快速的特

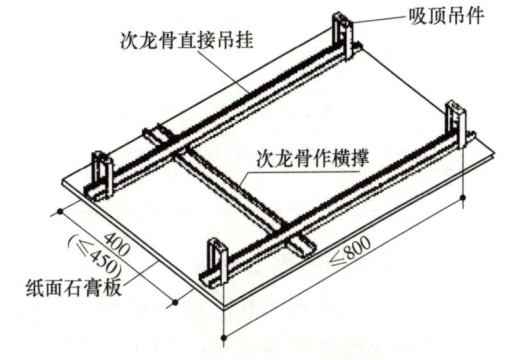

图 2-42 不上人吊顶示意图

点。以其组装成的龙骨骨架可以适应设计所要求的荷载。

吊顶用轻钢龙骨是以厚度为 0.5 ~ 1.5mm 的冷轧钢带、镀锌钢带为原料，经过数道辊压、冷弯后再经切割而成（如果采用的是冷轧钢带，则于切割后再进行镀锌处理）。其生产工艺过程如下：

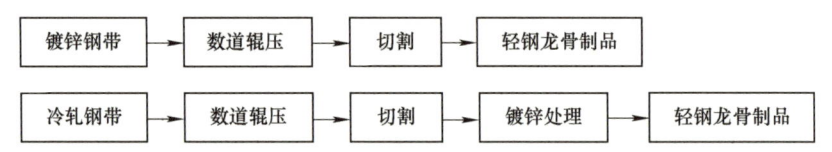

镀锌钢带 → 数道辊压 → 切割 → 轻钢龙骨制品

冷轧钢带 → 数道辊压 → 切割 → 镀锌处理 → 轻钢龙骨制品

吊顶用轻钢龙骨的品种见表 2-12。

表 2-12　吊顶用轻钢龙骨的品种

名　称	图　例	应　用
U 形龙骨		作为承载龙骨使用，起承受吊顶本身的自重和附加荷载（如上人检修荷载、吊挂灯具和设备等）的作用
C 形龙骨		作为覆面龙骨使用，起连接主龙骨与吊顶板的作用

在吊顶工程中，根据吊顶所承受的荷载情况来选择龙骨规格是关系到吊顶工程质量好坏、造价高低的重要因素。在设计中，有时除了考虑吊顶本身的自重之外，通常还要考虑到上人检修、吊挂灯具等设备的集中附加荷载。合理地选择吊顶用轻钢龙骨的规格，是在满足吊顶的使用要求前提下，降低工程造价，加快工程进度的重要环节。作为承载龙骨通常选择 U 形龙骨。吊顶用轻钢龙骨的规格与吊顶承载能力的关系见表 2-13。

表 2-13　吊顶用轻钢龙骨的规格与吊顶承载能力的关系

吊顶荷载	承载龙骨（主龙骨）规格 /mm	备　注
吊顶自重 + 80kg 附加荷载	60	仅供参考
吊顶自重 + 50kg 附加荷载	50	
吊顶自重	38	

2. 吊顶用纸面石膏板

吊顶用纸面石膏板，应该根据吊顶的档次和所处的环境要求来综合考虑，努力做到既经济又合理（选择依据见表 2-14）。对于一般的室内吊顶，通常选择普通面板；对于厨房、卫生间以及环境湿度较高的吊顶，通常选择防水面板；对于建筑的耐火性能要求较高的吊顶，通常选择耐火面板，如图 2-43 所示。选好的面板应平放于有垫板的木架上，以免沾水受潮。

表 2-14　吊顶用纸面石膏板的选择依据

名　称	品种（代码）		使用范围	尺寸/mm	
				长 × 宽	厚
纸面石膏板	普通型	普通板 P	一般建筑吊顶	2400 × 1200 2700 × 1200 3000 × 1200	9.5、12、15
		高级板 GP	中等或较高标准吊顶		
	防潮型	普通板 S	一般建筑潮湿环境的吊顶	2400 × 1200 2700 × 1200 3000 × 1200	9.5、12、15
		高级板 GS	中等或较高标准吊顶		
	防火型	普通板 H	一般建筑通风和烟雾排除	2400 × 1200 2700 × 1200 3000 × 1200	9.5、12、15
		高级板 GH	系统吊顶或较高标准吊顶		
	高级耐水耐火板 GSH		中等或较高标准防火、防潮吊顶	2400 × 1200 2700 × 1200 3000 × 1200	15

图 2-43　各种纸面石膏板
a）普通纸面石膏板　b）防潮纸面石膏板　c）防火纸面石膏板

3. 主、配件材料

用轻钢龙骨组装成吊顶龙骨架时，还必须有其他配套材料，见表 2-15。

表 2-15　轻钢龙骨主、配件材料应用一览表

名　称	图　例	应　用
吊杆		承担全部吊顶荷载
吊件		承载龙骨和吊顶的连接构件

（续）

名　称	图　例	应　用
挂件		覆面龙骨与承载龙骨之间的连接
挂插件		覆面龙骨与垂直龙骨相接的连接
连接件		用于承载龙骨和覆面龙骨的连接（延长）
边龙骨		用于骨架边缘处
镶边条		用于保护石膏板的边缘

（二）工具准备

轻钢龙骨施工常用工具有划线笔、墨斗、角尺、卷尺、水平尺、三角尺及铁锤等；常用机具有手电钻、电钻、砂轮机、自攻螺钉钻和射钉枪等，见表2-16。

表2-16　轻钢龙骨纸面石膏板常用施工工具

名　称	用　途	使用方法	图　片
墨斗	在墙上弹出水平和垂直的线	将墨汁倒入塑料盒里，线蘸上墨汁拽直绷紧向上一拉，紧接着一松手就把沾满墨汁的线弹在墙上或木头上	

模块二 顶棚装饰构造与施工

（续）

名　称	用　途	使用方法	图　片
水平尺	用来测量安装、施工水平的工具。既能用于短距离测量，还能用于远距离测量	利用水平尺观察窗中的水泡偏离中心位置来观察和测量	
手电钻	用于建筑装饰装修中固定龙骨、面板等。规格有6mm、10mm、13mm等	1）电源线不得有破皮漏电。必须安装漏电保护器。使用时应戴绝缘手套 2）操作时，应先起动后接触工件。钻头垂直顶在工件要垫平垫实，钻斜孔要防止滑钻 3）钻孔时要避开混凝土中钢筋 4）操作时应用杠杆加压，但不允许施工人员将身体直接压在上面 5）使用直径25mm以上的冲击电钻时，作业场地周围应设护栏，在地面4m以上操作应设固定平台	
冲击电钻	用于在砖、砌块及轻质墙等材料上钻孔的电动工具。适用于25mm左右小口径以及钻进深度短等条件，如安装膨胀螺栓等。对周边构筑物的破坏作用很小		
电动角向磨光机	常用该工具对金属型材进行磨光、除锈、去毛刺等作业，也用于切割金属龙骨材料。电动角向磨光机就是利用高速旋转的薄片砂轮以及橡胶砂轮、钢丝轮等对金属构件进行磨削、切削、除锈、磨光加工	该机可配用多种工作头，如粗磨砂轮、细磨砂轮、抛光轮、橡胶轮、切割砂轮、钢丝轮等 操作时应注意：①操作时用双手平握住机身，再按下开关。②以砂轮片的侧面轻触工件，并平稳地向前移动，磨到尽头时，应提起机身，不可在工件上来回推磨，以免损坏砂轮片。③该机转速很快，振动大，操作时应注意安全	
电动、气动射钉枪	用于木龙骨上钉木夹板、纤维板、刨花板、石膏板等板材和各种装饰木线条	气动射钉枪需与气泵连接，要求的最低使用压力为0.3MPa。射钉枪有两种：一种是直钉枪；另一种是码钉枪。直钉枪是单支，码钉枪是双支。操作时，用钉枪嘴压在需钉接处，按下开关钉子即射出	
电动自攻螺钉钻	电动自攻螺钉钻是装卸自攻螺钉的专用机具，用于轻钢龙骨或铝合金龙骨上安装装饰面板以及各种龙骨的安装	可直接安装自攻螺钉，在安装面板时不需要预先钻孔，而是利用自身高速旋转直接将螺钉固定在基层上。由于配有精确的截止离合器，故当螺钉达到紧度时会自动停止，提高了安装速度并且松紧统一。另外，利用逆转功能也可快速卸下螺钉	

（三）施工作业条件准备

（1）在吊顶工程正式施工前，施工人员必须熟悉施工图及设计说明，弄清楚吊顶的结构形式、采用的施工工艺、质量要求和施工中的注意事项，以便掌握施工要点，便于进行操作，确保施工质量。

（2）在吊顶工程正式施工前，有关人员必须提前进场熟悉现场情况，掌握周围环境和环保要求，以便制定施工组织设计和进行施工前的准备工作。

（3）在吊顶工程正式施工前，应按设计要求对施工房间的净高、洞口标高和吊顶内的管道、设备及其支架的标高进行交接检验。

（4）对吊顶内敷设的管道、设备的安装及各种管道的试压工作进行验收，其施工质量和试压必须符合设计的要求。

（5）在吊顶工程的施工过程中，应认真做好各项施工记录，收集好各种有关资料，以便于工程竣工验收。

（6）吊顶工程所用的材料，进场必须进行严格检查，要做好进场验收记录和复验报告以及技术交底记录。

（7）在进行吊顶饰面板安装时，室内的相对湿度不宜大于70%，否则应打开门窗进行通风。

四、项目实施

（一）施工工艺流程

弹线→确定吊点位置→吊点的固定→安装吊杆→固定L形边龙骨→安装承载龙骨→敷设绝缘材料及管线→安装覆面龙骨→校正龙骨骨架→安装纸面石膏板→处理板缝。

（二）施工操作要点

1. 弹出吊顶标高基准线

首先应清整室内地坪，然后使用水平仪等，根据吊顶的设计标高在四周墙壁上弹线，弹线应清楚、准确。其水平允许偏差为±5mm，并据其分别弹出边龙骨和承载龙骨所在平面的基准线。

若吊顶房间的墙、柱为砖砌体时，应在吊顶标高基准线的位置沿墙、柱的四周预埋防腐木砖，其间距为900～1000mm，以备固定L形吊顶轻钢龙骨（边龙骨）用，如图2-44所示。

2. 确定吊点位置

根据吊顶的设计，确定所有吊点的位置（其中包括特殊部位——上人检查或吊挂设备等），并标出。

这里应注意的是，有时楼板板缝可能正好是吊点位置，这就要设法避开，或者考虑采用其他方法。总之，要在充分考虑到吊点所承受的荷载的同时，也要充分考虑楼板本身（如楼板为加气混凝土楼板时）的强度。对此，可考虑使用电钻将楼板钻透，并穿过呈丁字形的φ8或φ10钢筋焊件。

吊点的间距应不大于1000mm，吊点距承载龙骨端部应小于300mm，以免承载龙骨下坠，如图2-45所示。

图2-44 弹好线并预埋防腐木砖　　　　图2-45 吊点的间距要求

3. 吊点的固定

可根据图 2-46 所示的方法在吊点安装膨胀螺栓紧固件固定。

4. 安装吊杆

按设计的方式将吊杆与吊点连接，如图 2-47 所示。但应注意，当楼板上有预埋吊杆需加长时，必须采取焊接，焊缝应饱满。

图 2-46　预埋膨胀螺栓　　　　图 2-47　将吊杆与吊点用扳手拧紧螺栓进行连接

5. 固定 L 形边龙骨

采用钢钉将 L 形吊顶轻钢龙骨固定在墙壁四周（参照吊顶标高基准线），若四周墙、柱为砖砌体时，应将其用钢钉钉在预埋防腐木砖上，间距应不大于次龙骨的间距且小于或等于 1000mm，如图 2-48、图 2-49 所示。

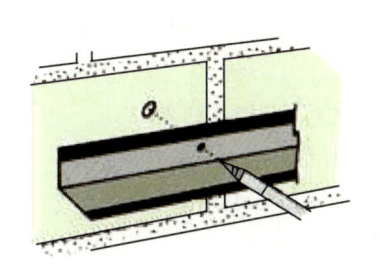

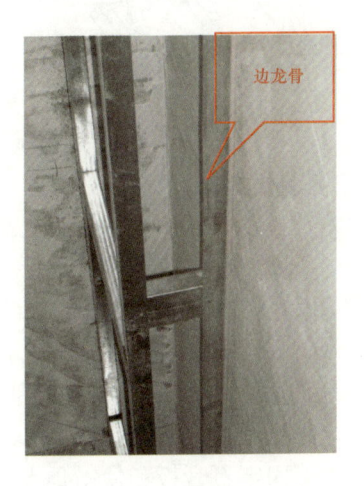

图 2-48　边龙骨的固定　　　　图 2-49　已完工的边龙骨

6. 安装承载龙骨

首先用龙骨吊件与吊杆下端连接，然后将承载龙骨与龙骨吊件相连接，如图 2-50 所示。在吊顶的特殊部位（如上人检查或吊挂设备等）应按设计要求加装附加龙骨。

应注意的是，承载龙骨中间部分应起拱，其起拱高度应小于房间短向跨度的 1/200。承载龙骨安装完毕后，应及时按图 2-51 所示的方法校正其位置和标高。

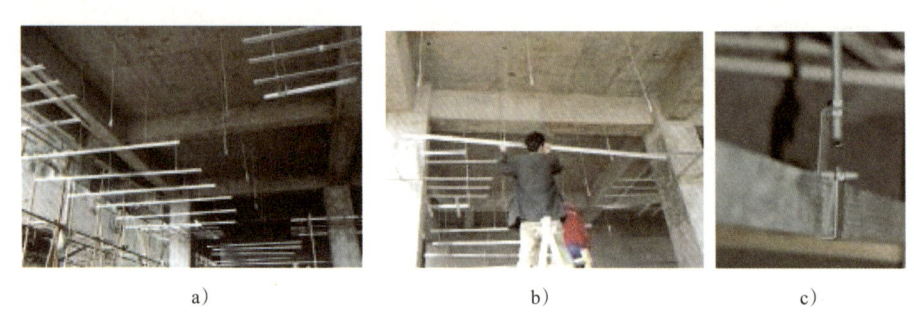

图 2-50 承载龙骨的安装

a) 安装好吊件　b) 安装承载龙骨　c) 吊件细部

7. 敷设绝缘材料及管线

承载龙骨安装完毕后，若要敷设绝缘材料（如矿渣棉、岩棉或玻璃棉等，以起保温、隔声作用），则将其敷放在承载龙骨上面。若有线路（如电气线路），则将其放置在绝缘材料的上面，如图 2-52 所示。

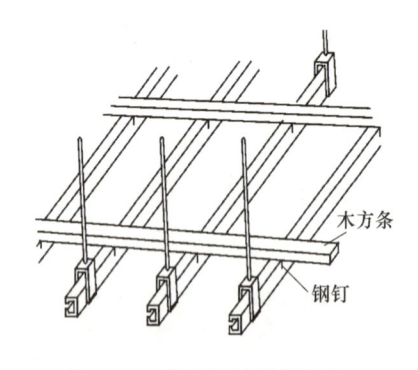

图 2-51 定位调平承载龙骨

图 2-52 敷设绝缘材料及管线

8. 安装覆面龙骨

采用龙骨挂件将覆面龙骨按设计要求的间距与承载龙骨固定牢靠，如图 2-53 所示。注意事项：

（1）覆面龙骨位于承载龙骨的底部，连接件之间的位置应相互错开。

（2）覆面龙骨应与承载龙骨相互垂直，并通过龙骨挂件固定在承载龙骨上。

（3）覆面龙骨的间距以 400mm 为宜，在潮湿环境下则以 300mm 为宜。

（4）与墙面连接的覆面龙骨在靠墙一端可卡入边龙骨。

（5）为了固定石膏板和使吊顶龙骨骨架具有整体性（刚度），通常在覆面龙骨之间可采用挂（插）件安装一些起横撑作用的覆面龙骨（横撑龙骨），其间距应不小于 600mm。

9. 校正龙骨骨架

对吊顶龙骨骨架进行全面检查，并校正其水平度，如图 2-54 所示。

10. 安装纸面石膏板

采用自攻螺钉紧固纸面石膏板（板材应在自由状态下进行固定，以防出现弯棱、凸鼓现象），自攻螺钉间距应为 150～170mm，自攻螺钉与纸面石膏板边的距离：面纸包覆边以

10～15mm 为宜；切边以 15～20mm 为宜（图 2-55）。自攻螺钉帽应低于纸面石膏板板面，自攻螺钉应穿过覆面龙骨的长度应不小于 10mm。

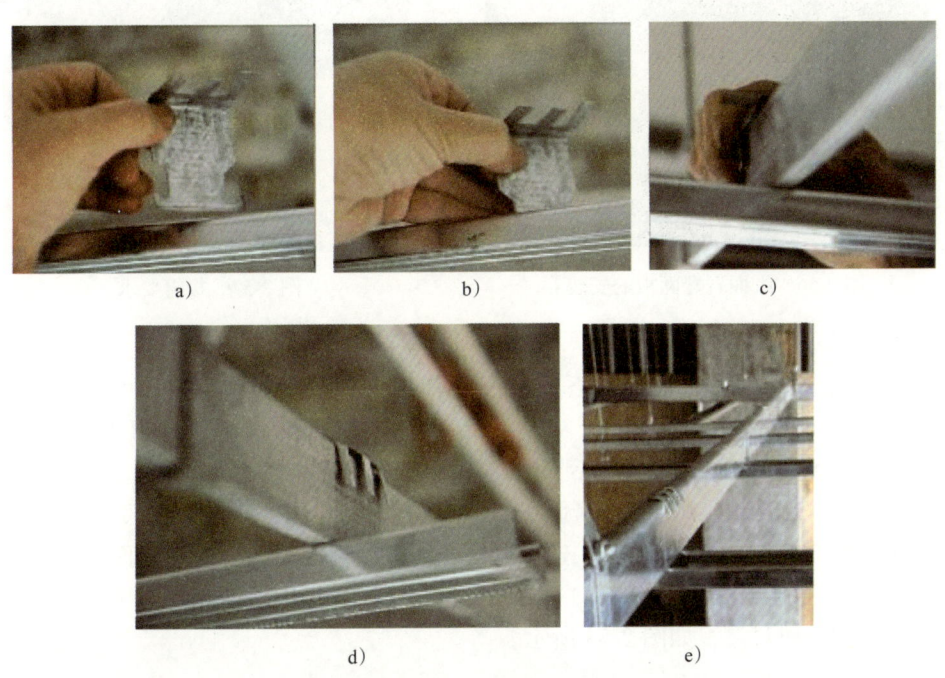

图 2-53 安装覆面龙骨
a）挂件 b）将挂件放入覆面龙骨内 c）将挂件上部钩挂住承载龙骨
d）安装完成的覆面龙骨与承载龙骨 e）连接件之间的位置相互错开

图 2-54 通过调节吊杆长度保证水平

图 2-55 自攻螺钉间距要求

安装纸面石膏板应从设计的采用整张板的那一侧开始，逐步向另一侧安装，如图 2-56 所示。应把不足整张板留在最后铺。板与板之间形成的板缝，其宽一般应为 6mm 左右，如图 2-57 所示。

11. 处理板缝

所有的纸面石膏板安装完毕后，应检查一遍，将所有自攻螺钉帽涂防锈涂料并用石膏腻子嵌平，然后进行板缝处理。

图 2-56　纸面石膏面板的安装　　　　　　图 2-57　板缝要求

板缝处理方法：

（1）清理接缝后用小刀将嵌缝石膏腻子均匀饱满地嵌入板缝，并在板缝处刮上宽约 60mm，厚约 1mm 的腻子。随即贴上穿孔纸带，用宽约 60mm 的腻子刮刀顺着穿孔纸带方向，将纸带内的腻子挤出，并刮平、刮实，不得留有气泡。

（2）用宽约 150mm 的刮刀将石膏腻子填满宽约 150mm 的带状的接缝部分。

（3）用宽约 300mm 的刮刀再补一遍石膏腻子，其厚度不得超过面板板面 2mm。

（4）待腻子完全干燥后（约 12h），用 2 号砂布（或砂纸）打磨平滑，中间部分可略微凸起，并向两边平滑过渡，如图 2-58 所示。

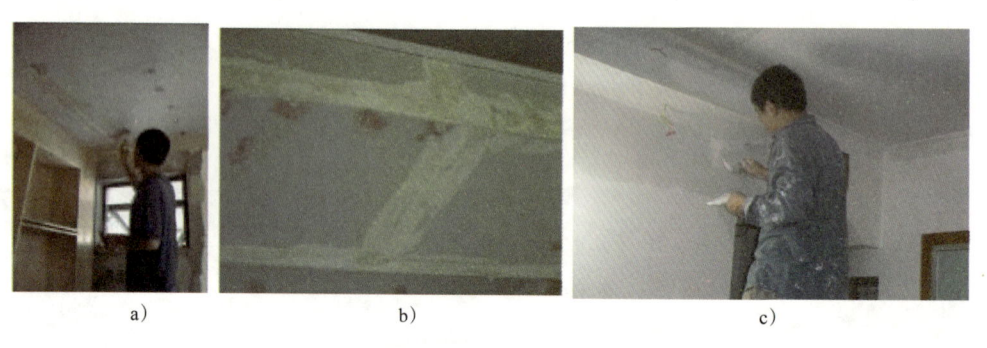

图 2-58　石膏板缝处理
a）钉帽涂防锈漆　b）板缝贴抗裂缝纸带　c）刮腻子

（三）常见质量问题及预防措施

（1）吊顶不平：原因在于大龙骨安装时吊杆调平不认真，造成各吊杆点的标高不一致。施工时应检查各吊点的挂紧程度，并接通线检查标高与平整度是否符合设计和施工规范要求。

（2）轻钢骨架局部节点构造不合理：在留洞、灯具口、通风口等处，应按图样要求的相应节点构造设置龙骨及连接件，使构造符合设计要求。

（3）轻钢骨架吊固不牢：顶棚的轻钢骨架应吊在主体结构上，并应拧紧吊杆螺母以控制固定设计标高；顶棚内的管线、设备件不得吊固在轻钢骨架上。

（4）罩面板分块间隙缝不直：施工时注意板块规格，拉线找正，安装固定时保证平正对直。

（5）压缝条、压边条不严密平直：施工时应拉线，对正后固定、压粘。

（四）成品保护

（1）轻钢骨架及罩面板安装时应注意保护顶棚内各种管线，轻钢骨架的吊杆、龙骨不准固定在通风管道及其他设备件上。

（2）轻钢骨架、罩面板及其他吊顶材料在入场存放、使用过程中应严格管理，保证不变形、不受潮、不生锈。

（3）施工顶棚部位已安装的门窗，已施工完毕的地面、墙面、窗台等应注意保护，防止污损。

（4）已装轻钢骨架不得上人踩踏。其他工种吊挂件，不得吊于轻钢骨架上。

（5）为了保护成品，罩面板安装必须在棚内管道试水、保温等一切工序全部验收后进行。

五、项目验收

轻钢龙骨纸面石膏板吊顶的规格、间距、材质、品种、式样应符合设计要求。轻钢龙骨安装应符合设计和产品说明书的要求，见表2-17~表2-19。

表2-17 吊顶龙骨安装工程质量要求及检验方法

项 目		质量要求	检验方法
轻钢龙骨外观	合格	角缝吻合、表面平整、无翘曲、无锤印	观察检查
	优良	角缝吻合、表面平整、无翘曲、无锤印、接缝均匀一致、周围与墙面密合	

表2-18 吊顶龙骨安装允许偏差和检验方法

项次	项 目	允许偏差/mm	检验方法
1	龙骨间距	2	尺量检查
2	龙骨平直	2	尺量检查
3	吊顶起拱高度	短向跨度1/200±10	拉线、尺量检查
4	吊顶四周水平线	±5	尺量或水准仪检查

表2-19 吊顶罩面板质量要求和检验方法

项次	项 目	质量等级	质量要求	检验方法
1	罩面板表面质量	合格	表面平整、清洁，无明显变色、污染、反锈、麻点和锤印	观察检查
		优良	表面平整、清洁、颜色一致，无污染、反锈、麻点和锤印	
2	罩面板的接缝或压条质量	合格	接缝宽窄均匀，压条顺直，无翘曲	
		优良	接缝宽窄一致、整齐，压条宽窄一致、平直，接缝严密	

六、项目拓展——轻钢龙骨矿棉板顶棚

（一）轻钢龙骨矿棉板顶棚用途

轻钢龙骨矿棉板顶棚多用于观演建筑、会堂、播音室、录音室等空间的顶棚，可以控制和调节室内的混响时间，消除回声，改善室内音质，所以也普遍用于一些控制噪声的室内空间，如图2-59所示。

图2-59 轻钢龙骨矿棉板顶棚

（二）轻钢龙骨矿棉板构造

吊顶以其是否有承载龙骨（U形龙骨）来分可分为两类：有承载龙骨吊顶（图 2-60）和无承载龙骨吊顶（图 2-61）。如果吊顶有荷载，即除了吊顶自重之外的附加荷载，则应根据荷载的大小选择与附加荷载相适应的承载龙骨（U形龙骨），再选择与其相配合的小幅面吊顶金属龙骨与其配合组成吊顶龙骨骨架。

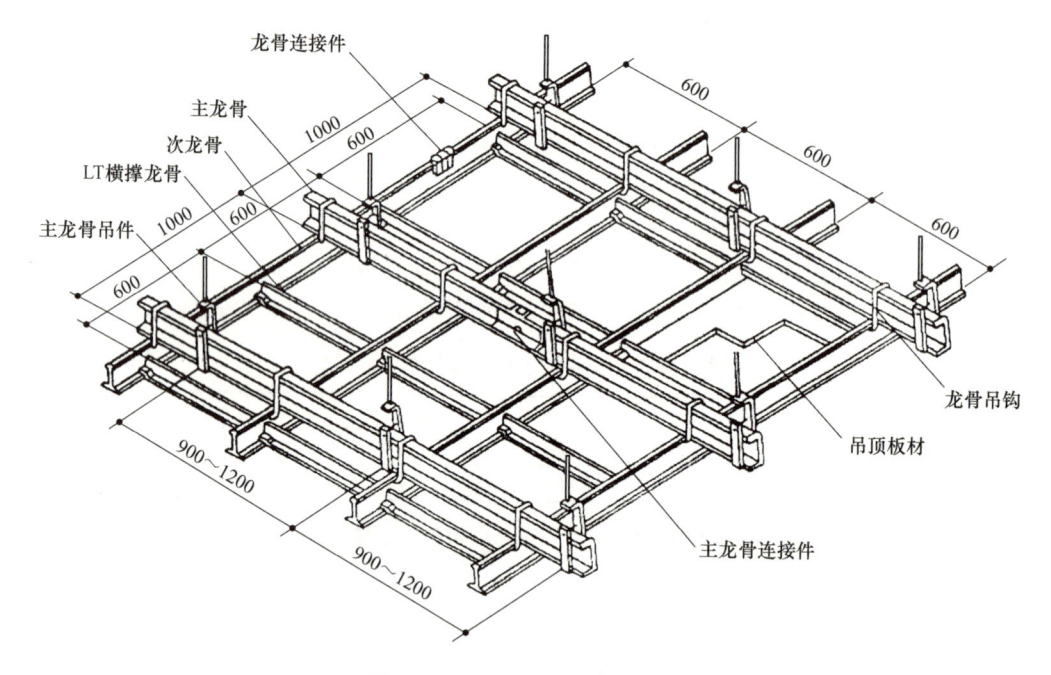

图 2-60　有承载龙骨吊顶示意图

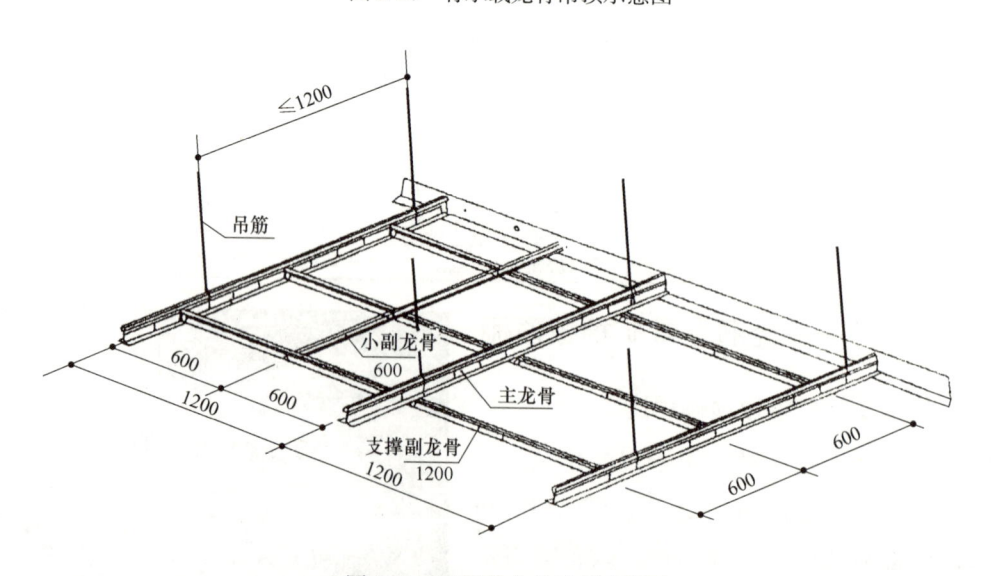

图 2-61　无承载龙骨吊顶示意图

矿棉装饰吸声板安装方法主要有平放搭装和企口嵌装两种。平放搭装是将矿棉板的齐边板块或榫边板块平放搭装于T形金属龙骨的方法,如图2-62所示;企口嵌装是矿棉吊顶板带企口棱边,采用与T形金属龙骨嵌插安装的方法,施工时其T形覆面龙骨、横撑、企口板块、插片要同步顺序安装,逐格连接配合组成吊顶整体,如图2-63所示。

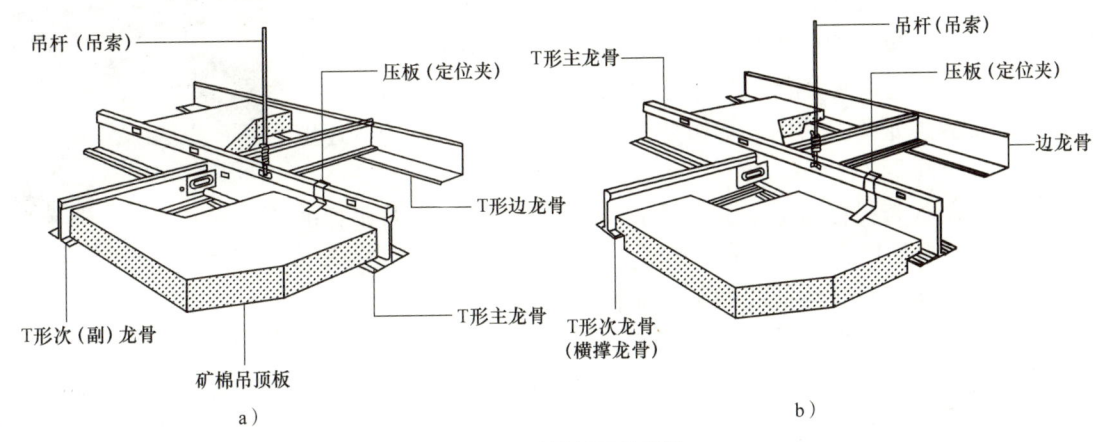

图 2-62 矿棉板平放搭装

a) 平头板边的平放搭装　b) 裁口板边的平放搭装

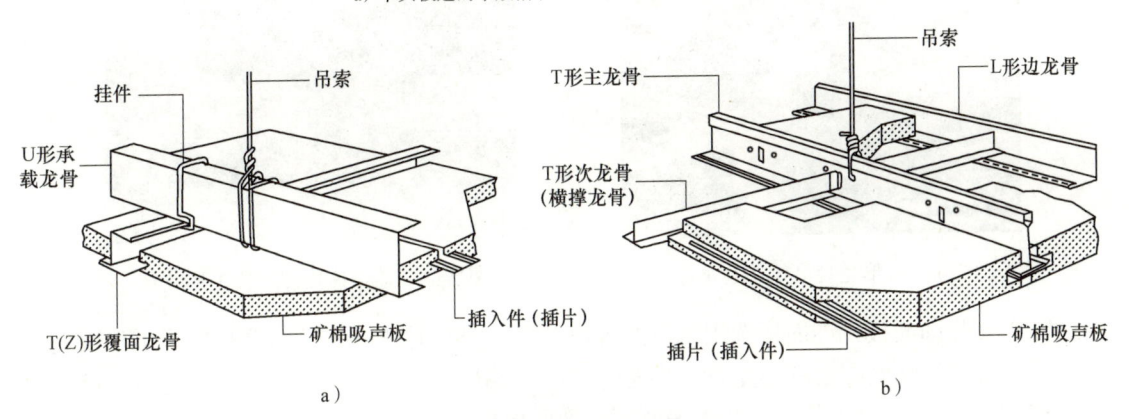

图 2-63 矿棉板的企口嵌装

a) 有承载龙骨双层构造的企口嵌装　b) 无承载龙骨单层构造的企口嵌装

(三) 轻钢龙骨矿棉板施工工艺流程及操作要点

1. 施工工艺流程

基层清理→弹线→安装吊杆→安装主龙骨→安装边龙骨→隐蔽检查→安装次龙骨→安装饰面板。

2. 施工操作要点

(1) 基层清理:将施工现场墙、地面灰尘,垃圾清理干净。

(2) 弹线:根据吊顶设计标高弹吊顶线作为安装的标准线,在墙面弹出顶棚T形主龙骨控制线,在顶棚弹出吊杆固定线。

(3) 安装吊杆:根据施工图样要求确定吊筋的位置,安装吊杆预埋件,吊杆采用直径为8mm的钢筋制作,吊点间距900~1200mm。安装时上端用膨胀螺栓连接,下端套丝后与吊件连接。安装完毕的吊杆端头外露长度不小于 3mm, 吊杆要求顺直。

（4）安装主龙骨：一般采用 UC38 龙骨，吊顶主龙骨间距为 900～1000mm。安装主龙骨时，应将主龙骨吊挂件连接在主龙骨上，拧紧螺钉，如图 2-64 所示，并根据要求吊顶起拱 1/200，随时检查龙骨的平整度。房间内主龙骨沿灯具的长方向排布，注意避开灯具位置；走廊内主龙骨沿走廊短方向排布。

（5）安装边龙骨：采用 L 形边龙骨，与墙体用塑料胀管自攻螺钉固定，固定间距 200mm。

（6）隐蔽检查：在水电安装、试水、打压完毕后，应对龙骨进行隐蔽检查，合格后方可进入下道工序。

图 2-64　吊挂主龙骨

（7）安装次龙骨：经拉线调平后安装次龙骨（即 T 形龙骨），T 形龙骨使用专用挂件与主龙骨连接，挂件必须夹紧，如图 2-65 所示。T 形龙骨需要加长时则用专门的连接件加长，如图 2-66 所示。T 形龙骨的间距是与饰面板横向规格相同的。还要注意拉好控制线，随时检查龙骨的平整度。

图 2-65　T 形龙骨吊挂在主龙骨下

图 2-66　通过连接件加长 T 形龙骨

（8）安装饰面板：饰面板选用认可的规格形式，安装时从一边开始拉线控制 T 形次龙骨的顺直，随安板随安配套的小龙骨。小龙骨通过卡槽与前面安装好的 T 形龙骨进行连接，如图 2-67 所示。边安装边调整饰面板平调度，饰面板要安放到位。操作人员要戴上白色手套，避免污染饰面板，边安装边用毛巾擦拭干净。

明龙骨矿棉吊顶面板直接搭在 T 形龙骨上即可，如图 2-68 所示。在风机口或受一定风压的顶板，应用压条等物作适当固定，以防风压力掀动吊顶板。

图 2-67　小龙骨与 T 形龙骨通过卡槽连接

图 2-68　吊顶面板平放搭装

（9）矿棉板吊顶灯具的安装：一个反光罩内有数个荧光灯管，反光罩是通过灯具吊挂件与附加龙骨连接的。反光罩安装在预留的灯具孔内，开孔大小一般同一块矿棉板大小，有时也可以是两块板的大小，如图2-69所示。安装后应在开洞边缘刷封边胶。

项目四　金属装饰板顶棚施工

图 2-69　安装荧光灯

本项目知识点

1. 金属装饰板顶棚构造、施工工艺流程、施工方法。
2. 金属装饰板顶棚的施工准备、质量要求、要注意的质量问题。

本项目技能点

1. 熟悉金属装饰板顶棚施工的特点和基本要求。
2. 掌握金属装饰板顶棚施工的质量要求和工艺流程。

一、项目概况

随着装饰行业的迅速发展，出现一些完全以金属材料（如铝合金板、彩色镀锌钢板或镀锌钢板等）作为吊顶板材，配合新颖的金属龙骨材料来组装成风格独特、能适应特殊需要的吊顶。该种金属吊顶具有以下突出的特点：

（1）吊顶自重轻。
（2）防火、防潮、保温、吸声性能好。
（3）装饰性好。
（4）便于施工和检修。

金属吊顶特别适用于对环境要求特殊的场所。例如，体育场馆、机场大厅、地铁车站、室内花园、博物馆、餐厅、酒店厨房等；尤其是对于那些湿度较大的场所和对防火要求较高的场所更为适宜，如厨房、卫生间等。方形金属板吊顶是各种金属吊顶中较为常见的一种。本项目要完成图2-70所示的方形金属板吊顶。

图 2-70　方形金属板吊顶

二、项目分析

方形金属板吊顶是以方形金属吊顶板与吊顶龙骨及其配套材料组装而成的吊顶。首先应根据设计所要求的吊顶表面风格来选择适应的金属龙骨品种、规格及截面形状，同时在设计时应考虑吊顶板的规格，并将吊顶的余量（即不使用整块吊顶板）置于吊顶的不显眼处。有承载龙骨的暗龙骨方形金属板吊顶，如图2-71所示。施工前，施工技术人员要按照图样设计进行相关材料的选样、确定、采购，并按现场尺寸进行放样，以提前做好材料的加工；然后，按照图样的构造做法，采用正确的施工工艺，选择恰当的材料及施工机具，进行现场施工并进行进度及质量控制。

目前，最常见的安装方式有明龙骨和暗龙骨两种，覆面板的安装方法有搭装和嵌装。龙骨无论是主件还是配件，其质量、规格、形状等方面均应符合要求，安装饰面前先对隐蔽工程进行验收。

明龙骨方形金属板吊顶的安装方式是将方形金属板搭装于由T形龙骨所组成的骨架格上（吊顶板与T形龙骨的水平翼相搭），如图2-72所示。

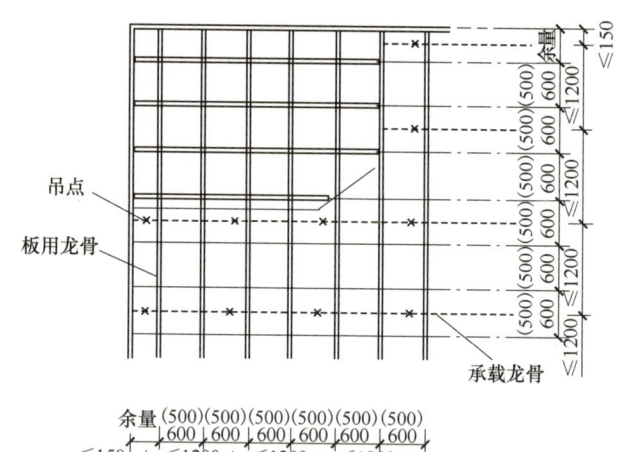

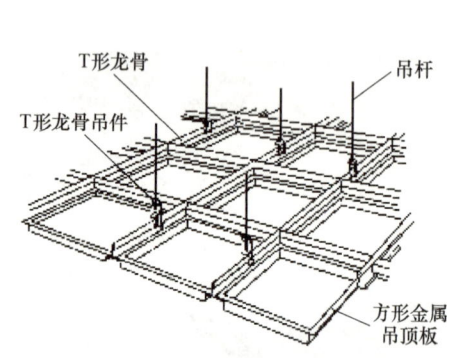

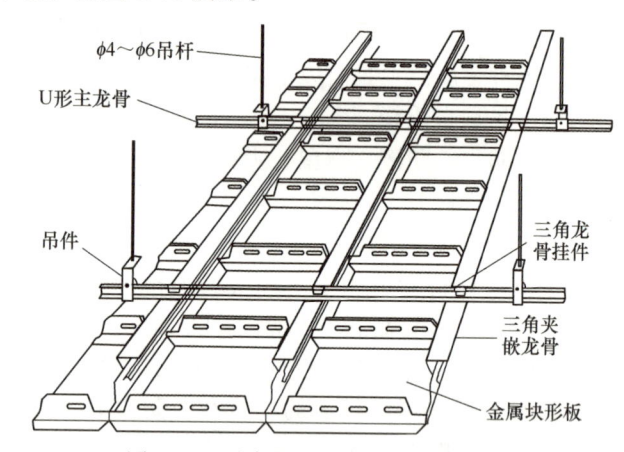

图2-71 有承载龙骨的暗龙骨方形金属板吊顶

暗龙骨方形金属板吊顶的吊顶板是将方形金属板嵌装于嵌龙骨上，从而将吊顶龙骨隐蔽在吊顶板的上部，故在吊顶表面上没有龙骨显现。

暗龙骨方形金属板吊顶按其有无承载龙骨可分为两种：有承载龙骨的暗龙骨方形金属板吊顶和无承载龙骨的暗龙骨方形金属板吊顶，如图2-73所示。

图2-72 明龙骨方形金属板吊顶示意图

图2-73 暗龙骨方形金属板吊顶示意图

三、项目准备

（一）材料准备

1. 方形金属吊顶板规格与技术性能

（1）材质有铝合金板和彩色镀锌钢板两种。其中方形铝合金吊顶板是由铝合金板经冲压、裁边、表面处理（氧化镀膜）而成，如图2-74所示；方形彩色镀锌钢板吊顶板是由镀锌钢板经冲压、裁边、烤漆（或喷漆）而成。

（2）方形金属吊顶板按其表面有无冲孔来分，可分为非冲孔吊顶板和冲孔吊顶板两种。冲孔吊顶板如图2-75所示。

图 2-74　铝合金吊顶板　　　　　　　图 2-75　冲孔吊顶板

（3）方形金属板吊顶板按其外形尺寸来分可分为正方形吊顶板和长方形吊顶板两种。

（4）方形金属板按其安装后吊顶是否显露龙骨可分为明龙骨吊顶用方形吊顶板和暗龙骨吊顶用方形吊顶板两种。方形金属吊顶板如图 2-76 所示。

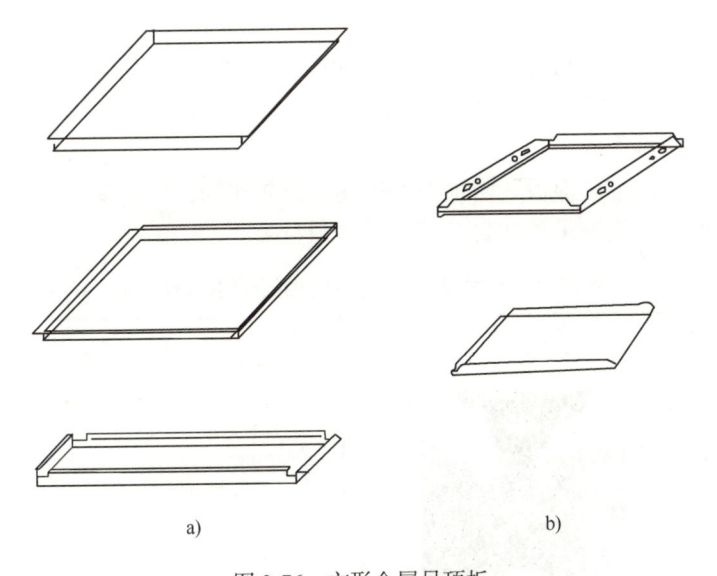

图 2-76　方形金属吊顶板

a）明龙骨吊顶用板　b）暗龙骨吊顶用板

（5）金属吊顶板制品的精度要求、外观质量、漆膜附着力、喷塑层质量、铝氧化膜厚度及电镀层耐腐蚀性能等技术要求，见表 2-20。

表 2-20　金属吊顶板的技术要求

项　　目		技术指标	
		产品等级	
		一级品	合格品
板材精度要求	规格尺寸和偏差	不小于公称尺寸	
	条板长度及板材的棱边	应平直，最大弯曲度不大于 3‰	

(续)

项 目		技术指标	
		产品等级	
		一级品	合格品
板材外观质量	面板表面效果	光洁、平整、图案清晰、色泽一致、无明显擦伤和毛刺	
	漆膜、喷塑层	不得有露底、明显流挂、气泡、起皮等缺陷	
	氧化层	无疏松和花斑等缺陷	
	电镀层	不得有气泡、露底、脱层,无明显的黑斑、麻点等缺陷	
漆膜附着力	漆膜附着力级别	2 级	3 级
喷塑层质量	厚度 /μm	60	60
	附着力级别	1 级	2 级
	抗冲击强度 /(J/m²)	5	4
铝氧化膜厚度	厚度 /μm	7	5
电镀层耐腐蚀性能	试验时间 /h	24	12
	耐腐蚀等级	10 级	10 级

2. 吊顶用龙骨

方形金属板吊顶的龙骨材料有铝合金龙骨和镀锌钢板龙骨两种。其中铝合金龙骨是由厚为 1.0mm 的铝合金卷板经数道辊轧后切割而成;镀锌钢板龙骨是由厚为 0.8mm 的镀锌冷轧钢带经数道辊轧后切割而成。

明龙骨与"T形龙骨矿棉板"吊顶中所描述的龙骨相同,可以参考之。

暗龙骨吊顶时所采用的吊顶龙骨及其配件材料见表 2-21。

表 2-21 暗龙骨吊顶所用吊顶龙骨及其配件材料

名 称	图 例	应 用
嵌龙骨		1)用于组装龙骨骨架的纵向龙骨 2)用于卡装方形金属吊顶板
半嵌龙骨		1)用于组装龙骨骨架的边缘龙骨 2)用于卡装方形金属吊顶板
嵌龙骨挂件		用于嵌龙骨和 U 形吊顶轻钢龙骨(承载龙骨)的连接

（续）

名　称	图　例	应　用
嵌龙骨连接件	40.5	用于嵌龙骨的加长连接

（二）工具准备

主要施工机具设备有电焊机、电动圆盘锯、冲击钻、手枪钻、射钉枪、无齿锯、角磨机、型材切割机；除此之外还有手动工具如手锯、钳子、活扳手、螺钉旋具等；测量工具有水准仪、水平管、靠尺、钢角尺、水平尺、塞尺、钢卷尺等。

（三）施工作业条件准备

（1）吊顶工程所用轻钢龙骨（一般选用DU38或DU50）和型钢及与铝合金扣板配套使用的铝合金龙骨及龙骨连接配件的规格、型号及材质、厚度必须符合设计要求及现行国家标准《建筑用轻钢龙骨》(GB/T 11981—2008)的规定，无变形、锈蚀等质量缺陷。

（2）吊顶常用的金属板材有铝合金扣板、蜂窝铝板和铝单板、铝塑复合板及钢板。其吊顶结构中无吊顶基层板。因此必须保证饰面的金属板材的厚度、板块规格符合设计要求；保证吊顶面层的刚度以保证吊顶表面的平整度。铝合金板及表面处理的氟碳树脂漆漆膜厚度、漆膜附着力及表面硬度等技术指标必须符合《一般工业用铝及铝合金板、带材　第2部分：力学性能》(GB/T 3880.2—2012)的要求。吊顶内所用人造板材的甲醛含量或释放量应符合《室内装饰装修材料　人造板及其制品中甲醛释放限量》(GB 18580—2017)的规定。

（3）带有花纹、图案、纹理的金属板其颜色花纹应均匀一致，图案完整，表面无明显划痕。标准板应有检验报告及出厂合格证，非标定制板材其规格应符合设计要求。

（4）安装龙骨用的自攻钉、螺栓等应采用镀锌制品。固定件、连接件与砌体、混凝土接触的各种材料以及预埋的木砖等均应做防腐处理。

（5）胶粘剂必须按设计要求使用。当胶粘剂用于温度较高的房间时，应该选用具有防潮、防霉性能的产品，应具备稳定性、耐久性、耐温性、耐候性、耐化学腐蚀性等性能。

（6）施工图样齐全并经会审、会签完成。吊顶标高、造型与现场及吊顶内隐蔽管道、设备无冲突。

（7）施工方案编制完成并审批通过，对施工人员进行安全技术交底，并做好记录。

四、项目实施

（一）施工工艺流程

现场检查测量→放线→安装吊杆→安装主龙骨→安装扣板配套嵌龙骨及边龙骨→安装金属板→安装灯具及设备。

（二）施工操作要点

1．现场检查测量

根据设计要求及房间的开间与进深尺寸、现场实际情况，确定吊点和预埋件的数量、计算所需要的主龙骨及副龙骨的数量和金属板的数量。

2. 放线

根据水平控制线,量出设计要求的顶棚标高,并在四周墙面弹出水平标准线。按照设计确定的吊点及主龙骨位置在楼板底面上弹出主龙骨位置控制线。根据房间的开间与进深尺寸排板,以棚面四周无小于整板尺寸1/2的板块为原则,同时兼顾灯具的安装位置,在棚面或墙面上做出主副龙骨位置标记。

3. 安装吊杆

吊杆的形式、材质、断面尺寸及连接构造等均必须符合设计要求。通常采用直径6~10mm的冷拔钢筋或全螺纹螺杆制作。冷拔钢筋吊杆顶端焊制角码,通过M8~M12的膨胀螺栓与混凝土结构顶棚连接,下端加工或焊接100mm左右的螺纹以连接轻钢龙骨吊件。全螺纹螺杆顶端可采用内膨胀螺栓与混凝土顶棚连接。

当吊杆长度大于1500mm时应增设反向支撑杆。主龙骨端部与吊点的距离不大于300mm。吊杆间距一般为900~1000mm,最大不得超过1200mm。主龙骨的放线定位和安装吊杆,如图2-77所示。

图2-77 主龙骨的放线定位和安装吊杆

4. 安装主龙骨

安装主龙骨须将主龙骨按设计要求的位置、距离与方向,用吊挂件连接在吊杆上,如图2-78所示。一般主龙骨应平行房间长边安装,间距为1000~1200mm。主龙骨接长部分采用主龙骨连接件连接,两根相邻的主龙骨接头不得处于同一吊杆档内。每段主龙骨不得少于两个吊挂点。龙骨临时固定后,在其下边按吊顶设计标高拉水平通线调平,同时考虑顶棚起拱高度不小于房间短跨的1/200,调平时可转动吊杆螺栓升降即可完成,如图2-79所示。

图2-78 主龙骨吊挂件　　图2-79 调平主龙骨

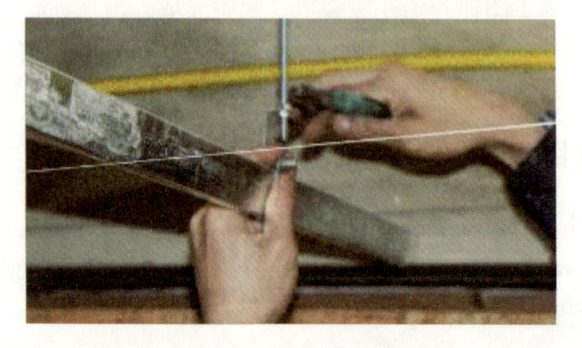

5. 安装扣板配套嵌龙骨及边龙骨

扣板配套嵌龙骨采用专用挂件与主龙骨连接,如图2-80所示。安装方向应垂直于承载龙骨，如图2-81所示。注意，龙骨必须按放线排版确定的位置安装。如在顶棚设有灯具、通风口时，必须按设计要求的位置、结构、构造，安装在附加的承载龙骨上。L形铝合金边龙骨应以自攻钉沿已弹好的吊顶标高控制线在四周墙面的木楔上安装。固定点间距不得大于300mm，木楔应做防腐处理。

图2-80 嵌龙骨通过挂件与主龙骨连接

图2-81 嵌龙骨与主龙骨垂直

6. 安装金属板

饰面金属板必须待吊顶内所有各项工程均已经施工完毕，外露铁件均经防锈处理，室内湿作业及墙面大白乳胶漆等灰尘较大的工序完成后才可安装。表面带有规则性纹理的金属板安装时应注意板块安装方向一致，以保证板面纹理通顺。扣板边沿都有卡条（图2-82），安装扣板时应注意必须卡、插到嵌龙骨中，并使其表面平整，接缝顺直，如图2-83所示。

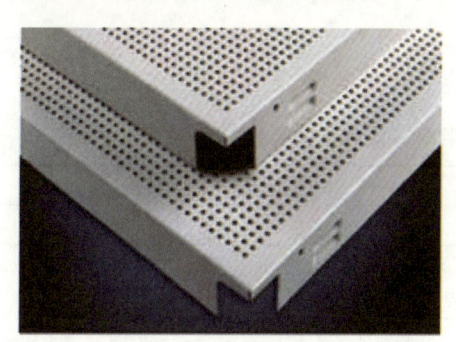

图2-82 扣板边沿

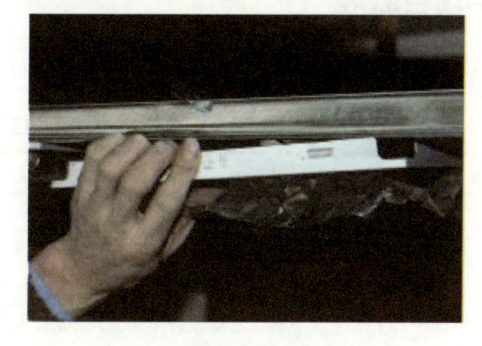

图2-83 将扣板卡、插到嵌龙骨中

7. 安装灯具及设备

金属板吊顶上灯具、风口及烟感喷淋等装置安装完成后应统一调整，保证板块接缝整体顺直，接缝平整，吊顶与灯具等镶嵌吻合，灯具风口等明装设备整齐顺直，如图2-84所示。还要注意在金属板预留板缝处填充玻璃胶封闭。

（三）应注意的质量问题

（1）水平控制线施测必须准确无误。龙骨安装完成后必须经整体调平后再安装金属板，金属板安装时

图2-84 金属扣板和灯具设备的安装

应按标高控制线在同一房间拉通线控制，以免造成吊顶不平，接缝不顺直。

（2）吊顶必须固定在主体结构上或吊顶附加结构上，不得吊挂在顶棚内的各种管线、设备上。吊顶调平后必须将调平螺栓拧紧，轻钢龙骨骨架之间的连接必须牢固，尤其注意水平方向的连接牢固以保证吊顶结构的整体性。

（3）金属板安装前应注意挑选板块，保证规格、颜色、花纹或打孔密度一致。板块下料切割时应控制好切割角度，切口齐边、毛槎修整平直。安装时拉通线找平、找正，避免出现接缝不顺直、错台等问题。

（4）吊顶施工应特别注意与其他相关专业的配合，吊顶放线及施工中应考虑吊顶内管线的走向、镶嵌在吊顶上的灯具、空调风口的安装位置及安装深度。各专业孔洞开孔前必须经相关专业施工人员确认后方可施工。

（四）成品保护

（1）轻钢骨架、罩面板及其他吊顶材料在入场存放、使用过程中严格管理，板上不宜放置其他材料，保证板材不受潮、不变形。

（2）施工顶棚部位已安装的门窗，已施工完毕的地面、墙面、窗台等应注意保护，防止污染。

（3）为保护成品，罩面板安装必须在棚内管道的试水、保温等一切工序全部验收后进行。

（4）铝扣板安装完后，需用布把板面全部擦拭干净，不得有污物及手印等，要体现较高的职业素养。

五、项目验收

（1）金属板吊顶工程主控项目和一般项目的检验方法见表2-22。

表2-22　金属板吊顶工程主控项目和一般项目的检验方法

项　目	项　次	检验方法
主控项目	吊顶标高、尺寸、起拱及造型应符合设计要求	观察、尺量检查
	吊杆龙骨的品种、规格以及安装间距、固定方法必须符合设计要求。金属吊杆及龙骨表面必须经防腐防锈处理，吊顶内木质构件必须经防火处理	观察，检查产品合格证、性能检测报告或进场复试报告
	吊杆及主龙骨、必须安装牢固，T形龙骨安装连接方式必须符合设计或相关材料安装说明的要求，安装牢固、无松动	观察、手扳检查，检查隐蔽验收记录
	金属板的品牌、规格、型号必须符合设计要求。板材在T形龙骨上搭接应大于其受力面的2/3	观察、检查材料性能检测报告
一般项目	金属板表面洁净、色泽一致，无翘曲、裂缝等质量缺陷。金属扣板与三角龙骨或花龙骨搭接平整、吻合，压条平直、宽窄一致	观察检查、尺量检查
	面上的灯具、烟感、喷淋及空调风口等设备安装位置合理美观，与吊顶表面交接吻合严密	
	吊杆安装应顺直，T形龙骨安装接缝平整、颜色一致，无划伤、擦伤等质量缺陷	观察检查、检查隐蔽验收记录
	有保温吸声要求的吊顶工程吊顶内保温吸声材料的品种、厚度应符合设计要求，并应有防散落措施	观察检查、尺量检查、检查隐蔽验收记录

（2）金属板吊顶工程安装的允许偏差和检验方法见表2-23。

表 2-23　金属板吊顶工程安装的允许偏差和检验方法

项次	项目	允许偏差/mm 明龙骨	允许偏差/mm 暗龙骨	检验方法
1	表面平整度	2	2	用 2m 靠尺和塞尺检查
2	接缝直线度	2	1.5	拉 5m 线，不足 5m 拉通线，用钢直尺检查
3	接缝高低差	1	1	用钢直尺和塞尺检查

六、项目拓展——条形金属板吊顶

（一）条形金属板品种和规格

条形金属板一般多为彩色镀锌钢板，也有铝合金材料的。其中彩色镀锌钢板材料的条形吊顶板的自重比铝合金吊顶板稍重，而价格比铝合金低，所以更适合于大型体育场馆、车站、超市、通道、走廊、室内花园等场所；铝合金材料的条形吊顶板则更适合于装修档次更高的大型场所，如大会堂、宴会厅、宾馆大堂、计算机房、机场候机厅等。在家庭装饰中更多地应用于厨房和卫生间，如图 2-85 所示。

条形金属吊顶板的规格一般长度为 3000~6000mm，宽度为 100~300mm，所以每一条形金属板的面积就比方形金属吊顶板大得多，使得吊顶的施工更为简便、快速。

图 2-85　卫生间条形金属板吊顶

（二）条形金属板吊顶的安装

条形金属板吊顶的安装方式与方形金属板吊顶相类似，是将条形金属板卡装在与其配套的龙骨上，如图 2-86 所示。

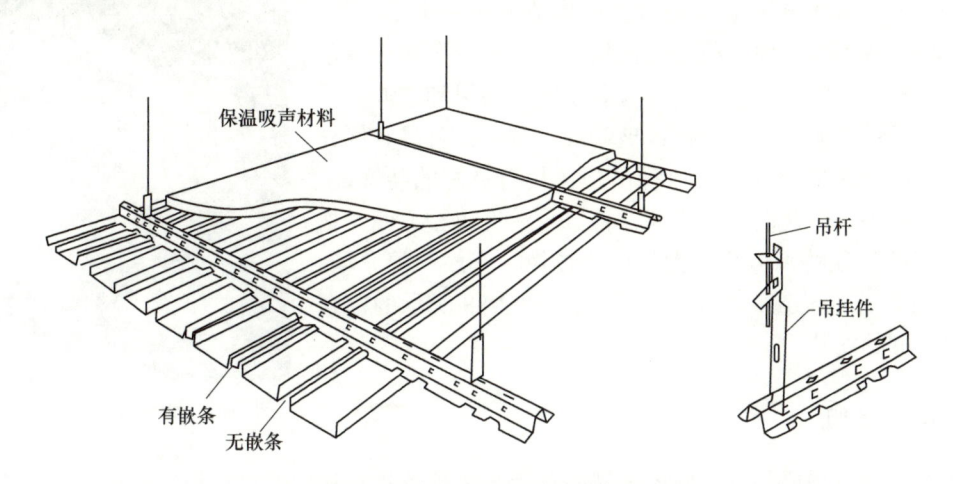

图 2-86　条形金属板吊顶示意图

条形金属板吊顶按其有无承载龙骨可分为两种：有承载龙骨条形金属板吊顶和无承载龙骨条形金属板吊顶。也就是说，这两种的区别在于龙骨骨架有无 U 形轻钢龙骨作为承载龙骨。图 2-87 所示为无承载龙骨的条形金属板吊顶。

图2-87　无承载龙骨的条形金属板吊顶

项目五　铝合金开敞顶棚施工

本项目知识点
1. 铝合金开敞顶棚构造、施工工艺流程、施工方法。
2. 铝合金开敞顶棚的施工准备、质量要求、要注意的质量问题。

本项目技能点
1. 熟悉铝合金开敞顶棚施工的特点和基本要求。
2. 掌握铝合金开敞顶棚施工的质量要求和工艺流程。

一、项目概况

铝合金开敞顶棚是一种风格有别于其他平面金属板吊顶的吊顶形式，其形式从整体来看表面形成的是一个个"井"字形方格，故吊顶表面的稳定性比较好。格栅形金属板吊顶具有金属板吊顶的优点外，它还有利于室内通风和空调。若在吊顶上部铺覆矿渣棉、岩棉或玻璃棉，则吊顶就具有优异的保温、吸声和防火功能。该种吊顶还具有良好的装饰性，而且造价适中，组装简便、快速，检修、清洗也较方便。格栅形金属板吊顶特别适合于大型体育场馆、车站、停车场、室内花园等公用设施。本项目要完成如图2-88所示的铝合金开敞顶棚的安装。

图2-88　铝合金开敞顶棚完工图

二、项目分析

铝合金开敞顶棚是以格栅形金属吊顶板与吊顶龙骨及其配套材料组装而成的。首先应根据设计所要求的吊顶表面风格来选择合适的格栅板的品种、规格及截面形状，同时在设计时应考虑吊顶板的规格。施工前，施工技术人员要按照图样设计进行相关材料的选样、确定、采购，并按现场尺寸进行放样，以提前做好材料的加工。然后，按照图样的构造做法，采用正确的施工工艺，选择恰当的材料及施工机具，进行现场施工并进行进度及质量控制。

铝合金开敞顶棚可见到吊顶基层结构，因此存在着吊顶上部需要隐蔽的问题，通常对吊顶以上部分的结构表面进行涂黑或按设计要求进行涂饰处理。

　　铝合金开敞顶棚的安装方式是将吊顶主板与副板相互垂直嵌插而成。因此，格栅形金属吊顶板并不需要与其配套的龙骨材料，如图 2-89 所示。若吊顶有一附加荷载而需要加装承载龙骨——U 形轻钢龙骨时，也仅仅是将格栅形金属板悬吊于承载龙骨上，如图 2-90 所示。

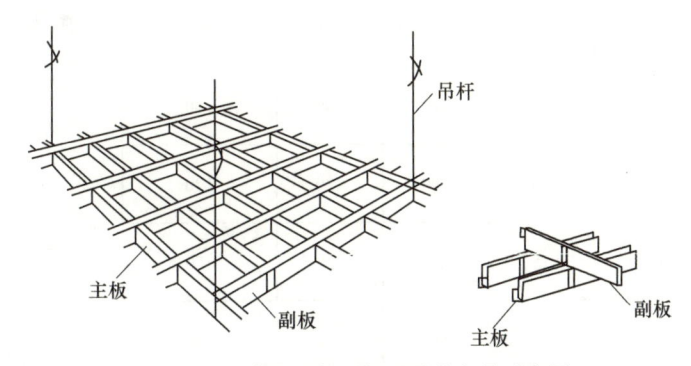

图 2-89　铝合金开敞顶棚无承载龙骨示意图

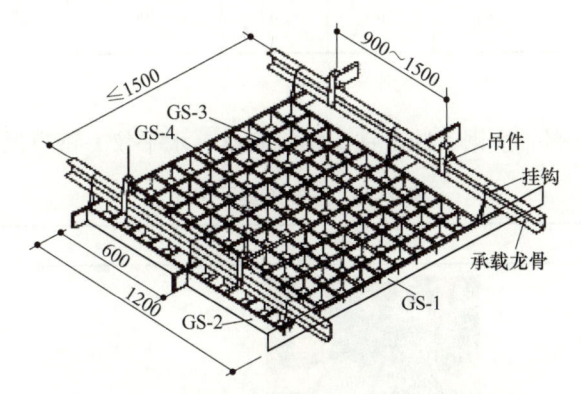

图 2-90　铝合金开敞顶棚有承载龙骨示意图

三、项目准备

（一）材料准备

　　铝合金吊顶板是由铝合金板经数道辊轧、裁边、切割、表面处理（氧化镀膜）等工艺制成的。

　　格栅形铝合金吊顶板的插口形状，尺寸并不统一，品种较多。格栅形铝合金吊顶板的规格较多，但基本大同小异，见表 2-24、表 2-25。

表 2-24　格栅形铝合金吊顶板

名　称	横截面形状	图　例	应　用
格栅形铝合金板	主板 副板		用于格栅骨架的拼装

表 2-25　格栅形铝合金吊顶板的规格举例

产品编号	尺寸/mm a	b	c	d	e	形成方格尺寸/mm	示　意　图
1	50	1810	10	590	75	75	GS-1
2	50	1810	10	590	90	90	GS-2
3	50	1810	10	590	100	100	GS-3
4	50	1810	10	590	120	120	GS-4
5	60	1815	15	585	150	150	
6	80	1815	15	585	200	200	
7	100	1820	20	800	300	300	

（二）工具准备

主要使用工具有电锯、手锯、冲击钻、螺钉旋具、水平仪、钢直尺等，见表 2-26。

表 2-26　主要工具及用途

名　称	图　例	用　途
切割锯		切割铝合金
手锯		切割辅料
手电钻		打孔

（续）

名　称	图　例	用　途
螺钉旋具		固定连接
水平仪		检测平整度

（三）施工作业条件准备

（1）准备好施工作业所用的材料，特别是吊顶用的吊杆要提前焊接好。

（2）安装完成顶棚的各种管线、设备及通风道，消防报警、消防喷淋系统施工完毕，并办理完交接和隐检手续。管道系统要试水、打压完成。

（3）提前完成吊顶的排版施工大样图，确定好通风口及各种外露明孔口位置。

（4）顶棚安装格栅板前必须完成墙面、地面的湿作业分项工程。特别注意在安装边龙骨前必须完成墙面的找平（包括墙面腻子或墙面砖等）。

（5）准备好施工的操作平台架子或可移动架子。

（6）在铝格栅吊顶大面积施工前，必须做样板间或样板段，对顶棚的起拱、灯槽、通风口、窗口的构造处理，分块及固定方法等应经试装并经鉴定合格后方可大面积施工。

四、项目实施

（一）施工工艺流程

结构面处理→弹线→安装吊筋→预装格栅→吊装格栅→整体调平→安装边龙骨。

（二）施工操作要点

（1）结构面处理：将顶棚内水电管道安装校正后，在结构顶棚或管道上涂刷一到两遍涂料。

（2）弹线：根据楼层标高水平线及设计标高，沿墙上四周弹出顶棚标高水平控制线和龙骨分档控制线，并注意是否与水电管线的标高相矛盾，如有相矛盾的地方及时解决。

（3）安装吊筋：在弹好顶棚标高水平线后，确定吊杆下端头的标高，将吊杆的上部与预埋钢筋焊接，或者用角钢一边的打孔以膨胀螺栓固定到结构顶板内，角钢的另一边与吊杆ϕ10 镀锌钢丝焊接牢固。吊好钢丝后，将钢丝穿入调节弹簧片内，弹簧片要求为镀锌的。吊杆的纵横间距为 1200mm 左右，如图 2-91 所示。

（4）预装格栅：将规格的格栅天花条在地面上先分开，按照其规格进行预装成组。注意，地面要平整、干净，检查格栅的拼接平整度和接口牢固，如图 2-92 所示。

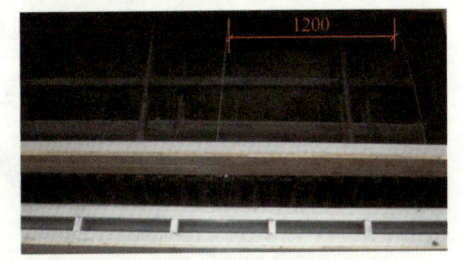

图 2-91　吊杆的间距要求

（5）吊装格栅：将预装好的每组格栅（图2-93），装在直径 ϕ4 镀锌钢丝吊钩上，将吊钩一端穿进主龙骨孔内，一端固定在弹簧片上。每组格栅通过专用连接件将每一根格栅条连起来。

图2-92 进行格栅的预装

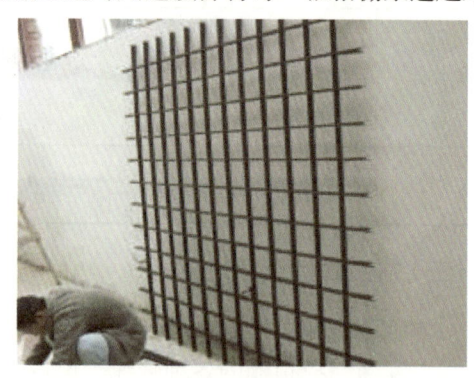

图2-93 完成预装的成组格栅

（6）整体调平：将整个格栅天花连接后，在整体吊顶面连接紧固之前，在格栅的底部按照墙面上的控制线拉线调直，并通过调节弹簧片调整至所要求的水平即可，如图2-94所示。

（7）安装边龙骨：按照吊顶标高线在墙四周预埋防腐木楔并用水泥钉固定 25mm×25mm 边龙骨，固定间距不大于400mm，边龙骨阴阳角交接处拼角成45°，要求边龙骨要固定牢固、平整。

（8）安装灯具及设备：格栅金属板吊顶上灯具、风口及烟感喷淋等装置安装完成后应统一调整，保证吊顶与灯具等镶嵌吻合，灯具、风口等明装设备整齐顺直，如图2-95所示。

图2-94 整体调平

图2-95 灯具及设备安装完成图

（三）应注意的质量问题

1. 吊顶不平

（1）对于吊顶四周的标高线，应准确地弹在墙面上，其误差不能大于 ±0.5mm，如果跨度较大，还应在中间适当位置加设标高控制点，在一个断面要拉通线控制，且拉线时不能下垂。

（2）待龙骨调直调平后方能安装条板。

（3）应同设备配合考虑，不能直接悬吊的设备，应另设吊杆直接与结构固定。

（4）如果采用膨胀螺栓固定吊杆，应做好隐蔽工程检查记录。关键部位要做螺栓的拉拔试验。

（5）在安装前，先要检查板条平、直情况，发现不妥者应进行调整。

2. 接缝明显

（1）做好下料工作，对接口部位再用锉刀将其修平，并将毛边修整好。

（2）用同颜色的胶粘剂对接口部位进行修补。用胶的目的在于使接口密合，同时也是对切口的白边进行遮掩。

3. 吊顶与设备衔接不妥

（1）安装灯具等设备工程应与装饰施工密切配合。

（2）安装格栅前必须完成水、电、通风等设备工程检查验收完毕方可进行，在确定方案和安排施工顺序中要妥当安排。

五、项目验收

铝合金开敞顶棚的主控项目与一般项目见表 2-27。

表 2-27 铝合金开敞顶棚的主控项目与一般项目

主控项目	1）吊顶标高、尺寸、起拱和造型符合设计要求 2）格栅的材质、品种、规格、图案和颜色符合设计要求 3）格栅安装必须牢固。吊杆、龙骨的安装间距、连接方式符合设计要求
一般项目	1）格栅表面洁净、色泽一致，没有翘曲、裂缝和缺损，压条平直、宽窄一致 2）格栅上的机电管线末端位置合理美观，与金属板的交接吻合、严密 3）金属吊杆、龙骨的接缝均匀一致，角缝吻合，表面应平整、无翘曲

铝合金开敞顶棚安装的允许偏差和检验方法见表 2-28。

表 2-28 铝合金开敞顶棚安装的允许偏差和检验方法

项次	项目	允许偏差/mm	检验方法
1	表面平整度	2	用 2m 靠尺和塞尺检查
2	接缝直线度	3	拉 5m 线，不足 5m 拉通线，用钢直尺检查
3	接缝高低差	1	用钢直尺和塞尺检查

六、项目拓展——网络格栅形吊顶

网络格栅形单体构件拼装一般都是以金属板通过特制的网络支架嵌插组成不同的平面几何图案，如三角形（图 2-96）、菱形、工字形、六角形等。它可以使开敞式吊顶形成美观的图案效果。这种金属格栅吊顶在自然光或人工照明条件下均有独特的装饰外观，并具有质轻、构造简单和安装方便等优点。

图 2-96 三角形网络格栅形吊顶

项目六　软膜顶棚施工

本项目知识点
1. 软膜顶棚构造、施工工艺流程、施工方法。
2. 软膜顶棚的施工准备、质量要求、要注意的质量问题。

本项目技能点
1. 熟悉软膜顶棚施工的特点和基本要求。
2. 掌握软膜顶棚施工的质量要求和工艺流程。

一、项目概况

软膜顶棚又称柔性天花、拉展天花、拉膜天花或拉蓬天花等。软膜质地柔韧，色彩丰富，可随意张拉造型，彻底突破传统顶棚在造型、色彩、小块拼装等方面的局限性。同时，它又具有防火、防菌、防水、节能、环保、抗老化、安装方便等卓越特性。由于软膜顶棚出厂前已经过防静电处理，表面不沾染尘埃，基本不需维护。软膜顶棚为设计提供了自由发挥的空间，适用于商场、学校、宾馆、博物馆、体育、娱乐等各种场所的曲廊、敞开式观景空间等。

本项目要求完成如图2-97所示的某图书馆内软膜顶棚的施工安装。该软膜顶棚只是平面的，造型较简单，属于软膜顶棚中最基本的一种。软膜面积接近50m²。

图2-97　软膜顶棚实景图

二、项目分析

（一）软膜顶棚的特点

1. 优良的造型功能

突破传统顶棚的造型模式，软膜材料改变小块拼装的局限性，可通过高频焊接大块使用，具有较好的整体效果，如图2-98所示。

2. 造型随意多样

软膜材料可根据龙骨的弯曲形状确定顶棚的整体造型，能制成多种平面和立体的形状，使装饰效果更加丰富，如图2-99、图2-100所示。

图2-98　整体式的软膜顶棚

图 2-99　波浪形软膜顶棚　　　　　　图 2-100　立体形状软膜顶棚

3. 色彩多样
软膜材料有多种颜色和面料选择，并且还可喷涂所需的图案，适用于各种场所。

4. 理想的环境光
软膜材料不但有丰富的颜色，还有透光的面料，能有机地同各种灯光系统（如霓虹灯、荧光灯）结合，在封闭的空间内透光率为 75%，能产生出独特的光环境效果，如图 2-101 所示。

5. 理想的声学效果
软膜材料对中、低频声有良好的吸声效果；冲孔面料对高频声有良好的吸收作用，能满足音乐厅、会议室等空间的使用，符合国家标准。

图 2-101　软膜顶棚的灯光效果

6. 节能功能
软膜材料是用聚氯乙烯材料制成，拥有卓越的热绝缘功能，能大量减低室内温度的波动，尤其是经常需要开启空调的地方，从而有效减少能源消耗。

7. 防火级别
软膜材料防火级别为 B1 级，遇到明火后只会自身熔穿，并且于数秒钟之内自行收缩，直到离开火源，不会释放出有毒气体或高温液体伤及人体和财物，符合国家防火规范标准。

8. 防水功能
软膜顶棚是用经过特殊处理的聚氯乙烯材料制成，能承托 200kg 以上的水而不会渗漏和损坏，并且待水清除完毕后，软膜仍完好如新。软膜材料表面已经过防雾化处理，不会因为环境潮湿而产生凝结水。

9. 方便安装和拆卸
软膜顶棚可直接安装在墙壁、木方、钢结构、石膏间墙和木间墙上，适合于各种建筑结构。龙骨只需用螺钉按照一定的间距均匀固定即可，安装十分方便。在整个安装过程中，不会有溶剂挥发，不落尘，不会对室内的其他结构产生影响，甚至可以在正常的生产和生活过程中进行安装。在相同面积下，安装和拆卸时间只相当于传统顶棚的 1/3。

10. 安全环保
软膜顶棚用先进的环保无毒配方制造，不含镉、乙醇等有害物质，使用期间无有毒物质释放，可100%回收，完全符合当今社会的环保主题。

（二）软膜顶棚的构造

软膜顶棚由软膜、边扣条、龙骨组成，其中软膜有基本膜、光面膜、透光膜、缎光膜、鲸皮面膜、金属面膜六种类型。龙骨采用铝合金挤压成形，根据龙骨形状可以分为明码、扁码、F码和双扣码（图2-102）。其作用是扣住软膜，安装在墙壁、木结构、钢结构、石膏间墙或木间墙上，适合于各种建筑结构。龙骨只需要用螺钉按照一定的间距均匀固定即可，安装十分方便。

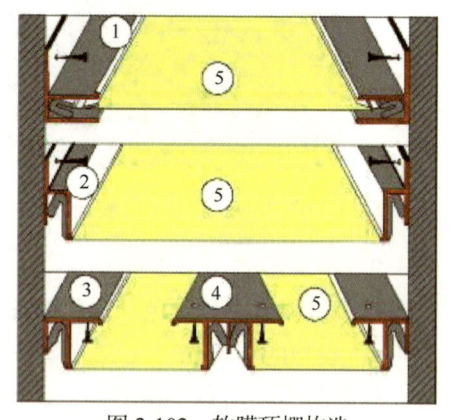

要完成图2-97所示的软膜顶棚，首先要根据图样设计要求，在需要安装软膜的水平高度位置四周固定一圈4cm×4cm支撑龙骨（可以是木方或方钢管）。当所有支撑龙骨固定好之后，在支撑龙骨的底面固定安装软膜的铝合金龙骨，如图2-103所示。当所有安装软膜顶棚的铝合金龙骨固定好以后，再安装软膜。把软膜打开并用专用的加热风炮充分加热均匀，然后用专用的插刀把软膜张紧并插到铝合金龙骨上，把四周多出的软膜修剪完整即可，最后用干净毛巾把软膜清洁干净。

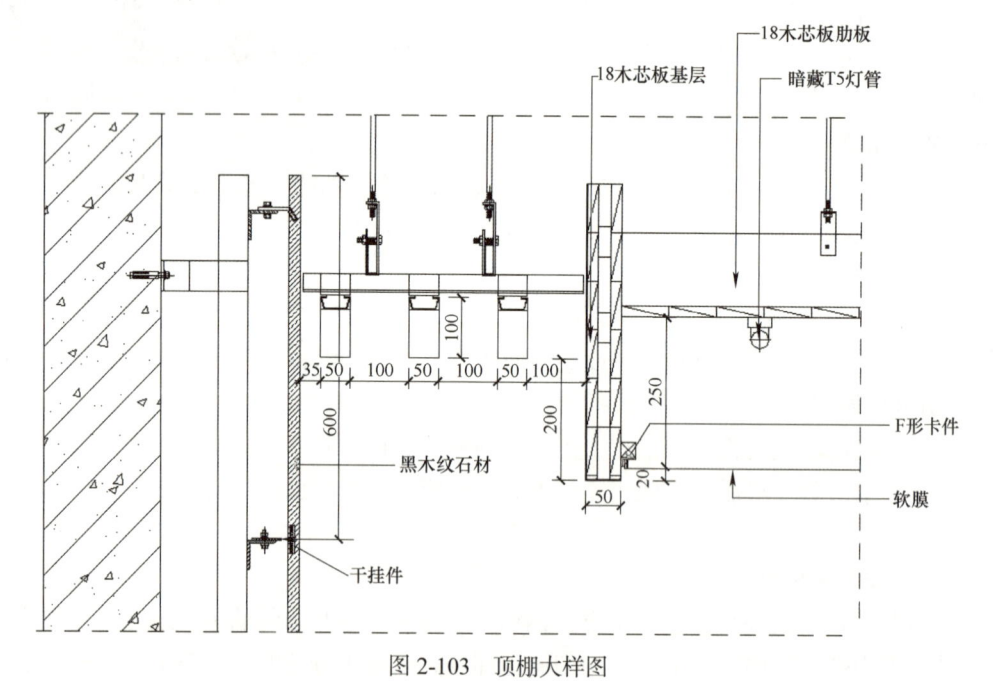

图2-102 软膜顶棚构造
1—明码 2—扁码 3—F码
4—双扣码 5—软膜

图2-103 顶棚大样图

三、项目准备

（一）材料准备

软膜顶棚所用材料名称及应用见表2-29。

表 2-29　软膜顶棚所用材料名称及应用

材料名称		图　例	应　用
软膜			采用特殊的聚氯乙烯材料制成，其防火级别为 B1 级，厚度为 0.15mm，通过一次或多次切割成形，并用高频焊接完成。它需要在实地测量出顶棚尺寸后，在工厂里制作完成
龙骨	F码		F 码可以完成纵向弯曲，能做波浪形、弧形、穹形、喇叭形等造型，并且适用于各种平面、斜面造型，用途极为广泛
	扁码		扁码可以横向弯曲，适用于圆形、弧墙、包柱等特殊造型，以及各种平面造型，尤其适合沿墙安装
	双扣码		双扣码主要作为软膜和软膜之间的连接，可以纵向弯曲，能做波浪形、弧形、穹形、喇叭形等造型，并且适合各种平面、斜面造型
	明码		明码不可以弯曲，特点是没有其他龙骨的接缝，主要适用于各种平面
扣边条			用聚氯乙烯挤压成型，半硬质，其防火级别为 B1 级。扣边条被焊接在顶棚软膜的四周边缘，便于软膜扣在龙骨上

（续）

材料名称	图 例	应 用
螺钉		安装龙骨的连接固定件

（二）机具准备

机具包括水平仪、切割锯、角磨机、活动扳手、手电钻等。主要机具及用途见表 2-30。

表 2-30　主要机具及用途

名　称	图　例	用　途
切割锯		切割铝合金龙骨
自攻螺钉钻		固定龙骨用，利用自身高速旋转直接将螺钉固定在基层上
铁铲		固定软膜顶棚用，将软膜的扣边条卡入龙骨内
电吹风		加热顶棚，增加软膜顶棚的张力，使其易于固定到龙骨内
水平仪		检测平整度

(三) 施工条件准备

（1）软膜顶棚进场前保证场地通电，场地无建筑垃圾。

（2）软膜顶棚底部处理符合顶棚安装条件，如龙骨骨架的安装等，并做到清洁干净。

（3）所有灯光、灯具的安装必须按施工方提出的要求尺寸做好灯架，布置好线路并保证全部灯具线路通电明亮，安装软膜前如发现有灯具不亮后要及时调整更换。暗藏灯内部应涂白，以达到更好的照明效果。

（4）空调、消防管道等必须预先布置安装，调试好、无问题。风口、喷淋头、烟感器等安装完毕，应符合相关要求。

四、项目实施

（一）施工工艺流程

安装固定支撑→固定安装铝合金龙骨→安装软膜→清洁软膜顶棚。

（二）施工操作要点

1. 安装固定支撑

用木龙骨或者木胶合板做框架，作为软膜顶棚中固定龙骨的支撑。应特别注意：木工部分必须按照设计要求来做，保证加工合格；灯、风口等开孔尺寸要提前加工好，如图2-104所示。

2. 固定安装铝合金龙骨

按图样设计要求安装专用龙骨，注意角位一定要是直角，要平整光滑，驳接要平、密。灯架、风口、光管盘要与周边的龙骨水平，并且要求牢固平稳，不能摇摆，如图2-105所示。

图 2-104　木工留出荧光灯孔位置　　　　图 2-105　安装龙骨

3. 安装软膜

安装软膜之前，认真检查龙骨接头是否牢固和光滑，先把软膜打开用专用的加热风炮充分加热均匀，如图2-106所示。然后用专用的插刀把软膜张紧插到铝合金龙骨上，如图2-107所示。安装软膜时要先从中间往两边固定，同时注意两边尺寸，注意焊接缝要直，最后要做角位，注意要平整光滑。四周做好后把多出的软膜修剪去除，以达到理想的收边效果。

图 2-106　对软膜进行加热　　　　图 2-107　用插刀把软膜插到铝合金龙骨里

4. 清洁软膜顶棚

用干净毛巾清洁软膜顶棚表面，达到整洁的效果，如图 2-108 所示。

（三）安全文明施工措施

软膜顶棚的安装要具有专业的技术人员和使用专用的设备、工具。技术人员除应遵守工地各项安全规定外，结合软膜施工特点还应注意以下几点：

（1）工人穿戴整齐、干净利索，利于软膜安装。
（2）工人要穿工作鞋，注意工作安全。
（3）专用设备应注意使用安全。
（4）施工场地应清理干净，不留任何易燃物品。

图 2-108　软膜顶棚安装完成

五、项目验收

1. 软膜顶棚质量要求

（1）焊接缝要平整光滑，龙骨曲线要求自然平滑流畅。
（2）与其他设备及墙角收边处的角位一定要牢固，平整光滑，驳接要平、密。
（3）软膜顶棚无破损，清洁干净。

2. 软膜顶棚主要技术参数

对软膜顶棚要进行各项技术参数检测，其参考标准见表 2-31。

表 2-31　软膜顶棚主要技术参数

检测项目	标准要求	检测结果	单项结论
损毁长度 /mm	B1 ≤ 150 B2 ≤ 200	33	B1
续燃时间 /s	≤ 15	0	B1
阻燃时间 /s	≤ 10	0	B1
氧指数	≥ 26	32.3	B1
挥发物的限量 /g·cm^{-2}	≤ 10	3.5	合格
拉伸强度（纵/横）/MPa	≥ 18	22.0（横） 24.3（纵）	合格 合格

（续）

检测项目	标准要求	检测结果	单项结论
断裂伸长率（纵/横）(%)	≥180	268（横）	合格
		223（纵）	合格
低温伸长率（纵/横）(%)	≥5（最低使用温度高于-5℃）	242（横）	合格
		193（纵）	合格
直角撕裂强度（纵/横）/kN·m^{-1}	≥50	71.4（横）	合格
		78.2（纵）	合格
耐霉菌	黄曲霉	等级：0级	
	大肠杆菌	平均抗菌率：92.7%	
吸声系数	频率/Hz	100	125	160	200	250	315	400
	无空腔吸声系数	0.05	0.05	0.05	0.05	0.05	0.07	0.05
	腔深50mm吸声系数	0.1	0.15	0.15	0.18	0.2	0.45	0.85
	频率/Hz	500	630	800	1000	1250	1600	2000
	无空腔吸声系数	0.05	0.06	0.08	0.08	0.1	0.15	0.3
	腔深50mm吸声系数	0.95	0.6	0.38	0.28	0.2	0.18	0.16

六、项目拓展——与传统顶棚比较

软膜顶棚与传统顶棚的比较见表2-32。

表2-32 软膜顶棚与传统顶棚的比较

比较项目	软膜顶棚	传统顶棚
规格	定制产品，整块最大可做到40m^2	只能小块拼装
造型	可轻易完成各式各样的艺术造型	不易做造型
色彩	任意色彩、任意配色并且不变色	色彩单一、易变色
变形	不会变形	容易变形
重量	220g/m^2	3000g/m^2
寿命	10～15年	5～8年
安装效率	每天安装100m^2	3天才能安装100m^2
施工损耗	定制产品，没有损耗	有损耗
防水防霉	被水浸后，不会出现水渍与滋生细菌	不防水，容易发霉
回收率	100%可回收，属环保型产品	不可回收

习 题

一、填空题

1. 直接式顶棚按施工方法可分为 _____、_____、_____、_____。
2. 悬吊式顶棚的龙骨按材料分为 _____、_____。
3. 悬吊式顶棚一般由 _____、_____、_____ 三部分组成。
4. 悬吊式顶棚弹线顺序是先竖向标高后平面造型、细部,竖向标高线弹于 _____,平面造型和细部弹于 _____。
5. 悬吊式顶棚以顶棚受力大小分类,有 _____、_____。
6. 木龙骨顶棚的木龙骨必须经过 _____、_____、_____ 处理。
7. 轻钢龙骨的主龙骨断面一般为 _____ 形,中龙骨与小龙骨断面一般为 _____ 形和 _____ 形。
8. 纸面石膏板用 _____ 固定在轻钢龙骨上。
9. 常见的铝合金开敞顶棚其形式从整体来看表面形成的是一个个 _____ 字形方格。

二、是非题

1. 直接式顶棚设有供隐蔽管线、设备的内部空间。　　　　　　　　　　　(　)
2. 木龙骨应涂氯乙烯等防火涂料两到三道进行防火、防腐处理。　　　　(　)
3. 轻钢龙骨顶棚中骨具有调整、确定悬吊式顶棚的空间高度的作用。　　(　)
4. 悬吊式顶棚跨度较大时,主龙骨适当起拱。　　　　　　　　　　　　(　)
5. 悬吊式顶棚次龙骨通常与主龙骨平行布置。　　　　　　　　　　　　(　)
6. 明装 T 形龙骨骨架外露,饰面板只需搁置在 T 形龙骨两翼上即可。　　(　)
7. 软膜顶棚适合于各种建筑结构。　　　　　　　　　　　　　　　　　(　)

三、简答题

1. 简述直接抹灰顶棚的构造做法。
2. 简述木龙骨顶棚施工流程,绘制木龙骨的连接构造。
3. 轻钢龙骨纸面石膏板吊顶的常用材料与机具有哪些?其施工工序是什么?
4. 石膏板之间如何避免衔接不平整?
5. 矿棉装饰吸声板安装方法主要有哪两种?其构造特点是什么?
6. 方形金属板顶棚的安装施工流程是什么?
7. 铝合金开敞顶棚的安装施工流程是什么?
8. 软膜顶棚的特点有哪些?

模块三 楼地面装饰构造与施工

项目一 整体式地面施工

本项目知识点

1. 整体式地面的类型，不同类型整体式地面的构造、施工工艺流程、施工方法。
2. 不同类型整体式地面的施工准备、质量要求、要注意的质量问题。

本项目技能点

1. 能运用相关材料和施工机具进行整体式装饰地面施工。
2. 能对整体式地面施工进行质量验收。

一、项目概况

整体式楼地面选材广泛，是以胶凝材料、骨料和溶液的混合体现场整体浇注抹平而成，面层无接缝，一般造价较低，施工简便。可以通过对其表面的加工处理，获得丰富的装饰效果。整体式楼地面根据配料不同分为水泥砂浆楼地面、细石混凝土楼地面、现浇水磨石楼地面等。本项目以现浇水磨石楼地面为例，说明整体式地面施工。其完成施工后的效果，如图 3-1 所示。

图 3-1 现浇水磨石楼地面效果图

二、项目分析

现浇水磨石地面具有美观大方、平整光滑、坚固耐久、易于保洁、整体性好的优点；缺点是施工工序多、施工周期长、噪声大，现场湿作业，易形成污染。水磨石地面适用于清洁度要求较高或潮湿的场所，如洁净厂房车间、医疗办公用房、厕所、厨房等。其构造做法主要是水泥砂浆打底—找平—固定分格条—水泥石砂浆抹面—养护—磨光—清洗、打蜡。其构造如图 3-2 所示。

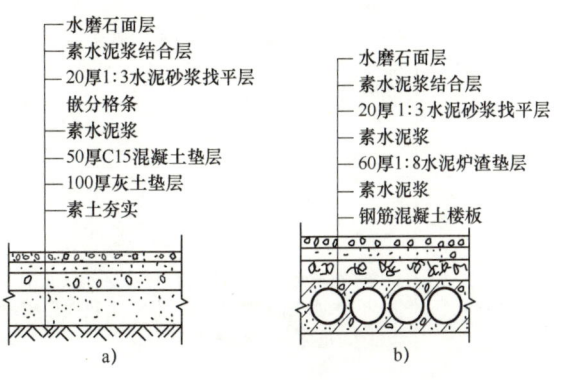

图 3-2 现浇水磨石楼地面构造示意图
a) 水磨石地面构造 b) 水磨石楼面构造

三、项目准备

(一) 材料准备

水磨石地面的施工所需的材料见表 3-1。

表 3-1 水磨石地面施工所需材料

名　称	选　用	图　例
水泥	深色水磨石面层施工宜用硅酸盐水泥、普通硅酸盐水泥或矿渣水泥,且相同颜色的面层应使用同一批水泥。白色、浅色或彩色水磨石面层施工应采用白色水泥。无论使用何种水泥,其强度等级不得低于 32.5 级	
石粒	应选用坚硬、可磨的白云石、大理石等岩石加工而成的石粒,其品种、规格、颜色应根据设计要求进行选定。石粒的粒径除特殊要求外应为 6～15mm,石粒最大粒径应比水磨石面层厚度小 1～2mm。各种石粒应洁净无杂物、无风化颗粒,应按不同品种、规格、颜色分别存放,且不可混杂	
砂	应选用中砂,含泥量不应大于 3%	
分格条	一般有玻璃条、铜条、铝条或彩色塑料条。玻璃条厚 3mm、5mm,宽 12～15mm;铜条或铝条厚 3mm,宽 12～15mm;彩色塑料条厚 2～3mm,宽 10mm。使用时切成需用长度并调直	
颜料	应采用耐光、耐碱的矿物颜料,不得使用酸性颜料,掺入量通常为水泥的 3%～6%。同一彩色面层应采用同厂、同一批次的颜料,以确保颜色一致	

（续）

名　称	选　用	图　例
草酸	即乙二酸，易溶于水。有毒，对皮肤有腐蚀作用。使用前用沸水溶解成10%的溶液，冷却后使用	
地板蜡	由天然气或石油中提取的固体石蜡和溶剂配制而成，按0.5kg石蜡配2.5kg煤油的配比自行配制。用时加300g松香水和100g鱼油调制	

（二）工具准备

水磨石地面施工除常用的抹灰手工工具，如方头铁抹子、木抹子、刮杠、水平尺等工具以外，还需磨石机、湿式磨光机和辊筒等机具，如图3-3、图3-4所示。

图3-3　磨石机 　　　　　　　　　图3-4　磨光机

（三）施工作业条件准备

（1）水磨石地面施工前，墙面、顶面抹灰已完成。
（2）门框已完成安装并做好防护。
（3）地面预埋管线等隐蔽工程已安装完成。
（4）认真进行技术要求交底，按图样要求确定面层厚度、分格大小，要确保水磨石施工层的厚度不小于30mm。
（5）如为彩色水磨石，应确定图案施工顺序和石粒的配比组合方案。

四、项目实施

（一）施工工艺流程

基层清理→弹线、嵌分格条→铺抹水泥石粒浆面层→辊筒辊压→养护→分遍磨光→草酸清洗抛光→打蜡上光。

（二）施工操作要点

1. 基层清理

把沾在基层上的浮浆、落地灰等用錾子或钢丝刷清理掉，再用扫帚将浮土清扫干净。根据水平标准线和设计厚度，在四周墙、柱上弹出面层的水平标高控制线。

2. 弹线、嵌分格条

抹好水泥砂浆找平层 24h 后，按设计要求在找平层上弹（划）线分格，分格间距以 1m 左右为宜。

嵌分格条时，先将平口板条按分格线靠直，将分格条贴近板条，分左右两边用小铁抹子抹稠水泥浆，拉线粘贴固定分格条。水泥浆涂抹高度应低于分格条顶 4~6mm，并做成 45°角，如图 3-5 所示。嵌条应平直、牢固、接头严密，并作为铺设面层的标志。分格条十字交叉接头处粘嵌水泥浆时，宜留有 30~40mm 的空隙，以确保铺设水泥石粒浆时使石粒分布饱满，磨光后表面美观。分格条粘嵌后，经 24h 即可洒水养护，一般养护三到五天，如图 3-6 所示。

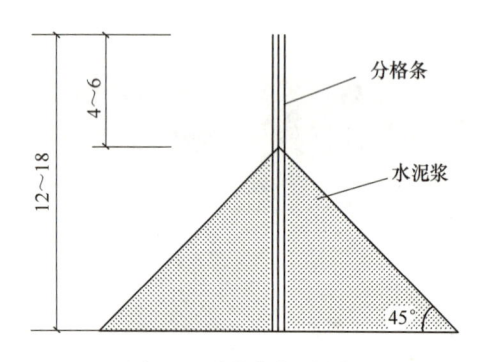

图 3-5 分格条粘贴剖面   图 3-6 嵌装好的分格条

3. 铺抹水泥石粒浆面层

嵌条粘嵌养护后，即清除积水及浮灰，涂刷与面层颜色一致的水泥浆结合层一道。结合层水泥浆的水灰比宜为 0.4~0.5，也可在水泥浆内掺加适量胶粘剂，随刷随铺设面层水泥石粒浆。

4. 辊筒辊压

辊压应该从横竖两个方向轮换进行，用力均匀，防止压倒或压坏分格条，如图 3-7 所示。待表面出浆后，再用抹子抹平。辊压过程中，如发现表面石子偏少，可在水泥浆较多处补撒石子并拍平。辊压至表面平整、泛浆且石粒均匀排列为止。

5. 养护

石子浆铺抹 24h 后，应进行浇水养护。

6. 分遍磨光

水磨石开磨时间与所用水泥品质、色粉品种及气候条件有一定关系。水磨石面层开机前先进行试磨，表面石渣不松动方可开磨。具体操作步骤是边磨边洒水，确保磨盘下有水，并随时清除磨石浆。如开磨时间过晚，可在磨盘下撒少量砂子助磨。普通水磨石面层磨光次数不应少于三遍，高级水磨石面层应适当增加磨光遍数及提高油石的号数，如图3-8所示。

图3-7 用辊筒辊压

图3-8 用磨石机打磨

7. 草酸清洗抛光

抛光是用10%的草酸溶液（加入1%~2%的氧化铝）进行涂刷，随即用240~320号油石细磨。抛光可立即腐蚀细磨表面的突出部分，又将生成物挤压到凹陷部位，经物理和化学反应，使水磨石表面形成一层光泽膜。通过抛光对细磨面进行最后加工，使水磨石地面显现装饰效果，如图3-9所示。

8. 打蜡上光

在水磨石面层上薄涂一层蜡，稍干后用磨光机研磨，或用钉有细帆布（或麻布）的木块代替油石，在磨石机上研磨出光亮后，再涂蜡研磨一遍，直到水磨石表面光滑洁亮为止。

图3-9 水磨石的地面抛光

（三）水磨石地面施工质量问题及技术措施

1. 石粒显露不均匀

（1）石子规格不好、拌制不均匀及配合比不够准确。

（2）铺抹不平整，没有用毛刷开面，未认真检查石粒均匀度，开面后对欠石粒部位未补石搓平。

（3）磨面深度不均匀。

2. 分格块内四角空鼓

（1）基层清扫不干净，不够湿润。

（2）基层扫浆不均匀。

3. 分格条掀起，显露不清晰或表面不够平整

（1）分格条没有镶嵌牢固和平整。

(2) 石子浆铺抹后分格条的显露高度不一致。
(3) 磨面没有严格掌握平顺、均匀要求。

4. 主要安全技术措施

(1) 磨石机在操作前应试机检查,确认电线插头牢固,无漏电才能使用;开磨时磨石机电线、配电箱应架空绑牢,以防受潮漏电;配电箱内应设漏电掉闸开关;磨面机应设可靠安全接地线。

(2) 磨石机操作人员应穿高筒绝缘胶靴及绝缘胶手套,并经常进行有关机电设备安全操作教育。

(四)成品保护

(1) 磨石机应有罩板,以免浆水四溅,沾污墙面。
(2) 磨石浆应有组织排放到指定地点,不得流入地漏、下水排污口内,以免造成堵塞。
(3) 完成后的面层,严禁在上面推车、践踏、搅拌浆料和抛掷物件。堆放料具、杂物时要采取隔离防护措施,以免损伤面层。

五、项目验收

(1) 水磨石面层施工的主控项目与一般项目见表3-2。

表3-2 水磨石面层施工的主控项目与一般项目

主控项目	1) 水磨石面层的石粒,应采用坚硬可磨的白云石、大理石等岩石加工而成,石粒应洁净无杂物,其粒径除特殊要求外应为6~15mm;水泥强度等级不应小于32.5级;颜料应采用耐光、耐碱的矿物颜料,不得使用酸性颜料 2) 水磨石面层拌和料的体积比应符合设计要求,且为 1:1.5~1:2.5(水泥:石粒) 3) 面层与下一层应结合牢固,无空鼓、裂缝
一般项目	1) 面层表面应光滑;无明显裂缝、砂眼和磨纹;石粒密实,显露均匀;颜色图案一致,不混色;分格条牢固、顺直和清晰 2) 踢脚板与墙面应紧密结合,高度一致,出墙厚度均匀 3) 楼梯踏步的宽度、高度应符合设计要求;楼层梯段相邻踏步高度差不应大于10mm,每踏步两端宽度差不应大于10mm;旋转楼梯段的每踏步的允许偏差为5mm;楼梯的齿角应整齐,防滑条应顺直

(2) 水磨石面层的允许偏差和检验方法应符合表3-3的规定。

表3-3 水磨石面层的允许偏差和检验方法

项次	项 目	允许偏差/mm		检验方法
		普通水磨石面层	高级水磨石面层	
1	表面平整度	3	2	用2m靠尺和楔形塞尺检查
2	踢脚线上口平直度	3	2	拉5m线和用钢直尺检查
3	缝格平直度	3	2	

六、项目拓展

(一)水泥砂浆楼地面

1. 水泥砂浆楼地面构造

水泥砂浆楼地面是一种低档楼地面装饰,其缺点是易结露、易起灰、无弹性、热传导性高。但因造价低廉、坚固耐磨、防潮、防水，原材料供应充足方便，所以也是应用很广泛的一种地面做法。

水泥砂浆楼地面是将水泥砂浆涂抹于混凝土基层或垫层上，抹压制成的地面。水泥砂浆面层材料由水泥和砂按一定比例配制而成。水泥砂浆楼地面一般的做法是在结构层上抹水泥砂浆，有双层和单层之分。单层做法是在面层抹一层15～20mm厚的1∶2～1∶2.5水泥砂浆；双层做法是先抹一层15～20mm厚的1∶3水泥砂浆找平层，再抹13mm厚的1∶1.5～1∶2水泥砂浆面层。其构造如图3-10所示。

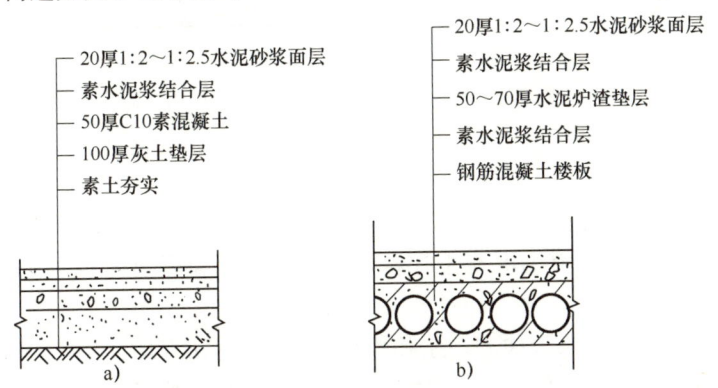

图3-10 水泥砂浆楼地面构造示意图
a) 水泥砂浆地面构造 b) 水泥砂浆楼面构造

2. 水泥砂浆楼地面施工工艺流程

基层处理→刷水泥浆结合层→铺抹水泥砂浆→抹平压光→面层分格→养护。

（1）基层清理：将基层表面的积灰、浮浆、油污及杂物清理干净。抹砂浆前浇水湿润，表面积水应予以排除。

（2）铺抹水泥砂浆：面层铺抹前，先刷一道108胶水泥浆，随即铺抹水泥砂浆，用刮尺赶平，并用木抹子压实。

（3）抹平压光：在砂浆初凝后终凝前，用铁抹子反复压光三遍，每遍抹压的时间要掌握适当，才能保证工程质量。压光过早或过迟都会造成地面起砂、起灰的质量事故。

（4）面层分格：当地面面积较大、设计要求分格时，应根据地面分格线的位置和尺寸，在墙上或踢脚板上划好分格线位置，在面层砂浆刮抹搓平后，根据墙上或踢脚板上已划好的分格线，先用木抹子搓出一条约一抹子宽的面层，用铁抹子先行抹平，轻轻压光，再用墨线弹上分格线，用地面分格器紧贴靠尺顺线划出格缝。待面层水泥终凝前，再用钢皮抹子压平压光，把分格缝理直压平。

（5）养护：水泥砂浆面层铺好后1d内应用砂或锯末覆盖，并在7～10d内每天浇水不少于一次，养护期间不允许压重物或碰撞。

（二）细石混凝土楼地面

1. 细石混凝土楼地面构造

细石混凝土楼地面是用水泥、砂和小石子配比而成，强度高，干缩性小，与水泥砂浆楼地面相比，它的耐久性和防水性更好，且不易起砂，但厚度较大，适用于地面面积较大或基层为松散材料、面层厚度较大的楼地面装饰工程，其构造如图3-11所示。

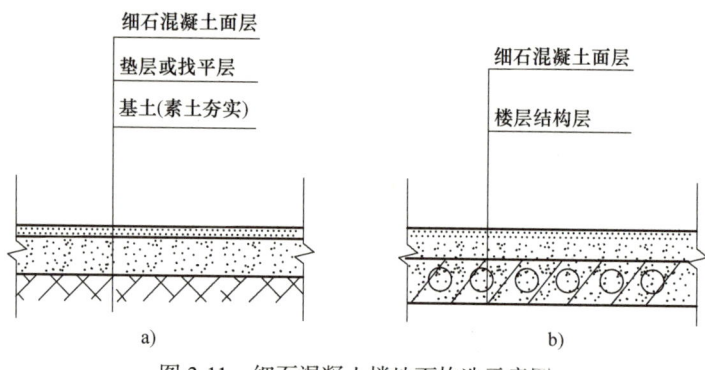

图 3-11 细石混凝土楼地面构造示意图
a）地面工程 b）楼面工程

2. 细石混凝土楼地面施工工艺流程

基层处理→弹线定位→摊铺混凝土拌合物→抹平→振捣及施工缝处理→抹平→压光→养护。

（1）基层处理：清理基层表面的浮浆和积灰等，使得基层粗糙、洁净。铺设前一天对楼板表面进行浇水润湿，不得有积水。如有油污，应用5%～10%的碱溶液清洗干净。

（2）弹线定位：根据水平标准线和设计厚度，在四周墙、柱上弹出面层的标高控制线，抹出坡度墩。面积较大的房间为保证地面平整度，还要以做好的灰饼为标准冲筋。冲筋的高度与灰饼相同。当天抹灰墩、冲筋，当天应当抹完灰，不应隔夜。

（3）摊铺设混凝土拌合物：铺设时按标筋高度刮平，随后用平板式振捣器捣密实。辊压密实，即可进行抹平压光。压光工作不应少于两遍，要求达到表面光滑、无抹痕、色泽均匀一致。

（4）施工缝处理：细石混凝土面层应连续浇筑，不应留置施工缝。如停歇时间超过允许规定时，在继续浇筑前应对已凝结的混凝土接槎处进行清理和处理，剔除松散石子、砂浆部分，润湿并铺设与混凝土同级配合比的水泥砂浆后再进行混凝土浇筑。浇筑时应重视接缝处的捣实、压平工作，不应显出接槎。

（5）养护：面层混凝土浇筑完成后，应在12h内加以覆盖和浇水，养护时间不得少于七天，浇水次数应以保持混凝土具有足够的湿润状态而定。

项目二 块材类地面施工

本项目知识点

1. 了解块材类地面所用材料特性，块材类地面构造、施工工艺流程、施工方法。
2. 块材类地面的施工准备、质量要求、要注意的质量问题。

本项目技能点

1. 能运用相关材料和施工机具进行块材类地面施工。
2. 能对块材类地面施工进行质量验收。

木地板与地砖交接处

一、项目概况

块材类楼地面是指用定型生产的各种不同规格的块材产品,如缸砖、天然石材、陶瓷锦砖、陶瓷地砖、钛金地砖等,用铺砌或粘贴的方法所形成的楼地面,属刚性楼地面,具有花色品种多样,经久耐用、易清洁、强度高、刚性大、施工速度快等优点,但弹性、保温、消声等性能差,又有造价偏高、工效偏低等缺点。块材类楼地面的构造做法除面层材料不同外,大致相同。本项目以陶瓷类楼地面为例,说明块材类楼地面施工。其完成施工后的效果,如图3-12所示。

图3-12 块材类楼地面装饰效果

二、项目分析

块材类楼地面依据铺砌或粘贴的材料不同可分陶瓷地砖类、缸砖类、陶瓷锦砖类、玻化砖类等。它们的构造基本相同,都是由底层、中间层(结合层)和面层构成。

(一)陶瓷地砖楼地面

陶瓷地砖又可分为釉面地砖、无光釉面砖和无釉防滑地砖及抛光同质地砖。其优点是色调均匀、砖面平整、抗腐耐磨、施工方便、块大缝小、装饰效果好、防滑,主要用于办公、商店、旅馆和住宅地面。其构造如图3-13所示。

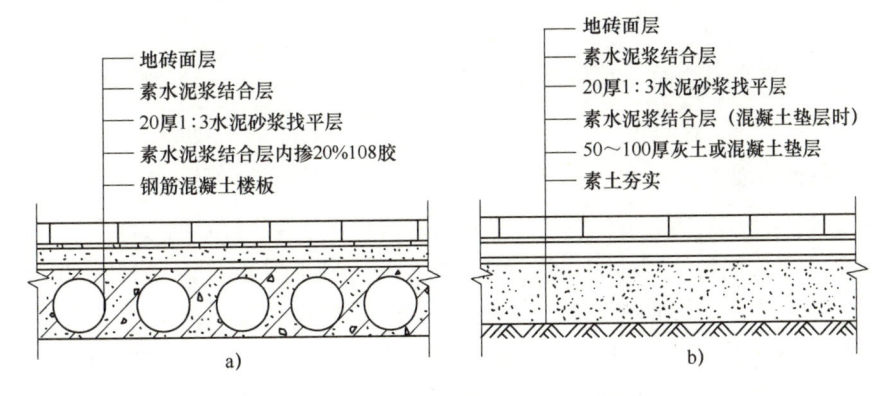

图3-13 陶瓷地砖楼地面构造示意图
a)陶瓷地砖楼面构造 b)陶瓷地砖地面构造

(二)缸砖地面

缸砖是用陶土焙烧而成的一种无釉砖块,具有质地坚硬、耐磨、耐水、耐酸碱、易清洁等特点,主要用于潮湿的地下室、卫生间、实验室、屋顶平台,以及有侵蚀性液体及荷载较大的工业车间。其构造如图3-14所示。

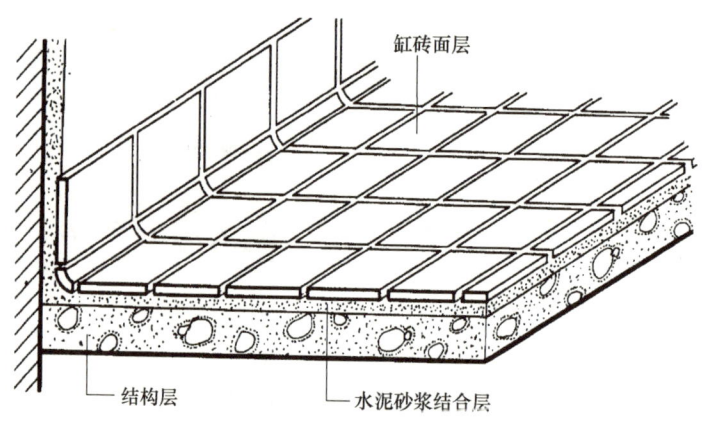

图 3-14 缸砖楼地面构造示意图

(三) 陶瓷锦砖地面

陶瓷锦砖又名马赛克，是用优质瓷土烧成，一般做成 18.5mm × 18.5mm × 5mm、39mm × 39mm × 5mm 的小方块，或边长为 25mm 的六角形等。这种制品出厂前已按各种图案反贴在牛皮纸上，每张大小约 30cm 见方，称作一联，其面积约 0.093m²，每 40 联为一箱，每箱约 3.7m²。施工时将每联纸面向上，贴在半凝固的水泥砂浆面上，用长木板压面，使之粘贴平实，待砂浆硬化后洗去牛皮纸，即显出美丽的图案。

陶瓷锦砖色泽多样，质地坚实，经久耐用，能耐酸、耐碱、耐火、耐磨，抗压力强，吸水率小，不渗水，易清洗，可用于工业与民用建筑的洁净车间、门厅、走廊、餐厅、厕所、浴室、工作间、化验室等处的地面。其构造如图 3-15 所示。

(四) 玻化砖地面

图 3-15 陶瓷锦砖地面构造示意图

玻化砖又称全瓷玻化砖、玻化瓷砖，是随着建筑材料和烧结技术的不断发展而出现的一种新型高级地砖，采用高温烧制而成。其质地比抛光砖更硬更耐磨，是所有瓷砖中最硬的一种，具有硬度大、耐磨性高、耐酸碱性强，高光亮度、低吸水率、色泽均匀、易施工等优点，适用于各种场所的室内外墙地面，常用规格为 400mm × 400mm、500mm × 500mm、600mm × 600mm、800mm × 800mm、900mm × 900mm、1000mm × 1000mm，厚度为 10 ~ 18mm。

三、项目准备

(一) 材料准备

1. 地砖

地砖进场验收合格后，在施工前应进行挑选，将有质量缺陷的先剔除，然后将面砖按大中小三类挑选后分别码放在垫木上。色号不同的严禁混用，选砖用木条钉方框模子，拆包后应进行套选，长、宽、厚不得超过 ±1mm，平整度用直尺检查。陶瓷地砖外观如图 3-16 所示。

图 3-16 陶瓷地砖外观

2. 水泥

使用 32.5 级以上普通硅酸盐水泥或矿渣硅酸盐水泥，不同品种、不同强度等级的水泥严禁混用。

3. 砂

使用粗砂或中砂，含泥量不大于 3%，过 8mm 孔径的筛子。

(二) 工具准备

水桶、方尺、钢卷尺、木抹子、铁抹子、木拍板、手锹、筛子、喷壶、墨斗、长短刮杠、扫帚、橡胶锤、合金錾、开刀、手提式切割机等，见表 3-4。

表 3-4 瓷砖地面工程部分施工工具

名 称	用 途	图 片
水桶	泡砖	
橡胶锤	砖贴上去后敲平敲实，有效避免产生空鼓	
切割机	按现场实际尺寸切砖	
水平尺	用来看斜度或是否水平	

(三) 施工作业条件准备

(1) 内墙水平标高线已弹好,并校核无误。

(2) 墙面抹灰、屋面防水和门框已安装完。

(3) 地面垫层以及预埋在地面内各种管线已做完。穿过楼面的竖管已安装,管洞已堵塞密实。有地漏的房间应找好泛水。

(4) 提前做好选砖的工作,外观有裂缝、掉角和表面上有缺陷的砖剔出,并按花型、颜色挑选后分别堆放。

四、项目实施

(一) 施工工艺流程

基层处理→铺结合层砂浆→弹线定位及排砖→浸砖→铺砖→勾缝、擦缝→养护→踢脚板安装。

(二) 施工操作要点

1. 基层处理

首先将混凝土地面基层凿毛,凿毛深度为 5～10mm,凿毛痕的间距为 30mm 左右,然后将混凝土地面上杂物清理干净,如有油污,应用 10% 火碱水刷净,并用清水及时将其上面的碱液冲净。

2. 铺结合层砂浆

铺砂浆前,基层浇水润湿,刷一道水胶比为 0.4～0.5 素水泥浆,随刷随铺 1:(2～4) 的干硬性结合层水泥砂浆,如图 3-17 所示。有防水要求时,找平层砂浆或水泥混凝土要掺防水剂,或按照设计要求加铺防水卷材。

3. 弹线定位及排砖

铺贴前应在已有一定强度的找平结合层上弹线,在地面弹出与门口成直角的基准线,弹线应从门口开始,以保证进口处为整砖,非整砖置于阴角或家具下面,弹线应弹出纵横定位控制线,如图 3-18 所示。

图 3-17 铺结合层水泥砂浆

图 3-18 弹出控制线

排砖应遵循以下几个原则：
（1）开间方向要对称（垂直门口方向分中）。
（2）破砖尽量排在远离门口及隐蔽处，如暖气罩下面。
（3）为了排整砖，可以用分色砖调整。
（4）与走廊的砖缝尽量对上，对不上时可以在门口处用分色砖分隔。
（5）根据排砖原则画出排砖形式图，如图3-19所示。
（6）有地漏的房间应注意坡度、坡向。

4. 浸砖

铺贴陶瓷地面砖前，应先将陶瓷地面砖浸泡后取出阴干备用。

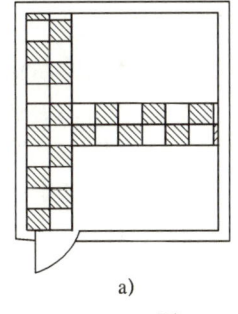

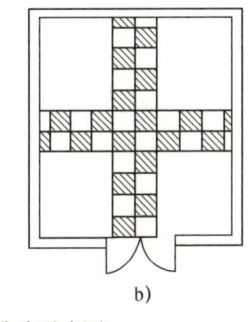

图3-19 排砖形式图
a）面积较小的房间排砖 b）大面积房间排砖

5. 铺砖

铺砌前，按基准板块先拉通线，对准纵横缝按线铺砌。铺贴中用1∶2水泥砂浆铺摊在板块背面，再粘贴到地面上，如图3-20所示。铺贴时应使砂浆密实，用橡皮锤轻击板块，如有空隙应补浆，使标高、板缝均符合要求，如图3-21所示。有明水时撒少许水泥粉。缝隙、平整度满足要求后，揭开板块，浇一层素水泥浆，正式铺贴。每铺完一条，用靠尺双向找平，并随时将板面多余砂浆清理干净。铺板块应采用后退的顺序铺贴。

图3-20 砖背面抹水泥砂浆

图3-21 用橡皮锤轻击板块

6. 勾缝、养护

铺贴完2～3h后，用白水泥或普通水泥浆擦缝，缝要填充密实，平整光滑，然后用棉丝将表面擦净。嵌缝砂浆凝结后，覆盖浇水养护不得少于7天。

7. 踢脚板安装

踢脚板用砖，一般采用与地面块材同品种、同规格、同颜色的材料。踢脚板的立缝应与地面缝对齐，铺设时应在房间墙面两端头阴角处各镶贴一块砖，出墙厚度和高度应符合设计要求，以此砖上楞为标准挂线，开始铺贴。踢脚板用砖背面朝上抹粘结砂浆（配合比为1∶2水泥砂浆），使砂浆粘满整块砖为宜，及时粘贴在墙上，砖上楞要跟线并立即拍实，随之将挤出的砂浆刮掉，将面层清擦干净（在粘贴前，砖块材要浸水、晾干，墙面湿润）。注意,其上沿高度在同一水平线上,出墙厚度要一致,如图3-22所示。

(三)应注意的质量问题

(1)板块空鼓:基层清理不干净、洒水湿润不均、砖未浸水、水泥浆结合层刷的面积过大风干后起隔离作用、上人过早影响粘结层强度等因素,都是导致空鼓的原因。踢脚板空鼓原因,除与地面相同外,还因为踢脚板背面粘结砂浆量少或未抹到边,造成边角空鼓。

图 3-22　铺贴踢脚板

(2)踢脚板出墙厚度不一致:由于墙体抹灰垂直度、平整度超出允许偏差,踢脚板镶贴时按水平线控制,所以出墙厚度不一致。因此在镶贴前,先检查墙面平整度,进行处理后再进行镶贴。

(3)板块表面不洁净:主要是做完面层之后,成品保护不够,油漆桶放在地砖上、在地砖上拌和砂浆、刷浆时不覆盖等,都造成面层被污染。

(4)有地漏的房间倒坡:做找平层砂浆时,没有按设计要求的泛水坡度进行弹线找坡。因此必须在找标高、弹线时找好坡度,抹灰饼和标筋时,抹出泛水。

(5)地面铺贴不平,出现高低差:对地砖未进行预先挑选,砖的薄厚不一致造成高低差,或铺贴时未严格按水平标高线进行控制。

(四)成品保护

(1)在铺砌板块操作过程中,对已安装好的门框、管道都要加以保护,如门框钉保护薄钢板,运灰车采用窄车等。

(2)切割地砖时,不得在刚铺砌好的砖面层上操作。

(3)当铺砌砂浆抗压强度达1.2MPa时,方可上人进行操作,但必须注意涂刷、抹砂浆时要对面层进行覆盖保护。

五、项目验收

(1)陶瓷砖类面层施工的主控项目与一般项目见表3-5。

表 3-5　陶瓷砖类面层施工的主控项目与一般项目

主控项目	1)面层所用的板块的品种、质量必须符合设计要求 2)面层与下一层的结合应牢固,无空鼓
一般项目	1)砖面层的表面应洁净、图案清晰、色泽一致、接缝平整、深浅一致、周边顺直。板块无裂纹、掉角和缺棱等缺陷 2)面层邻接处的镶边用料及尺寸应符合设计要求,边角整齐、光滑 3)踢脚板表面应洁净、高度一致、结合牢固、出墙厚度一致 4)楼梯踏步和台阶板块的缝隙宽度应一致、齿角整齐,楼层梯段相邻踏步高度差不应大于10mm,防滑条顺直 5)面层表面的坡度应符合设计要求,不倒泛水、无积水,与地漏、管道结合处应严密牢固,无渗漏

(2)陶瓷砖类面层的允许偏差和检验方法应符合表3-6的规定。

表 3-6 陶瓷砖类面层的允许偏差和检验方法

项次	项　目	允许偏差 /mm 陶瓷锦砖、陶瓷地砖	缸砖	检验方法
1	表面平整度	2.0	4.0	用 2m 靠尺和楔形塞尺检查
2	踢脚板上口平直度	3.0	4.0	拉 5m 线和用钢直尺检查
3	接缝高低差	0.5	1.5	用钢直尺和楔形塞尺检查
4	缝格平直度	3.0	3.0	拉 5m 线和用钢直尺检查
5	板块间隙宽度	2.0	2.0	用钢直尺检查

六、项目拓展

（一）石材类楼地面施工工艺流程

基层处理→弹线→试拼、试排→石材浸水湿润→摊铺结合层砂浆→铺贴石材→擦缝养护→打蜡抛光。

1. 基层处理

将地面垫层上杂物清理干净，用钢丝刷刷掉粘结在垫层上的砂浆，并清理干净。

2. 弹线

根据设计要求，并考虑结合层厚度与板块厚度，确定平面标高位置后，在相应立面弹线。再按板块的尺寸及板缝大小放样分块。与走廊直接相通的门口应与走道地面拉通线，板块布置要以十字线对称。在十字线交点处对角安放两块标准块，并用水平尺和角尺校正。

3. 试拼、试排

天然石材铺贴前应进行对色、拼花并试拼、编号，以使铺设出的地面花色一致。

4. 石材浸水湿润

施工前应将石板材（特别是预制水磨石板）浸水湿润，并阴干码好备用。铺贴时，板材的底面以内潮外干为宜。

5. 摊铺结合层砂浆

铺贴前应根据设计要求确定结合层砂浆厚度，弹线控制其厚度和石材、地面砖表面平整度。结合层砂浆宜采用体积比为 1∶3 的干硬性水泥砂浆，厚度宜高出实铺厚度 2～3mm。铺贴前应在水泥砂浆上刷一道水胶比为 1∶2 的素水泥浆或干铺水泥 1～2mm 后洒水。砂浆从房间里面往门口处摊铺，铺好后用大杠刮平，再用抹子拍实找平。

6. 铺贴石材

石材的铺贴也是从里向外，按照试铺的编号铺贴，在水泥砂浆结合层上再满浇一层素水泥浆结合层，然后铺贴石板，铺贴时石板四角同时向下落下，用橡皮锤轻敲木垫层，后用水平尺找平，如图 3-23 所示。

7. 擦缝养护

石材铺贴后应及时清理表面，24h 后应用 1∶1 水泥浆灌缝，选择与地面颜色一致的颜料与白水泥拌和均匀后嵌缝。石材地面面层铺贴后，表面应进行湿润养护，其养护时间应不少于 7 天。

8. 打蜡抛光

板块铺贴完工后，待其结合层砂浆强度达到60%~70%即可打蜡抛光。上蜡前先将石材地面晾干擦净，用干净的布或麻丝沾稀糊状的蜡涂在石材上，用磨石机压磨，擦打第一遍蜡，随后用同样方法涂第二遍蜡，要求光亮、颜色一致，如图3-24所示。

图3-23 铺贴石材　　　　　图3-24 石材打蜡抛光

（二）石材类面层质量验收

（1）石材板块铺贴地面允许偏差及检验方法见表3-7。
（2）大理石和花岗岩板块面层的质量标准和检验方法见表3-8。

表3-7 石材板块铺贴地面允许偏差及检验方法

项次	项目	允许偏差/mm	检验方法
1	表面平整度	1.0	用2m靠尺和楔形塞尺检查
2	踢脚板上口平直度	1.0	拉5m线和用钢直尺检查
3	接缝高低差	0.5	用钢直尺和楔形塞尺检查
4	缝格平直度	2.0	拉5m线，不足5m者拉通线和尺量检查
5	板块间隙宽度	1.0	用钢直尺检查

表3-8 大理石和花岗岩板块面层的质量标准和检验方法

项目	项次	质量要求	检验方法
主控项目	1	大理石、花岗岩面层所用的板块的品种、质量应符合设计要求	观察检查和检查材质合格记录
主控项目	2	面层与下一层应结合牢固，无空鼓	用小锤敲击检查
一般项目	1	大理石、花岗岩面层的表面应洁净、平整、无磨痕，且图案清晰、色泽一致、接缝均匀、周边顺直、镶嵌正确，板块无裂缝、掉角和缺棱等缺陷	观察检查
一般项目	2	踢脚板表面应洁净、高度一致、结合牢固、出墙厚度一致	用小锤敲击及尺量检查
一般项目	3	楼梯踏步和台阶板块的缝隙宽度应一致、齿角整齐，楼梯段相邻踏步高度差不应大于10mm，防滑条应顺直、牢固	观察和尺量检查
一般项目	4	面层表面的坡度应符合设计要求，不倒泛水、无积水，与地漏、管道结合处应严密牢固、无渗漏	观察、泼水或蓄水检查，采用坡度尺检查

项目三 实木地板地面施工

本项目知识点

1. 实木地板材料的特性，常见实木地板的铺装构造、施工工艺流程、施工方法。
2. 实木地板地面的施工准备、质量要求、要注意的质量问题。

本项目技能点

1. 能运用相关材料和施工机具进行实木地板铺装施工。
2. 能对实木地板地面施工进行质量验收。

一、项目概况

实木地板地面是指用实木直接加工成的地板直接铺装而成的地面。它具有弹性好、表面光洁、纹理自然美观、易清洁，无毒、无污染，保温、吸声、自重轻、脚感舒适等优点，被广泛用于住宅中的卧室、客厅、厨房以及办公室、体育馆、健身房、舞台等室内空间，实现绿色健康生活。本项目要完成如图3-25所示的实木地板的安装。

二、项目分析

实木地板呈现出的天然原木纹理和色彩图

图3-25 实木地板地面装饰效果

案，给人以自然、柔和、富有亲和力的质感，同时由于它冬暖夏凉、触感好的特性使其成为卧室、客厅、书房等地面装修的理想材料。其种类有条材、块材或拼花实木地板，以空铺或实铺方式在基层上铺设而成。实木地板地面按照结构构造形式不同，主要分为实铺式木地板和架空式木地板两种。

（一）实铺式木地板

实铺式是指木地板通过木搁栅与基层相连或用胶黏剂直接粘贴于基层上。实铺式一般用于两层以上的干燥楼面。实木地板层的铺设又分单层铺设和双层铺设两种。单层铺设是指采用长条木板直接铺钉于地面木搁栅上，而不设毛地板，如图3-26所示。双层铺设是指木地板铺设时在长条形或块形面层木板下采用毛地板的构造做法，毛地板铺钉于木搁栅（木龙骨）上，面层木地板铺钉于毛地板上，如图3-27所示。

（二）架空式木地板

架空式是指木地板通过地垄墙或砖墩等架空后再安装，一般用于平房、底层房屋或较潮湿地面以及地面敷设管道需要将木地板架空等情况，如图3-28所示。其构造如图3-29所示。

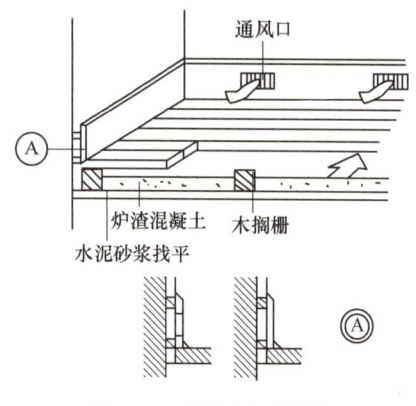

图 3-26 单层木地板铺设

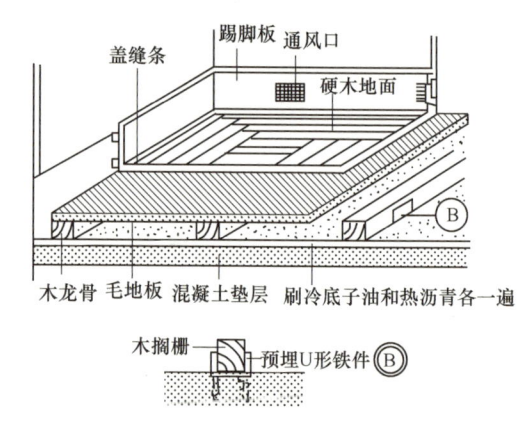

图 3-27 双层木地板铺设

图 3-28 架空式木地板

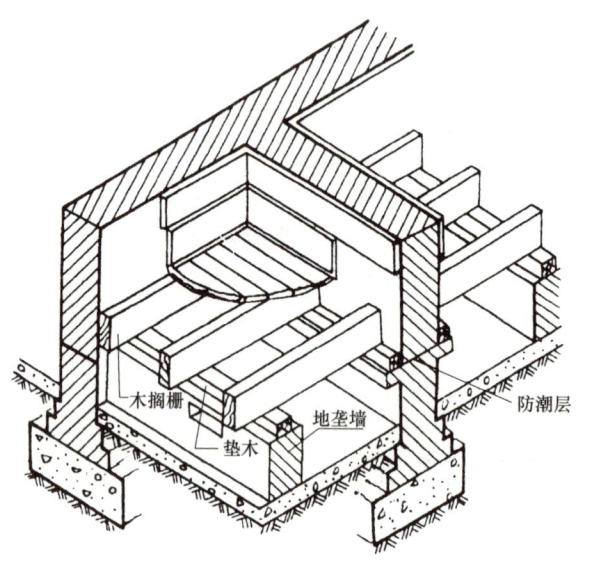

图 3-29 架空式木地板构造

三、项目准备

（一）材料准备

实木地板安装所需材料见表 3-9。

表 3-9 实木地板安装所需材料

序号	名称	说明	图片
1	实木地板	实木地板是天然木材经烘干、加工后形成的地面装饰材料，分 AA 级、A 级、B 级三个等级，AA 级质量最高。常用的实木地板树种有白桦、水曲柳、大甘巴豆、马来甘巴豆、水青冈、小叶青、白栎、红栎、柞木、榉树、柚木等	

(续)

序号	名称	说明	图片
2	木龙骨	木地板铺设所需要的木搁栅、垫木、沿缘木（也称压檐木）、剪刀撑等，均采用红白松，经烘干、防腐处理后使用。木搁栅不得有扭曲变形，规格尺寸按设计要求加工	
3	粘结材料	木地板与地面直接粘结常用环氧树脂胶	

（二）工具准备

工具包括磨光机、电动圆锯、手电钻、冲击钻、刨平机、锯、斧、锤、凿、螺钉旋具、钢直尺、割角尺、墨斗、铅笔等。部分工具如图 3-30 所示。

图 3-30　实木地板安装所需部分工具

（三）施工作业条件准备

（1）施工现场的地面、墙面、墙基必须干净、平整、干燥，符合国家或地方建筑验收标准。
（2）在水泥地面上做好防潮处理，铺设 EPE 防潮布，并检查预埋的电线及水管。
（3）有可能引起潮湿隐患的工序已完成，厨房间做闭水试验，无渗水、漏水现象。
（4）门窗安装完毕，具备封闭条件。
（5）门底边预留高度符合标准。

四、项目实施

（一）施工工艺流程

1. 实铺搁栅式

基层处理→安装木搁栅→钉毛地板→找平、刨平→弹线、安装面层地板→钉踢脚板→

刨光、打磨→涂刷、打蜡。

2. 实铺粘贴式

基层处理→弹线定位→涂胶→粘贴地板→刨光、打磨→涂刷、打蜡。

3. 空铺式

基层处理→砌地垄墙→干铺油毡→铺垫木、找平→弹线、安装木搁栅→钉剪刀撑→钉硬木地板→钉踢脚板→刨光、打磨→涂刷、打蜡。

（二）施工操作要点（实铺搁栅式木地板地面施工）

1. 基层处理

基层表面的砂浆、浮灰必须铲除干净，用水冲洗、擦拭清洁、干燥。施工前应对基层进行防潮处理，防潮层宜涂刷防水涂料或铺设塑料薄膜。

2. 安装木搁栅

直接固定于楼地面的搁栅，可采用截面尺寸为 30 mm×40 mm 或 40 mm×50 mm 的木方。搁栅与地面的连接固定，常采用木楔钢钉法，即用冲击钻在混凝土地面或楼板面上钻孔，孔深为 40 mm 左右，并不超过板厚的 2/3，然后向孔内打入如图 3-31 所示的木楔，用钢钉将搁栅木框架与木楔连接固定，如图 3-32 所示，也可用膨胀螺栓进行固定。

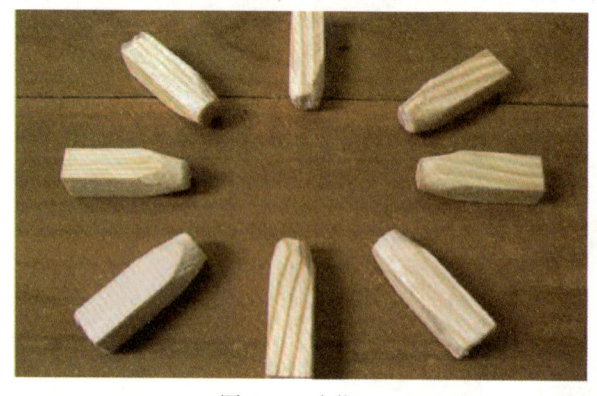

图 3-31 木楔　　　　　　　图 3-32 安装完成的木搁栅

3. 钉毛地板

双层木板面层下层的毛地板，表面应刨平，其宽度不宜大于 120mm。铺设时，毛地板应与木搁栅成 30°或 45°，并应使其髓心朝上，用钉斜向钉牢，其板间缝隙不应大于 3mm，如图 3-33 所示。毛地板与墙之间，应留有 10～15mm 缝隙，接头应错开，如图 3-34 所示。每块毛地板应在每根木搁栅上各钉两枚钉子固定，钉子的长度应为毛地板厚度尺寸的 2.5 倍。毛地板铺钉后，可铺设一层沥青纸或油毡，以利于隔声和防潮。

4. 弹线、安装面层地板

铺钉完毕，弹方格网线，按网点抄平，并用刨子修平，达到标准后，方能钉面层地板。安装面板前应做防潮处理，可以铺设塑料薄膜垫层，如图 3-35 所示。

铺设面板有两种方法，即钉结法和粘结法。

（1）钉结法。钉结法可用于空铺式和实铺式。面板铺设应采用专用地板钉，钉与表面呈 45°或 60°斜角，钉长为板厚的 2～3 倍，如图 3-36 所示。先将钉帽砸扁，从板边企口凸榫侧边的凹角处斜向钉入，钉帽冲入板内不得外露。

图 3-33 毛地板板缝要求

图 3-34 毛地板接头错开

图 3-35 铺设塑料薄膜防潮

图 3-36 钉长为板厚的 2～3 倍

对于不设毛地板的单层条形木板，铺设应与木搁栅垂直，并要使板缝顺进门方向。当硬木地板不易直接施钉时，可事先用手电钻在板块施钉位置斜向预钻钉孔，以防钉裂地板，如图 3-37 所示。为使隙缝严密顺直，可在铺钉的板条近处钉扒钉，用楔块将板条压紧。

地板块铺钉时通常从房间较长的一面墙边开始，第一行板槽口对墙，从左至右，两板端头企口插接，直到第一排的最后一块板，截去长出的部分。接缝必须在搁栅中间，且应间隔错开。板与板间应紧密，仅允许个别地方有空隙，其缝宽不得大于 1mm（如为硬木长条板，缝宽不得大于 0.5mm）。板面层与墙之间应留 10～15mm 的缝隙，如图 3-38 所示。该缝隙用木踢脚板封盖。铺钉一段要拉通线检查，确保地板始终通直。

图 3-37 用手电钻预钻钉孔

图 3-38 板面层与墙留缝

（2）粘结法。粘结法铺贴拼花木地板前，应根据设计图案和板块尺寸试拼试铺，调整至符合要求后进行编号，铺贴时按编号从房间中央向四周渐次展开。所采用的粘结材料，可以是沥青胶结料，也可以是各种胶粘剂，如图3-39所示。拼花木地板的拼花平面图案形式有方格式、席纹式、人字纹式、阶梯错落长条铺装式等。

图3-39 用胶粘剂安装硬木拼花地板

5. 钉踢脚板

踢脚板所用木材应与木地板面层所用材质品种相同，常用规格：高为100～150mm，厚20～25mm，构造如图3-40所示。踢脚板提前刨光，内侧开凹槽，每隔1m钻6mm通风孔，墙身每隔750mm钻孔设木楔，用于固定踢脚板，如图3-41所示。木踢脚板接缝处应做暗榫或斜坡压槎，在90°转角处可做成45°斜角接缝，接缝一定要在木楔上。安装时木踢脚板应与木楔贴紧，上口要平直，用明钉钉牢在木块上，钉帽要砸扁并冲入板内2～3mm。

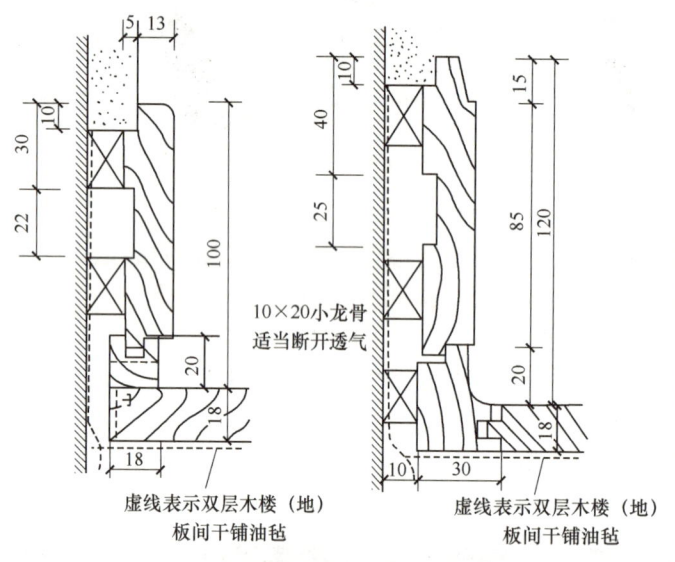

图3-40 踢脚板构造示意图

图3-41 钻孔安装踢脚板

6. 刨光、打磨

粗刨工序宜用转速较快的电刨地板机进行。粗刨以后用手推刨，修整局部高低不平之处，使地板光滑平整，如图3-42所示。地板刨光后需要用地板磨光机具进一步磨光，以达到油漆饰面的平整和光滑度要求。一般要求磨光两遍，第一遍用3号粗砂纸磨平，第二遍用0～1号细砂纸磨光。

目前，木地板生产厂家已经对木地板进行了表面上漆处理，施工时只需将木地板安装好即可投入使用，而不再进行刨平磨光和上漆等工作。

7. 上漆、打蜡

将地板清理干净，然后补凹坑，刮批腻子、着色，最后刷清漆，如图3-43所示。木地板用清漆有高档、中档、低档三类。上漆工程完毕，养护 3～5d 后打蜡。地板打蜡，首先应将地板清洗干净，完全干燥后开始操作。至少要打 3 遍蜡，每打完一遍，等其干燥后再用非常细的砂纸打磨表面、擦干净，然后再打第二遍。每次都要用不带绒毛的布或打蜡器摩擦地板以使蜡油渗入木头。每打一遍蜡都要用软布轻擦抛光，以达到光亮的效果。

图 3-42　地板刨光　　　　　　　　图 3-43　地板上漆

（三）施工注意事项

（1）地板铺装一般为错位交叉铺装。

（2）为使地板顺口缝平直均匀，应每铺设三至五行地板，拉线检查一次，如不直，及时调整。

（3）在铺设时，地板的含水率不能低于 6%。地板起翘主要是因为实木地板没有经过正规的干燥处理所引起的，因此在安装时可以在地板下面铺塑料。此外提前两天将地板放置于要铺的室内，使木材适应室内的温度，也能防翘。

（4）地板铺装完后，直接安装踢脚板并及时清洁干净，做好成品保护。

（四）成品保护

（1）施工时应注意对定位定高的标准杆、尺、线的保护，不得有触动、移位。

（2）对所覆盖的隐蔽工程要有可靠保护措施，不得因铺设实木地板面层造成漏水、堵塞、破坏或降低等级。

（3）实木地板面层完工后应进行遮盖和拦挡，避免损坏。

（4）后续工程在实木地板面层上施工时，必须进行遮盖、拦挡和支垫，严禁直接在实木地板面上动火、焊接、和灰、调漆、支钢梯、搭脚手架。

五、项目验收

（1）实木地板面层施工的主控项目与一般项目见表 3-10。

表 3-10　实木地板面层施工的主控项目与一般项目

主控项目	1）木地板面层所采用的材质，其技术等级及质量要求应符合设计要求。木搁栅、垫木和毛地板等必须做防腐、防蛀处理 2）木搁栅安装应牢固、平直 3）面层铺设应牢固，粘结无空鼓

（续）

一般项目	1）木地板面层图案颜色应符合设计要求，图案清晰、颜色均匀一致，板面无翘曲 2）面层缝隙应严密，接头位置应错开、表面洁净 3）拼花地板接缝应对齐，粘、钉严密，缝隙宽度均匀一致，表面洁净，胶粘无溢胶 4）踢脚板表面应光滑，接缝严密，高度一致

（2）实木地板面层的允许偏差和检验方法应符合表3-11规定。

表3-11 实木地板面层的允许偏差和检验方法

序号	项目	允许偏差/mm 实木地板面层 松木	硬木	拼花	检验方法
1	板面缝隙宽度	1.0	0.5	0.2	用钢直尺检查
2	表面平整度	3.0	2.0	2.0	拉2m靠尺和楔形塞尺检查
3	踢脚板上口平齐	3.0	3.0	3.0	拉5m通线，不足5m拉通线和用钢直尺检查
4	板面拼缝平直度	3.0	3.0	3.0	
5	相邻板材高低差	0.5	0.5	0.5	用钢直尺和楔形塞尺检查
6	踢脚板与面层的接缝	1.0			楔形塞尺检查

六、项目拓展

（一）实铺粘贴法施工要点

实铺粘贴法的面层及其他工序做法与实铺搁栅式木地板地面施工方法一致，其主要区别是基层处理。将拼花地板块用胶粘剂直接粘贴于混凝土或水泥砂浆基层上。对其基层表面的平整度有较高要求，若事先先做找平层，应使用素水泥浆加防水剂，或者素水泥浆加108胶配成聚合物水泥浆，用以找平并封闭基层。拼花地板构造如图3-44所示。

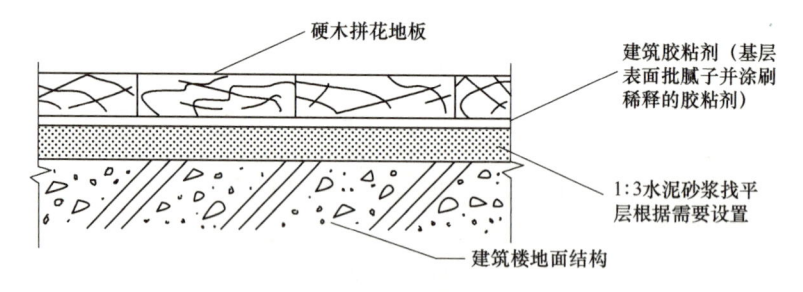

图3-44 拼花地板构造示意图

（二）空铺法施工要点

1. 基层处理

铺设前将基层上的砂浆、垃圾及杂物全部清扫干净。

2. 砌地垄墙

地面找平后，采用M2.5的水泥砂浆砌筑地垄墙或砖墩，墙顶面采取涂刷焦油沥青两道或铺设油毡等防潮措施。对于大面积木地板铺装过程的通风构造，应按设计确定其构造层高度、室内通风沟和室外通风窗等的设置。

3. 铺设垫木

在地垄墙（或砖墩）与搁栅之间，一般应设垫木，其作用主要是将搁栅传来的荷载较均匀地分布到地垄墙（或砖墩）上。垫木使用前应进行防腐处理，常采用涂刷两道煤焦油或氟化钠水溶液的方法。在氟化钠水溶液中往往加入氧化铁红，使刷过的表面呈淡色，以区别未做防腐处理的杆件。垫木与地垄墙（或砖墩）的连接，常用 8 号钢丝绑扎。钢丝预先固定在砖砌体中，待垫木放稳、放平，符合标高后，再用 8 号钢丝拧紧。也可采用预埋木方、木楔的方法或用膨胀螺栓固定。

4. 安装木搁栅

木搁栅与地垄墙成垂直设置，搭放在垫木上，主要起固定与承托面层的作用，是地板下的梁。木搁栅离墙面应留出不小于 30mm 的缝隙，以利隔潮通风。木搁栅安装后，必须用长 100mm 圆钉从木搁栅两侧中部斜向呈 45° 角与垫木钉牢。木搁栅表面要做防腐处理。

5. 钉剪刀撑

剪刀撑的作用是将一根根单独的搁栅连成整体，以增加稳定性和整体刚度。同时可以限制木搁栅的翘曲变形，是保证木地板质量的构造措施。剪刀撑布置于木搁栅两侧面，用钢钉固定于木搁栅上，间距应按设计要求布置，如图 3-45 所示。

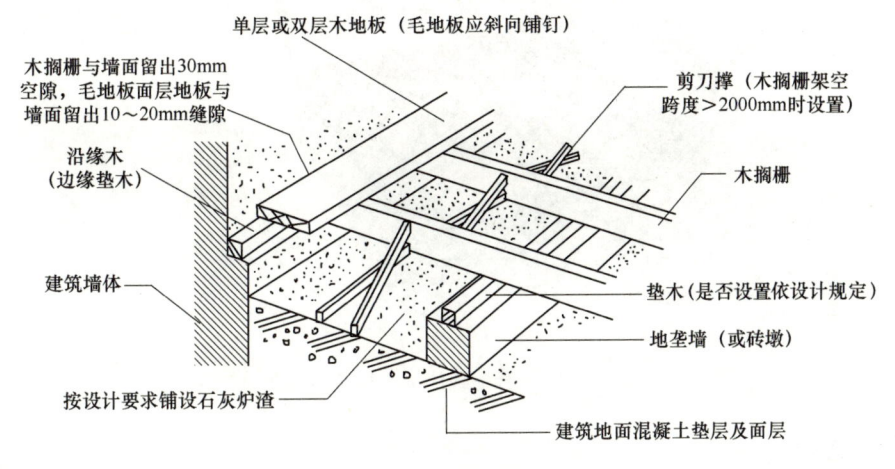

图 3-45　剪刀撑构造图

项目四　复合地板地面施工

本项目知识点

1. 复合地板材料的特性，常见复合地板的铺装构造、施工工艺流程、施工方法。
2. 复合地板地面的施工准备、质量要求、要注意的质量问题。

本项目技能点

1. 能运用相关材料和施工机具进行复合地板铺装施工。
2. 能对复合地板地面施工进行质量验收。

一、项目概况

复合地板地面是指用复合地板材料直接铺装而成的地面。复合地板地面相对实木地板地面具有表面光滑平整，不易变形；耐磨性能优异，防腐、防潮、易保养；铺装方便快捷，节约木材；脚感不如实木地板，磨损后无法恢复的特点。本项目要完成如图 3-46 所示的复合地板的安装。

二、项目分析

复合地板一般采用浮铺式铺设方式，由于地板本身具有较精密的槽样企口边及配套的粘结胶、卡子和缓冲底垫等，铺设时仅在板块企口咬接处施以胶粘或采用配件卡接即可连接牢固，整体地铺设于建筑地面基层上。其构造如图 3-47 所示。

图 3-46 复合地板地面装饰效果

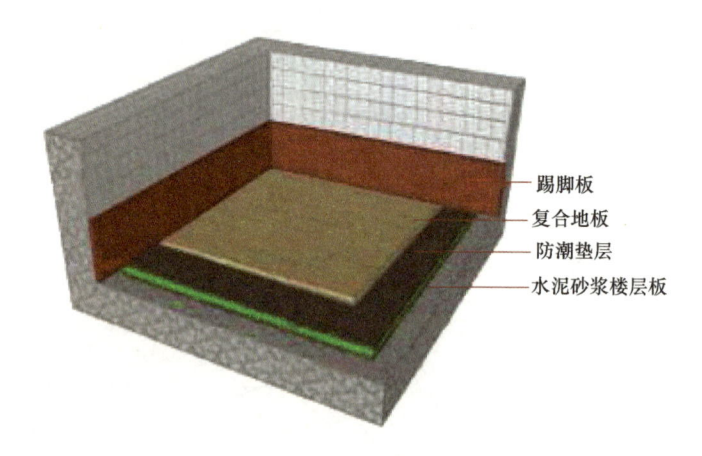

图 3-47 复合地板浮铺式构造示意图

三、项目准备

（一）材料准备

复合地板铺装所需材料见表 3-12。

表 3-12 复合地板铺装所需材料

序号	名称	说明	图片
1	复合地板	复合地板一般都是由四层材料复合组成，即由底层、基材层、装饰层和耐磨层组成。其中耐磨层的转数决定了复合地板的寿命	

(续)

序号	名称	说明	图片
2	聚乙烯泡沫塑料薄膜	聚乙烯泡沫塑料薄膜为宽1000mm的卷材。铺设时按房间长度净尺寸加长120mm以上裁切，横向搭接150mm	
3	专用胶	水性胶使用方便，复合地板用此胶可延长地板使用时间。初期粘结力强，能够在短时间内完成加压。发泡少，性能稳定	

(二) 工具准备

工具包括手提式切割机、木工锯、錾子、角尺、锤子、铅笔、回力钩等。其中回力钩是用来将靠近墙体的那块地板挤紧的工具，如图3-48所示。

图3-48　回力钩及靠墙处挤紧木地板的方法

四、项目实施

(一) 施工工艺流程

基层处理→弹线、找平→铺垫层→试铺预排→铺地板→安装踢脚板→清洁表面。

(二) 施工操作要点

1. 基层处理

由于采用浮铺式施工，复合地板基层平整度要求很高，平整度要求3m内偏差不得大于2mm。基层必须保持洁净、干燥，可刷一层掺防水剂的水泥浆进行防潮。

2. 弹线、找平

在四周墙上弹出高 50cm 水平线，以控制地板面设计标高。

3. 铺垫层

直接在建筑地面浮铺与地板配套的防潮底垫、缓冲底垫，底垫层为聚乙烯泡沫塑料薄膜，宽 1000mm 的卷材，铺时按房间长度净尺寸加长 120mm 以上裁切，横向搭接 150mm。底垫在四周边缘墙面与地相接的阴角处上折 60～100mm（或按具体产品要求）；较厚的发泡底垫相互之间的铺设连接边不采用搭接，应采用自粘型胶带进行粘结，如图 3-49 所示。

4. 试铺预排

地板块铺设时通常从房间较长的一面墙边开始，也可按长缝顺入射光线方向沿墙铺放。板面层铺贴应与垫层垂直。应先进行测量和尺寸计算，确定地板的布置块数，尽可能不出现过窄的地板条；同时，长条地板块的端头接缝，在行与行之间要相互错开。若遇建筑墙边不直，可用画线器将墙壁轮廓画在第一行地板上，依线锯裁后铺装，如图 3-50 所示。

图 3-49　铺防潮底垫　　　　图 3-50　锯裁地板

第一行板槽口对墙，从左至右，两板端头企口插接，直到第一排最后一块板，切下的部分若大于 300mm 可以作为第二排的第一块板铺放，第一排最后一块的长度不应小于 500mm，否则可将第一排第一块板切去一部分，以保证最后的长度要求。

地板与墙（柱）面相接处不可紧靠，要留出 8～15mm 宽度的收缩缝隙（最后用踢脚板封盖此缝隙），地板铺装时此缝隙用木楔临时调直塞紧，暂不涂胶。拼铺三排进行修整、检查平直度，符合要求后，按顺序拆下放好。铺设第一行板及留缝如图 3-51 所示。

5. 铺地板

依据产品使用要求，按试铺预排的顺序，在地板块边部企口的槽（沟）榫（舌）部位涂胶（有的产品不采用涂胶而有固定相邻地板块的卡子），顺序对接，用木锤敲击挤紧，精确平铺到位。一般要求将专用胶粘剂涂于槽与榫的朝上一面，并将挤出的胶水及时擦拭干净。有的产品要求先完成几行后立即采取回力钩和固定夹及拉杆等稳固已粘铺的地板，静停 1h 左右，待粘结胶基本凝结后再继续铺装，如图 3-52 所示。

横向用紧固卡带将三排地板卡紧，每 1500mm 左右设一道卡带，卡带两端有挂钩，卡带可调节长短和松紧度。从第四排起，每拼铺一排卡带就移位一次，直至最后一排。每排最后一块地板端部与墙仍留有 8～15mm 的缝隙。逐块拼铺至最后，到墙面时，注意同样留出缝隙用木楔卡紧，并采取回力钩等将最后几行地板予以挤紧，如图 3-53 所示。

模块三　楼地面装饰构造与施工

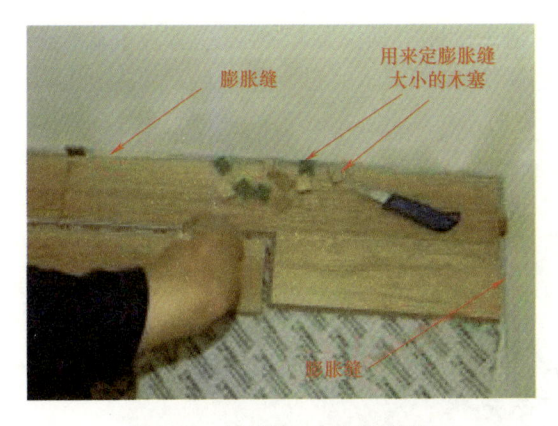

图 3-51　铺设第一行板及留缝

图 3-52　槽榫部位涂胶

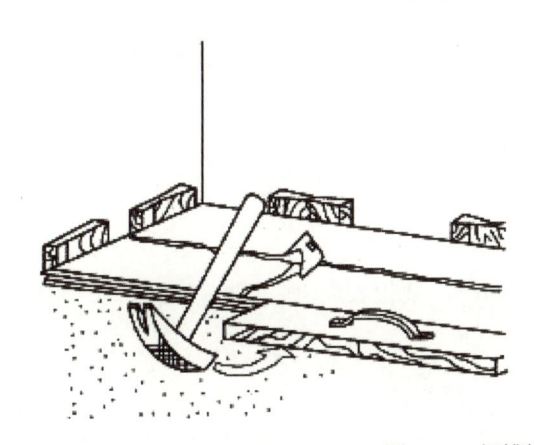

图 3-53　板槽拼缝挤紧的方法

在门洞口，地板铺至洞口外墙皮与走廊地板可以平接，如为不同材料，或者有需要时留 3～5mm 缝隙，用卡口盖缝条盖缝，如图 3-54、图 3-55 所示。

图 3-54　盖缝条

图 3-55　门洞口安装盖缝条盖缝

6. 安装踢脚板

复合木地板可选用仿木塑料踢脚板、普通木踢脚板和复合木地板踢脚板。安装时，先按踢脚板高度弹水平线，清理地板与墙缝隙中杂物。复合木地板配套的踢脚板安装，是在墙面弹线钻孔并钉入木楔或塑料膨胀头（有预埋木砖则直接标出其位置），再在踢脚板卡块（条）上钻孔（孔径比木螺钉直径小 1～1.2mm），并按弹线位置用木螺钉固定，最后将踢脚板卡在卡块（条）上，接头尽量设在拐角处，如图 3-56 所示。

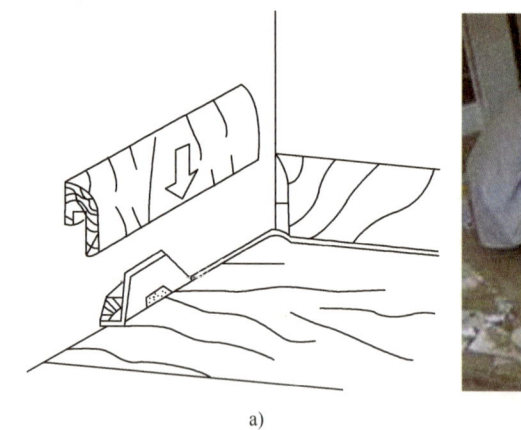

图 3-56 踢脚板的安装
a）构件 b）施工

7. 清洁表面

每铺完一间房间，待胶干后扫净杂物，用湿布擦净地板表面。

（三）施工注意事项

（1）施工环境的最佳相对湿度为 40%～60%。

（2）在地板块企口施胶逐块铺设过程中，为使槽榫精确吻合并粘结严密，可以采用锤击的方法，但不得直接敲击地板，可用木方垫块顶住地板边再用锤轻轻敲击。

（3）地板的施工过程及成品保护，必须按产品使用说明的要求，注意其专用胶的凝结固化时间，铲除溢出板缝外的胶条、拔除墙边木塞以及最后做表面清洁等工作，均应待胶粘剂完全固化后方可进行，此前不得碰动已铺装好的木地板。成品保护如图 3-57 所示。

（4）木地板与四周墙必须留缝，以备地板伸缩变形，地板面积超过 30m^2 中间要留缝。

（5）如果地板底面基层有微小不平，可用橡胶垫垫平。

图 3-57 做好成品保护防止磨坏

（6）铺装时用 3m 直尺随时找平找直，发现问题及时修正。

（7）复合木地板产品的表面均已做好表面处理，铺设完毕可采用吸尘器吸尘、湿布擦拭或采用中性清洁剂清除个别污渍，但不得使用强力清洁剂、钢丝球或刷具进行清洗；表面不得再进行磨光及涂刷油漆；有的产品不得在使用中打蜡。

（8）浮铺式施工的地板工程，不得在地板上加钉固定，以确保整体地板面层在使用中的稳定伸缩。

五、项目验收

（1）复合地板面层施工的主控项目与一般项目见表 3-13。

表 3-13　复合地板面层施工的主控项目与一般项目

主控项目	1）木地板面层所采用的材质，其技术等级及质量要求应符合设计要求 2）面层铺设应牢固，粘结无空鼓
一般项目	1）木地板面层图案颜色应符合设计要求，图案清晰、颜色均匀一致、板面无翘曲 2）面层缝隙应严密；接头位置应错开，表面洁净 3）拼花地板接缝应对齐，粘、钉严密；缝隙宽度均匀一致；表面洁净，胶粘无溢胶 4）踢脚板表面应光滑，接缝严密，高度一致

（2）复合地板面层的允许偏差和检验方法应符合表 3-14 规定。

表 3-14　复合地板面层的允许偏差和检验方法

序号	项目	允许偏差 /mm 实木复合地板 强化复合地板	检验方法
1	板面缝隙宽度	0.5	用钢直尺检查
2	表面平整度	2.0	拉 2m 靠尺和楔形塞尺检查
3	踢脚板上口平齐	3.0	拉 5m 通线，不足 5m 拉通线和用钢直尺检查
4	板面拼缝平直度	3.0	
5	相邻板材高低差	0.5	用钢直尺和楔形塞尺检查
6	踢脚板与面层的接缝	1.0	楔形塞尺检查

六、项目拓展

（一）复合地板结构（图 3-58）

（1）底层：由聚酯材料制成，起防潮作用。

（2）基层：一般由密度板制成，视密度板密度的不同，可分低密度板、中密度板和高密度板。

（3）装饰层：是将印有特定图案（仿真实纹理为主）的特殊纸放入三聚氰胺溶液中浸泡后，经过化学处理，利用三聚氰胺加热反应后化学性质稳定的特性，使这种纸成为一种美观耐用的装饰面层。

（4）耐磨层：是在强化地板的表层上均匀压制一层三氧化二铝组成的耐磨剂。三氧化二铝的含量和薄膜的厚度决定了耐磨的转数。每平方米含三氧化二铝为 30g 左右的耐磨层转数约为 4000 转；含量为 38g 的耐磨层转数约为 5000 转；含量为 44g 的耐磨层转数应在 9000 转左右。三氧化二铝含量和膜厚度越大，转数越高，也就越耐磨。

图 3-58　复合地板结构示意图

（二）复合地板铺装常见问题

（1）有空鼓响声的原因是固定不实所致，主要是毛地板与龙骨、毛地板与地板钉子数量少或钉得不牢，有时是由于板材含水率变化引起收缩或胶液不合格所致。因此，严格检验板材含水率、胶粘剂等质量就显得尤为重要，检验合格后才能使用。安装时钉子不宜过少。

（2）表面不平的主要原因是基层不平或地板条变形起鼓所致。在施工时，应用水平尺对龙骨表面找平，如果不平应垫木调整。龙骨上应做通风小槽。板边距墙面应留出 10mm 的通风缝隙。保温隔声层材料必须干燥，防止木板受潮后起鼓。木地板表面平整度误差应在 1mm 以内。

（3）拼缝不严的原因除了施工中铺装不规范外，板材的宽度尺寸误差大及加工质量差也是重要原因。

（4）局部翘鼓的主要原因除板子受潮变形外，还有毛地板拼缝太小或无缝，使用中，水管等漏水泡湿地板所致。地板铺装后，涂刷地板漆时应使漆膜完整，日常使用中要防止水流入地板下部，要及时清理面层的积水。

项目五　软质地面施工

本项目知识点

1. 了解软质地面材料的特性，塑料软质地面和地毯的铺装构造、施工工艺流程、施工方法。
2. 塑料软质地面的施工准备、质量要求、要注意的质量问题。

本项目技能点

1. 能运用相关材料和施工机具进行软质地面工程的施工。
2. 能对软质地面施工进行质量验收。

一、项目概况

软质地面是指以质地较软的地面覆盖材料所形成的楼地面。由于制品成型不同，软质地面材料可分为块材和卷材两种。常见的软质制品有塑料制品、地毯等。它们具有自重轻、耐磨、抗冲击、耐腐蚀等优点，有良好的装饰效果。塑料制品地面适用于商场、通道、展厅等人流量大的场所；地毯地面适用于高级住宅、宾馆等有静声要求的场所。本项目要完成如图 3-59 所示的塑料软质地面的铺装。

图 3-59　塑料软质地面的铺装效果

二、项目分析

塑料地板是指由高分子树脂及其助剂通过适当的工艺所制成的片状地面覆盖材料，常见的有塑胶地板、EVA 地板、彩色石英地板等。塑料地板与石材、陶瓷地面相比，具有自重轻、脚感舒适、噪声小和防滑、耐腐蚀、施工方便等优点，因而广泛用于公共空间及人流量较大的场所。其构造如图 3-60 所示。

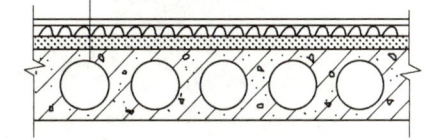

图 3-60　塑料地板构造图

三、项目准备

（一）材料准备

塑料地板施工所需材料见表 3-15。

表 3-15　塑料地板施工所需材料

序号	名称	说明	图例
1	塑料地板	板块和卷材的品种、规格、颜色、等级应符合设计要求和国家现行标准的规定；应有出厂合格证。块材板面应平整、光洁、色泽均匀、厚薄一致、边缘顺直、密实无气孔、无裂纹，板内不允许有杂质和气泡，并应符合国家现行标准的有关规定。塑料板块及卷材在运输过程中，应防止日晒、雨淋、撞击和重压；在储存时，应堆放在干燥、洁净的仓库内，并距热源 3m 以外，温度不宜超过 32℃	
2	胶粘剂	一般选择与塑料地板配套的胶粘剂，也可根据基层和塑料板以及施工条件选用乙烯类、氯丁橡胶类、聚氨酯、环氧树脂、建筑胶等。所选胶粘剂应通过试验确定其相容性和使用方法，并应符合国家现行标准的有关规定。胶粘剂应存放在阴凉通风、干燥的室内。胶粘剂的稠度应均匀、颜色一致，无其他杂质和胶团，超过生产日期三个月或保质期的产品要取样试验，合格后方可使用	
3	焊条	宜选用等边三角形或圆形截面。焊条表面要平整光洁，无孔眼、节瘤、皱纹，颜色均匀一致，且焊条成分和性能必须与被焊板块相同	
4	底胶	采用非水溶型胶粘剂时，底胶按原胶粘剂重量加 10% 的 65 号汽油和 10% 的醋酸乙烯。采用水溶型胶粘剂时，适当加水稀释	

(二）工具准备

工具包括梳形刮板、画线器、橡胶辊筒、大压辊、裁切刀、墨斗、棉纱、橡胶锤、钢直尺、刮刀、开槽机、焊接机等。部分工具如图 3-61 所示。

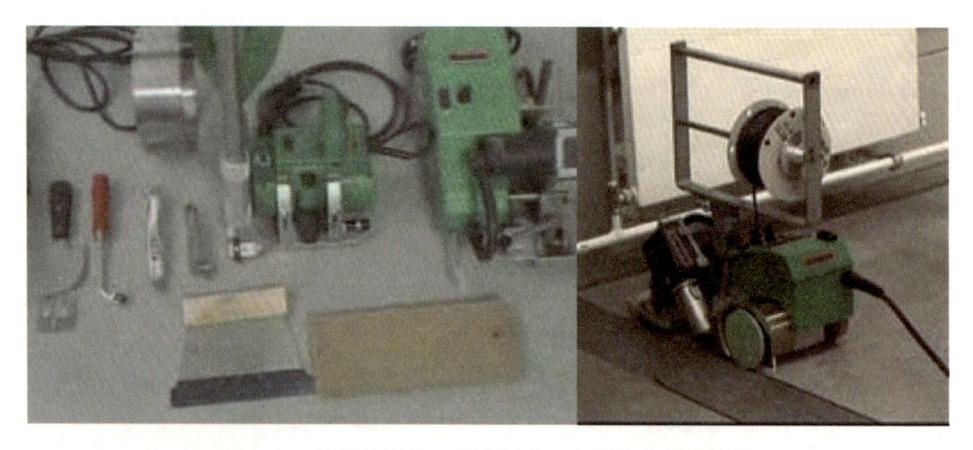

图 3-61　塑料地板施工所需部分工具及自动热熔焊机

四、项目实施

（一）施工工艺流程

基层处理→弹线分格及地板处理→试铺→刷胶粘剂→铺塑料地板→粘贴塑料踢脚板→打光上蜡。

（二）施工操作要点

1. 基层清理

基层应表面不起砂、不起皮、不起灰、不空鼓、无油渍，手摸无粗糙感。基层的表面还应平整干燥，表面如有麻面、凹坑，应用 108 胶水泥腻子（水泥∶108 胶水∶水 =1∶0.75∶4）修补平整。还可以用自流平水泥进行一次找平处理，如图 3-62 所示。

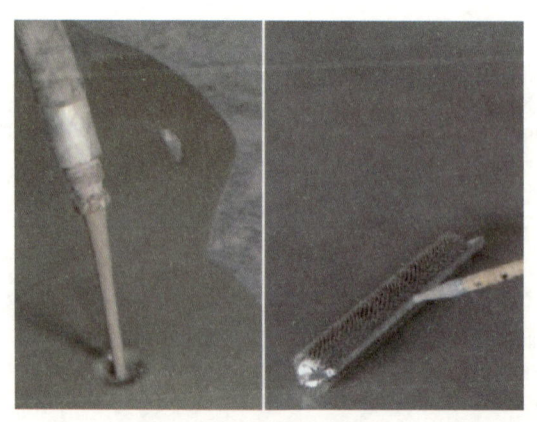

图 3-62　自流平水泥铺设

2. 弹线分格及地板处理

（1）根据地面标高和设计要求，在房间基层上弹线分格，以房间中心为中心，弹出相互垂直的两条定位线。定位线有十字形、对角形和 T 形。然后按块材尺寸，每隔两到三块弹一道分格线，以控制贴块位置和接缝顺直，并在地面周边距墙面 200 ~ 300mm 处作为镶边。

（2）软板预热。塑料地板试铺前，对于软质塑料地板块，应做预热处理，即放入 75℃ 的热水中浸泡 10 ~ 20min，待板面全部松软伸平后，取出晾干备用。注意不得用炉火或电热炉预热。

（3）硬板脱脂。对于半硬质块状聚氯乙烯地板，应先用棉丝蘸丙酮与汽油混合溶液（丙酮∶汽油 = 1∶8）进行脱脂除蜡处理。

3. 试铺

按照弹线分格情况，在塑料板脱脂完成后即可进行试铺。对于靠墙处不是整块的塑料板需进行裁切。对于卷材型塑料地板在裁剪时要注意留足拼花、图案对接余量，同时应搭接 20 ~ 50mm，用刀从搭接中部割开，然后涂胶粘贴。

4. 刷胶粘剂

对于粘贴施工的塑料地板铺设，应先在清扫干净的基层表面均匀涂刮一层薄而均匀的底胶，以增强基层与面层的粘结强度。待其干燥后，即可铺贴操作。刷胶粘剂时，用齿形刮板刮涂均匀，厚度控制在 1mm 左右；塑料板粘贴面用齿形刮板或纤维辊筒涂刷胶粘剂，其涂刷方向与基层涂胶方向纵横相交，如图 3-63 所示。基层涂刷胶粘剂时，不得面积过大，要随贴随刷，一般超出分格线 10mm。胶粘剂涂刮后在室温下暴露于空气中，使溶剂部分挥发至胶层表面手触不黏手时，即可铺贴。

当采用乳液型胶粘剂粘贴塑料地板时，应在塑料板背面和基层上都均匀涂刷胶粘剂，由于基层材料吸水性强，所以涂刮时，一般应先涂刮塑料板块的背面，后涂刮基层表面，涂刮越薄越好，无须晾干，随刮随铺；当采用溶剂型胶粘剂时，只在基层上均匀涂胶一道，待胶层干燥至不黏手时（一般在室温 10 ~ 35℃时，静停 5 ~ 15min），即可进行铺贴，如图 3-64 所示。

图 3-63　刷胶粘剂　　　　　　图 3-64　铺塑料地板

5. 铺塑料地板

塑料板铺贴时，应按弹线位置沿轴线由中央向四周进行。涂刷的胶粘剂必须均匀，塑料板的背面也应均匀涂刮胶粘剂，待胶层干燥至不黏手（约 10 ~ 20min）即可铺贴。铺贴中应一次就位准确，粘贴密实，可用 50kg 辊轮在地板上来回辊压，以消除气泡，使地板与基层完全粘结，如图 3-65 所示。

当板块或卷材缝隙需要焊接时，宜在铺贴 48h 之后再行施焊，如图 3-66 所示。也可采用先焊后铺贴的做法，焊条用等边三角形或圆形焊条，其成分和性能应与被焊塑料地板相同。接缝焊接时，两相邻边要切成 V 形槽，如图 3-67 所示，以增加焊接牢固性。焊缝冷却至常温，将突出面层的焊条用刨刀切削平整，切削时勿损伤两边的塑料板面，如图 3-68 所示。

图 3-65　辊压地板

图 3-66　手动焊接焊条

图 3-67　焊接前开槽

图 3-68　切削焊条

6. 粘贴塑料踢脚板

塑料踢脚板的铺贴要求与地面板材铺贴要求相同。在踢脚板上口挂线粘贴，做到上口平直，铺贴顺序先阴阳角，后大面，做到粘贴牢固。踢脚板对缝与地板缝做到协调一致。

7. 打光上蜡

铺贴好塑料地面及踢脚板后，用布擦干净，晾干，然后用软布包好已配好的上光软蜡，满涂一到两遍。光蜡质量配合比为软蜡：汽油 =100：(20 ~ 30)，另掺 1% ~ 3% 与地板相同颜色的颜料。

（三）施工注意事项

（1）严格控制粘贴基层的表面平整度，对平整度大于 3mm 的表面要做平整处理。

（2）使用齿形刮板涂刮胶粘剂，使胶层的厚度薄而均匀。涂刮时，基层与塑料板粘贴面上的涂刮方向应成纵横相交，使面层铺贴时，粘贴面的胶层均匀。

（3）施工温度应控制在 15 ~ 30℃，相对湿度应不高于 70%。

五、项目验收

(1)塑料板面层施工的主控项目与一般项目见表 3-16。

表 3-16　塑料板面层施工的主控项目与一般项目

主控项目	1)塑料板面层所用的塑料板块和卷材的品种、规格、颜色、等级应符合设计要求和国家现行标准的规定 2)面层与下一层的粘结应牢固,不翘边、不脱胶、无溢胶
一般项目	1)塑料板面层应表面洁净,图案清晰,色泽一致,接缝严密、美观,拼缝处的图案、花纹吻合,无胶痕;与墙边交接严密,阴阳角收边方正 2)板块在焊接时,焊缝应平整、光洁,无焦化变色、斑点、焊瘤和起鳞等缺陷,其平整度允许偏差为±0.6mm;焊缝的抗拉强度不得小于塑料板强度的 75% 3)镶边用料应尺寸准确、边角整齐、拼缝严密、接缝顺直

(2)塑料板面层的允许偏差和检验方法应符合表 3-17 的规定。

表 3-17　塑料板面层的允许偏差和检验方法

项次	项目	允许偏差/mm	检验方法
1	表面平整度	2.0	用 2m 靠尺和楔形塞尺检查
2	踢脚板上口平直度	3.0	拉 5m 线和用钢直尺检查
3	接缝高低差	0.5	用钢直尺和楔形塞尺检查
4	缝格平直度	3.0	拉 5m 线和用钢直尺检查
5	板缝间隙宽度	2.0	用钢直尺检查

六、项目拓展——地毯地面的构造与施工

(一)地毯地面的构造

地毯是一种高级的地面装饰材料,具有良好的弹性和保温性;极佳的吸声、隔声性能;而且色彩多样、图案丰富、施工简便,深受人们的喜爱。

地毯的铺设方法一般有固定式与不固定式两种。固定式铺设有两种固定方法:一种是卡条式固定,使用倒刺板拉住地毯,其构造如图 3-69 所示;另一种是粘结法固定,使用胶粘剂把地毯粘贴在地板上。不固定式(活动式)铺设是指将地毯明摆浮搁在基层上,不需要将地毯与基层固定。

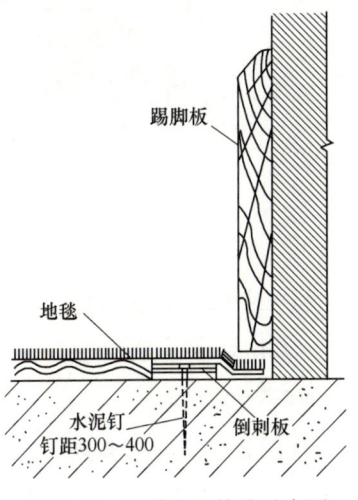

图 3-69　地毯地面构造示意图

(二)施工准备

1. 材料准备

(1)地毯:地毯按材质不同可分为纯毛地毯、混纺地毯、化纤地毯等。其品种、规格、颜色、花色及其材质必须符合设计要求和国家现行地毯产品标准的规定。地毯的阻燃性应符合国家现行标准的防火等级要求。

(2)胶粘剂:应符合环保要求,且无毒、不霉、快干、有足够粘结强度,并应通过试验

确定适用性和使用方法。胶粘剂中有害物质的释放限量应符合国家现行标准。

（3）胶带：一般地毯连接拼缝时使用，粘结后有足够的强度，能满足使用张紧器时不脱缝的要求。

（4）倒刺板：牢固顺直，倒刺均匀，长度、角度符合设计要求，如图3-70所示。

（5）金属压条：宜采用厚度为2mm的铝合金（铜）材料制成，如图3-71所示。

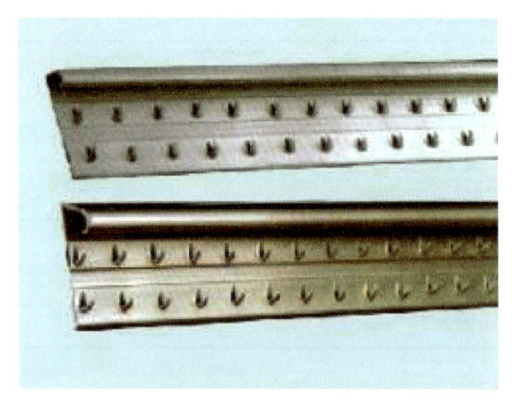

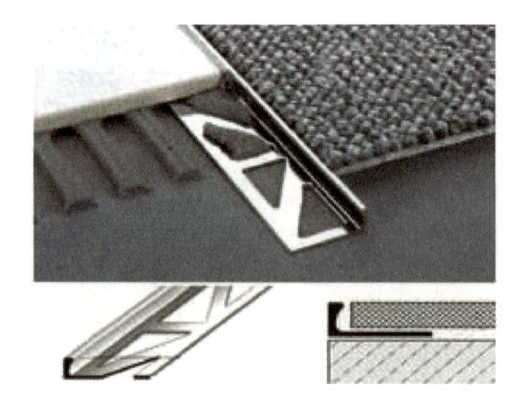

图3-70　倒刺板　　　　　　　　　　图3-71　金属压条

2. 工具准备

工具包括裁边机、电剪刀、电熨斗、地毯撑子、吸尘器、裁毯刀、剪刀、尖嘴钳子、手锤、扁铲、钢丝刷、铅笔等。部分工具如图3-72所示。

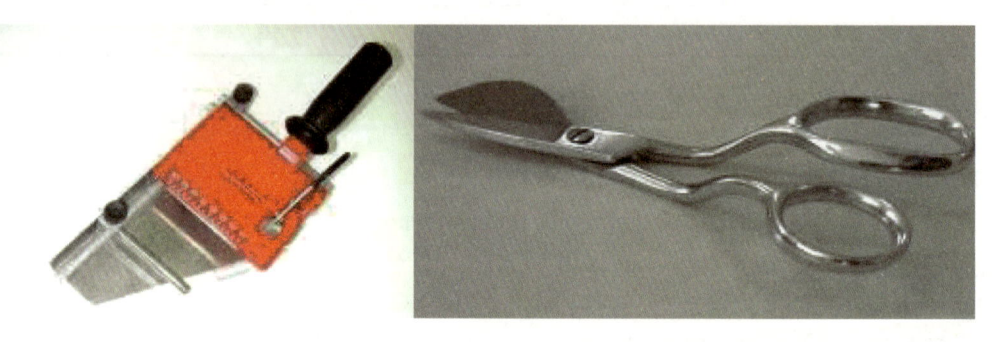

图3-72　地毯切割刀及剪刀

（三）施工工艺流程（卡条式固定工艺流程）

基层处理→弹线定位→裁割地毯→安装倒刺板→铺设地毯→固定地毯→收口处理→清洁毯面。

（四）施工操作要点

1. 基层处理

铺地毯的基层一般是水泥地面，也可以是木地板或其他材质的地面，均要求表面平整、光滑、洁净。

2. 弹线定位

地毯铺设前要严格按图样要求对不同部位进行弹线、分格。若图样无明确要求时，应对称找中弹线，以便定位铺设。

3. 裁割地毯

裁割地毯时应按房间尺寸加长20mm下料。地毯宽度应扣除地毯边来计算。大面积地毯用裁边机裁割，小面积地毯用手工裁割，如图3-73所示。植绒地毯应从毛毯的中间切开，将裁好的地毯卷起编号备用。

背面缝合拼接后，在接缝处涂刷50～60mm宽的一道白乳胶，粘贴布条或牛皮纸带；或采用电熨斗烫成品接缝带的方法拼接。

4. 安装倒刺板

固定地毯的倒刺板（木卡条）沿踢脚板边缘用水泥钉（或采用塑料胀管与螺钉）钉固于房间或大厅的四周墙角，间距400mm左右，并离开踢脚板8～10mm，以地毯边刚好能卡入为宜，如图3-74所示。

图3-73　裁割地毯　　　　　　　　图3-74　安装倒刺板

5. 铺设地毯

把裁好的地毯平铺在地上，先固定房间里面的某一边，然后用张紧器张拉地毯。张拉一段后，接着固定相邻一边，边固定边用张紧器进行张拉，宜斜向推进。使用张紧器时，张拉力度要适中，以行走时不致产生皱褶为准，若张拉力过大，反而易损坏地毯的毛织结构。待第二个边固定张拉完好，再固定第三个边，最后固定靠门口的一边，如图3-75所示。

当地毯完全铺好后，用剪刀裁去墙边多余部分，再用扁铲将地毯边缘塞进木卡条与墙壁之间的间隙中，如图3-76所示。

图3-75　用张紧器张拉地毯　　　　　图3-76　用扁铲将地毯边缘塞进木卡条与墙壁间隙中

6. 收口处理

地毯铺设的重要收口部位，一般多采用铝合金收口条，可以是 L 形倒刺收口条，也可以是带刺圆角梯条或不带刺的铝合金压条，以美观和牢固为原则。收口条与楼地面基体的连接，可以采用水泥钉钉固，也可以钻孔打入木楔或尼龙胀塞以螺钉拧紧，或选用其他固定连接方法，如图 3-77 所示。

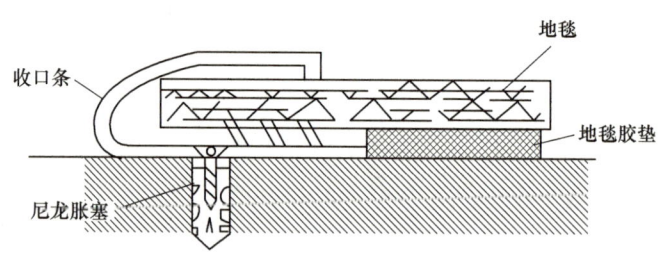

图 3-77　铝合金收口条做法

7. 清洁毯面

地毯铺设完毕后，应将剩余的边角下料及其他材料和工具等清理干净，并用吸尘器清洁地毯上的灰尘垃圾及脱落的绒毛。

习　题

一、填空题

1. 水磨石楼地面使用的分格条有 _____、_____、_____、_____ 等。
2. 陶瓷地砖又可分为 _____、_____、_____、_____。
3. 陶瓷锦砖又称 _____。
4. 木楼地面根据材质不同，可分为 _____、_____。
5. 实木地板的构造形式有 _____、_____、_____。
6. 复合地板一般采用 _____ 铺设方式。
7. 塑料地板是指由 _____ 及其助剂通过适当的工艺所制成的 _____ 地面覆盖材料。
8. 地毯的铺设分为 _____ 和 _____ 铺设两种。固定式铺设有两种固定方法：一种是 _____ 固定，另一种是 _____ 固定。
9. 踢脚板所用木材应与木地板面层所用材质品种相同，常见高度为 _____。

二、是非题

1. 水磨石楼地面所用石粒为白云石、大理石、花岗岩等岩石加工而成，最大粒径比水磨石面层大 1～2mm，常用的石粒粒径为 12mm。　　　　　　　　　　　　　(　　)
2. 玻化砖质地比抛光砖更硬更耐磨，是所有瓷砖中最软的一种。　　　　　(　　)
3. 木地板拼缝可为平口、企口或错口。　　　　　　　　　　　　　　　　(　　)
4. 实铺式木楼地面钉毛地板应斜向铺设，与龙骨成 30°～45° 角，留板缝约 3mm，并用刨子修平。　　　　　　　　　　　　　　　　　　　　　　　　　　　　(　　)

5．浮铺式木楼地面铺地板与四周墙必须留缝，以备地板伸缩变形，缝宽为 8～10mm，用木楔调直。（   ）

6．塑料地板与石材、陶瓷地面相比，具有自重轻、脚感舒适、噪声小和防滑耐腐蚀、施工方便等优点。（   ）

7．地毯裁剪时每段长度要比房间长出 10mm。（   ）

三、简答题

1．简述水磨石地面的施工工序和分格条固定的方法。
2．简述陶瓷地砖的构造与施工工序。
3．实木地板楼地面饰面有何特点？适用于什么建筑地面？
4．架空式木地面与实铺式木地面在构造上有何区别？简述架空式木地板的施工工序。
5．简述浮铺式木楼地面构造与施工工艺流程。
6．简述塑料橡胶地板的施工工艺。
7．地毯楼地面饰面有什么特点？广泛用于什么建筑中？
8．简述地毯的施工工序，图示倒刺板、踢脚与地毯的关系。

模块四　门窗构造与施工

项目一　木质装饰门施工

本项目知识点

1. 木质门的分类及应用。
2. 木质门的构造与材料。
3. 木质门的施工工艺与施工要点。

本项目技能点

1. 根据木质门构造节点样图，完成木质门安装。
2. 木质门安装施工准备、操作方法、要注意的质量问题。

一、项目概况

在建筑装饰中，木质装饰门的应用范围最广。木质装饰门主要分为实木门和复合门，多用于室内门，如卧室门、书房门等。但是由于其材质不耐潮，所以不宜用于浴室、厨房等潮湿的空间。本项目要按照施工要求在室内的房间安装木质装饰门，如图4-1所示。

图4-1　木质装饰门效果图

二、项目分析

本项目的木质装饰门属于单开式平开门。安装前，施工人员应该测量门洞口的宽、高等构造尺寸，以此作为安装的依据，如图4-2所示。该门洞口的净宽为900mm，门洞高为2110mm，墙体厚度120mm，室内墙体为加气混凝土砌块墙体。由于门洞墙体预埋木砖，而且墙体属于砌块墙体，应该采用钉子和薄钢板连接件，将木质门框安装固定在墙体上，木制门框可以采用内外平安装。木质装饰门的安装主要分为两个阶段进行：安装门框（在项目中讲述）、安装门扇。安装门框应该在墙面抹灰后进行，待地面抹灰完成后，再安装门扇。

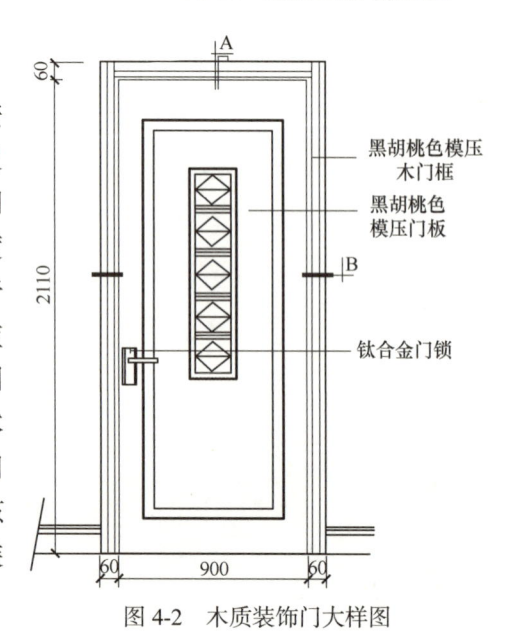

图4-2　木质装饰门大样图

安装的门框及门扇均为从专业生产厂家选购的成品，较常见的门扇有夹板门和镶板门，其构造如下：

1. 夹板装饰门

骨架由（32～35）mm×（34～60）mm方木构成纵横肋条，两面贴面板和饰面层，如贴各类装饰板、防火板、微薄木拼花拼色、镶嵌玻璃、装饰造型线条等。夹板门的构造如图4-3所示。

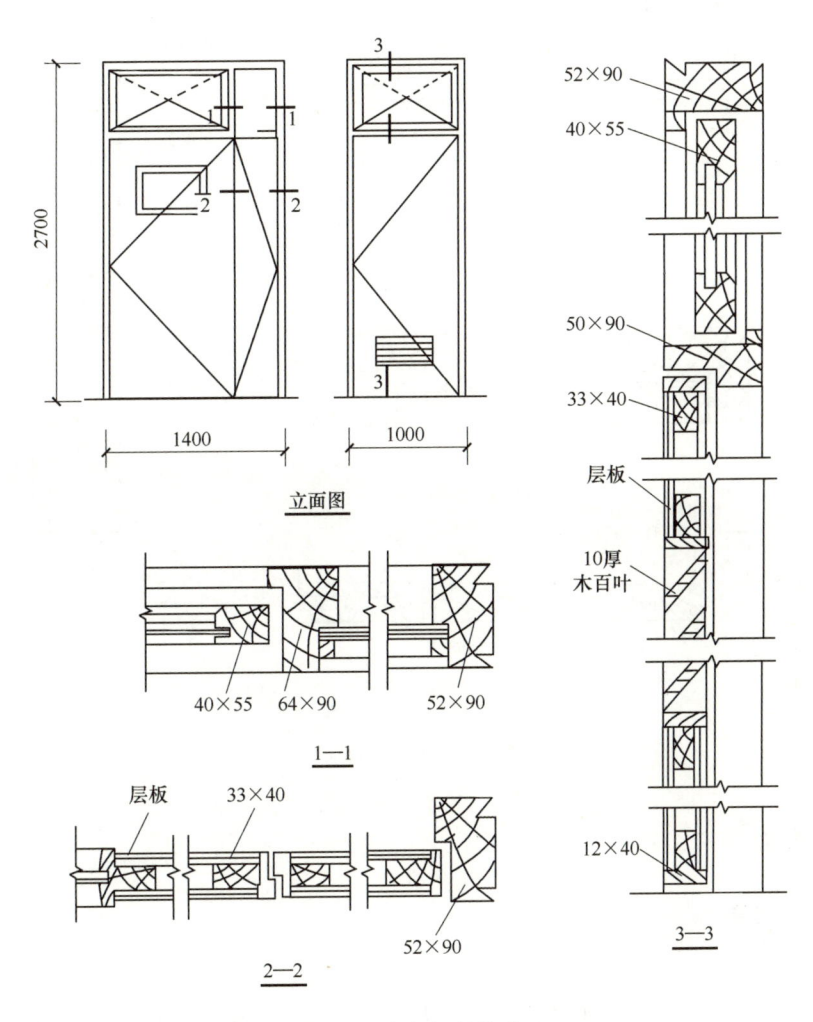

图4-3 夹板门的构造

2. 镶板装饰门

镶板装饰门也称框式门，其门扇由框架配上玻璃或木镶板构成。镶板门框架由上、中、下冒头和边框组成，框架内嵌装玻璃称实木框架玻璃门；在框架内嵌装的木板上雕刻图案造型，称实木雕刻门。为了节约木材，限制变形，现在的实木框架多用木条拼合而成，通过框架的造型变化和压条的线形处理，形成装饰效果丰富的装饰门。镶板门的构造如图4-4所示。

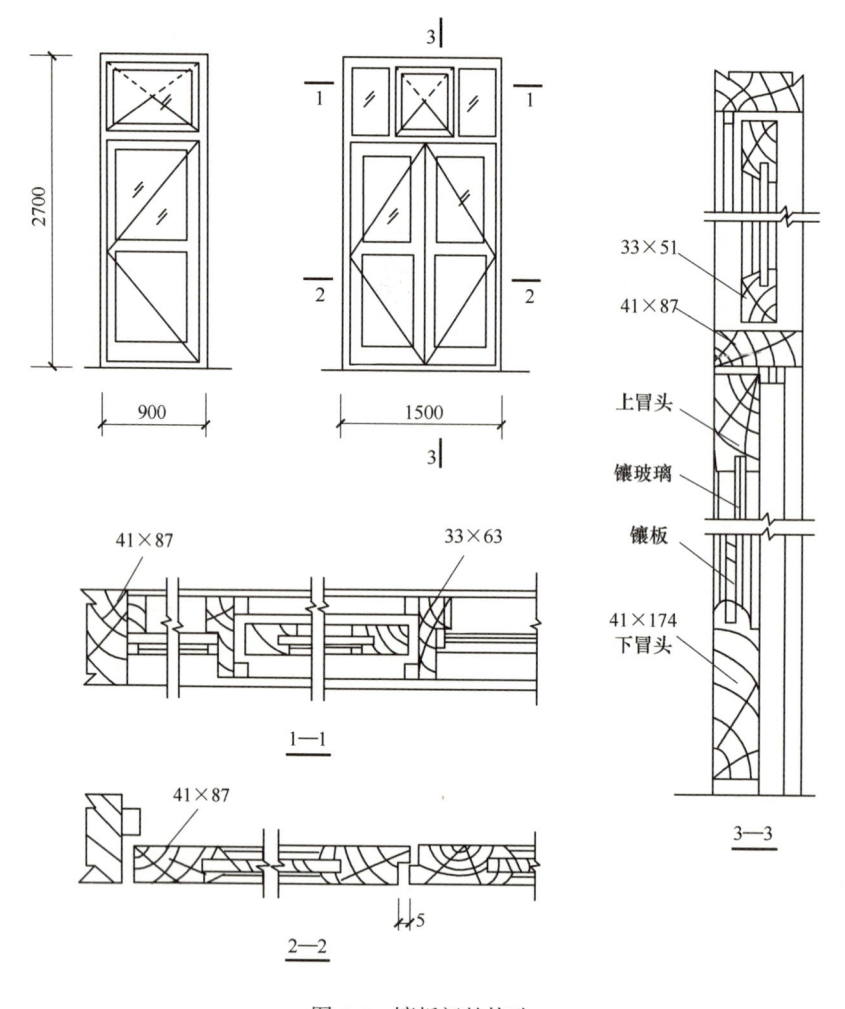

图 4-4 镶板门的构造

三、项目准备

（一）材料准备

1. 木质装饰门

木质装饰门的主材为多种规格的木方、天然板材、人造板材、木质收口线条。中低档镶板门常用杉木，高档镶板门可选用榉木、榆木、柏木等。其中，用于门窗装饰的板材主要有胶合板、微薄木等。

按照不同的分类方法，可以把常用木质装饰门分成不同的种类。根据门扇数量可分为单扇门和双扇门；根据是否带有纱扇，可分为无纱门和带纱门等。这里按照常用木质装饰门的构造特点进行分类说明。

根据常用木质装饰门的构造不同，可将其分为镶板门、拼板门、夹板门（胶合板门）、玻璃门、连窗门等，见表 4-1。

表 4-1　按照构造特点分类的常用木质门的定义、特点、形式及应用

名称	定义、结构特点	形 式	应 用	图 示
拼板门	门扇采用拼板结构的木质门。拼板门一般采用的是全木结构，具有强度高的特点	随门洞口尺寸大小不同，拼板门又分有亮、无亮，单扇、双扇等多种具体形式	由于其正反两面构造不同，因而有明显的里外之分。它一般作为建筑外门	
镶板门	采用镶装门芯板结构的木质门。镶板门一般也是全木结构，有时门芯板可以用硬质纤维板代替。镶板门的强度较好	根据门洞口尺寸的不同，镶板门也有有亮、无亮，单扇、双扇之分，而根据功能的需要还可装玻璃和百叶，作为外门时有时还可带有纱门	无突出内外分别，适用于一般建筑的内、外门	
夹板门	采用木框架贴上两张胶合板（或纤维板）结构的木质门。夹板门具有重量轻、制作方便等特点	同镶板门一样，夹板门有有亮、无亮，单扇、双扇之分，也可根据功能需要设计玻璃或纱扇	一般用作建筑内门，有时也可作为一些建筑外门	
玻璃门	门扇上镶装大玻璃的木质门。由于玻璃门上大面积镶装玻璃，具有采光好或视线好的特点	根据玻璃门镶装玻璃的形式和开启特点又可将玻璃门分为半截玻璃门、大玻璃门和弹簧玻璃门等类型。根据需要不同，玻璃门可采用平玻璃、花玻璃或磨砂玻璃	适用于各种建筑的内外门，但多数情况下作为一些建筑的外门	

(续)

名称	定义、结构特点	形 式	应 用	图 示
钢木门	采用钢木结构的门	钢木复合门造型、款式比较少，门的质感较差，但是门的稳定性好，不易变形	一般多用作厂房或仓库门，也有室内装饰钢木质门	
连窗门	门框同窗框连在一起的门。连窗门是一种构造形式较特殊的木质门。门框和窗框是连在一起的，中间无须墙体分隔，从一定意义上讲充分利用了墙体面积	有多种形式，有时窗户在门扇左边，有时窗户在门扇右边，有时门扇两边都有窗户。另外，连窗门也有单扇、双扇和有纱、无纱之分	可以作为建筑的内门或外门，可以充分满足采光需要，因而在实际中应用较多	

2. 配套五金件和配件

（1）常用五金件。门的常用五金件有合页、拉手、插销、门锁等，如图4-5、图4-6所示。这些五金配件的品种、规格、型号、颜色等均应符合设计要求，质量必须合格，门锁等五金零件应有出厂合格证。合页、拉手、插销、门锁在木质装饰门安装过程中一起安装。

图4-5 典型门合页

图4-6 典型门锁

（2）常用配件。木质装饰门的常用配件主要有闭门器和门吸，一般属于选择安装。

1）闭门器：在饭店、酒店、办公楼、商业场所中也大量安装木质装饰门。而这些场所为了方便控制门的自动关闭,一般在木质装饰门的门扇上安装有闭门器,如图4-7所示。

2)门吸:为了防止因为风吹造成门自动关闭,需要将门吸安装在门后面,在门打开以后,通过门吸的磁性稳定门扇不动。门吸可以立式安装和横式安装。底座通过自攻螺钉或膨胀螺栓安装固定。主体与底座用螺纹连接,磁铁角度可微调,保证最大吸力,如图4-8所示。

图4-7　闭门器及其应用　　　　　　　图4-8　典型门吸

(二)机具准备

施工机具包括手提式刨子(木工刨、电动刨)、电动旋具、手提圆盘锯、锯子、锤子、激光测距仪、扁铲、水平尺、线坠、墨盒等。这里主要介绍安装木质门时使用的机具,见表4-2。

表4-2　安装木质装饰门时常用的机具

名称	用　　途	使用基本方法	图　　示
激光测距仪	主要用于门框位置的测量、门洞高度的测量等	1)将测距仪靠墙放置,或放在底板上,或者拿在手上 2)按下距离按钮打开激光器 3)将激光瞄准目标,再次按下距离按钮,然后直接从屏幕上读取测得的读数 4)在测量面积时,按下面积按钮,然后进行长度和宽度测量,测距仪将自动计算面积 5)在测量容积时,按下容积按钮,然后测量长度、宽度和高度	
木工刨	分长刨、短刨,用于刨削木材平面	入刨时压住刨子的前半部分,出刨时压住刨子的后半部分。推刨的速度是,刨硬杂木速度慢一些,刨软性木材速度可快一些,快慢以木材刨面平整、不起波浪状的刨刀刨痕为准	
木工锯	手工锯削木料的工具,由金属锯片和塑胶把手组成	1)锯削前,应将木条或者木板垫平,与地面留出合适的距离,便于锯削 2)锯削时,可以用脚固定木料,以一手压扶住锯削一侧的木料,另一只手握住手工锯,让锯齿与切入面成30°～45°角,缓慢推拉锯子,待木料表面被嵌入,再加快锯削的速度和加大力量。锯削时,要控制住手腕,避免晃动过大,保持锯齿方向与木料表面垂直 3)锯削后,应用刷子清理锯齿,注意避免用手清理而造成划伤	

(续)

名称	用途	使用基本方法	图示
手提式电动圆盘锯	用于门框、门扇的裁切	1）锯片必须平整，锯齿尖锐，不得连续出现两个缺齿，裂纹长度不得超过20mm 2）被锯木料厚度，以锯片能露出木料10~20mm为限 3）起动后，必须等待转速正常后方可进行锯料 4）关机时，不得将木料左右摇晃或高抬，遇木料节疤要慢慢送料 5）若锯线走偏，逐渐纠正，不得猛扳 6）操作人员不应站在锯片同一直线，手臂不得跨越锯片工作 7）锯料完毕，立即关机。必须等候锯片停止转动后，方可放置归位	
手提电动刨	用于门框、门扇和单体构件表面的刨削、倒棱和裁口，也常用于刨削粗大的工作物	根据选用材料的不同和材料厚度选用适当的刀头，并调整刀头转速，持平电动刨在工件上来回运动	
电动旋具	用于门框与门扇的安装，各种五金连接件的连接、紧固	根据不同的螺钉型号选用不同规格的刀头，进行门框与门扇的安装	

（三）施工作业条件准备

（1）主体结构经有关部门验收合格。工种之间已办好交接手续。

（2）不同轻质墙体预埋设的木砖及预埋件等，应符合设计要求。室内抹灰已经完成，水泥地面达到设计强度。

（3）安装门扇前，预先量出门框口的净尺寸，即门洞口的高度、宽度构造尺寸，如图4-9所示。检查门框口尺寸是否正确，边角是否方正，有无窜角；检查门框口高度时，应测量门的两侧；检查门框口宽度时，应测量门框口的上、中、下三点并在门扇的相应部位定点划线。考虑封缝的大小，再进一步确定门扇的宽度和高度。

（4）门框靠地的一面应刷防腐涂料，其他各面及门扇均应涂刷清油一道。刷油后分类码放平整，底层应垫平、垫高。每层框与框、扇与扇间垫木板条通风。如果露天堆放时，需用苫布盖好，避免日晒雨淋。

图4-9 钢卷尺测量门洞

（5）在正式施工前，把门扇根据图样要求安装到门框上，此道工序称为掩扇。安装后应检查缝隙大小、五金位置、尺寸及牢固程度等，符合安装要求即作为样板，以此为验收标准和依据。

四、项目实施

（一）施工工艺流程

门框定位 →安装门框→安装门扇→安装五金件。

（二）施工操作要点

1. 门框定位

门框定位又称"找规矩弹线"，即用线坠检查门洞口两侧边垂直并弹出墨线，对凸出框线部分进行剔凿处理。

2. 固定、安装

门框与墙体的固定是装饰门安装与施工操作的重要工序环节。本项目安装的木质装饰门的门框安装位置为内平安装，门框是与砌块墙体连接。

（1）固定连接件：如果隔墙是加气混凝土砌块墙体，根据门的高度合理布置门框并固定薄钢板，要求门框每侧边不少于 3 个固定点，固定薄钢板用 4～6 个自攻螺钉与门框连接，然后再将薄钢板用钉子固定在结构墙体上，并用抹灰覆盖，如图 4-10 所示。

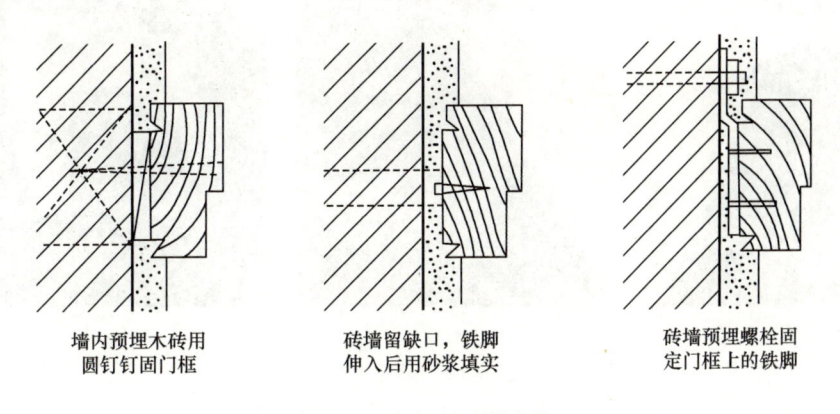

墙内预埋木砖用圆钉钉固门框　　砖墙留缺口，铁脚伸入后用砂浆填实　　砖墙预埋螺栓固定门框上的铁脚

图 4-10　门框与砖墙连接

如果隔墙为混凝土条板时，应按间距 45mm 预留孔，孔深 7～10cm，并在孔内预埋木楔并将 108 胶水泥浆加入孔中（木楔直径应大于孔径 1mm，以使其打入牢固），待其凝固后再安装门框，如图 4-11 所示。

（2）安装门框与墙体连接件：安装门框应在地面工程施工前完成。门框安装操作如图 4-12 所示。首先要把门框组合在一起，其次将其立于门洞，保持内外平，然后用水平尺测量，调整门框的尺寸和间隙。用木楔临时固定住门框的位置，接着，还要试装门扇，以查看门框与门扇的配合程度。为了保证门框安装牢固，应用钉子将门框与薄钢板连接牢固，一般每边不少于两点固定，间距不大于 1.2m。

（3）填充门框与墙体缝隙：门框固定后，用水泥砂浆填充门框与墙体间的缝隙。待水泥砂浆固定后，完成门框边墙面的抹灰和涂漆。

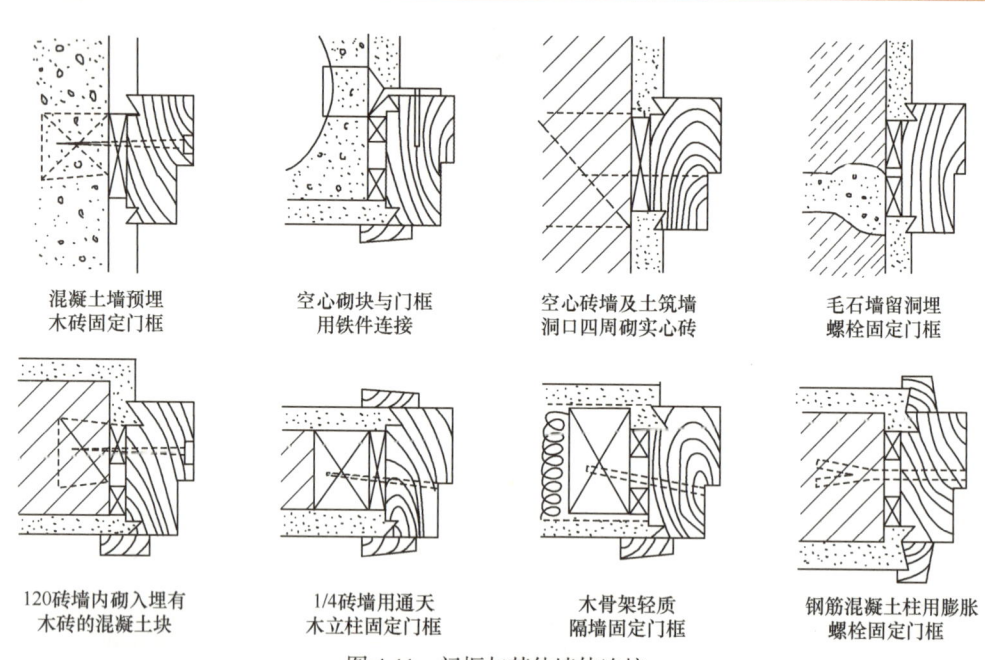

混凝土墙预埋　　空心砌块与门框　　空心砖墙及土筑墙　　毛石墙留洞埋
木砖固定门框　　用铁件连接　　洞口四周砌实心砖　　螺栓固定门框

120砖墙内砌入埋有　　1/4砖墙用通天　　木骨架轻质　　钢筋混凝土柱用膨胀
木砖的混凝土块　　木立柱固定门框　　隔墙固定门框　　螺栓固定门框

图 4-11　门框与其他墙体连接

a)　　　　　　　　　　b)　　　　　　　　　　c)

图 4-12　安装门框
a) 组合门框　b) 安装防振条　c) 安装门框、调整尺寸（高度、宽度）

3. 木质门扇的安装操作

先确定门的开启方向及小五金型号（合页、门锁、把手）和安装位置。

（1）剔合页槽：将门扇用木楔楔住，临时立于门框中，排好缝隙后画出合页位置。合页位置距上、下边的距离宜是门扇高度的1/10，这个位置对合页受力比较有利，又可避开榫头。本项目门扇高度为2100mm，因此上下合页分别距离门扇上下边各约210～220mm。

把门扇取下来，剔出合页槽，如图4-13所示。合页槽应外浅里深，其深度应当是半个合页合上后与框、扇平正为准。

（2）安装合页：合页与轴三段相连的一侧应与框

图 4-13　剔合页槽

固定，与轴两段相连的一侧应与门扇固定，如图4-14所示。安装时，应保证同一扇上的合页的轴在同一铅垂线上，以免门扇弹翘。应该在合页上各先拧一个螺钉把门扇挂上，检查缝隙是否合适，门扇与框是否平整、能否关住，确认无问题后，方可将螺钉全部上齐拧紧。图4-15所示为安装合页的操作。

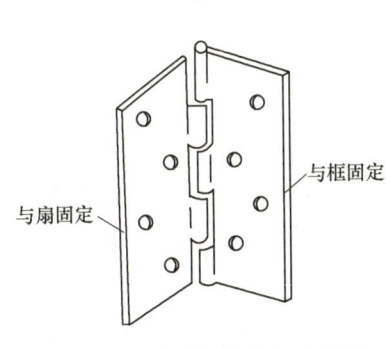

图4-14 合页安装方向示意图

图4-15 安装门扇的合页

（3）门扇安装：门扇安装好后要试开，以开到哪里就能停到哪里为好，不能有自开或自关的现象。如果发现门扇在高、宽上有短缺的情况，则在高度方向上应将补钉的板条钉在下冒头下面，在宽度方向上应在装合页一边的门梃上补钉板条。

4. 五金配件的安装

（1）五金件安装应按设计图样要求，不得遗漏。安装时，应注意门拉手和门锁的位置，一般门窗拉手应位于门窗高度中点以下，窗拉手距地面1.5～1.6m，门拉手距地面0.9～1.05m，门锁一般高出地面0.9～0.95m，插销应在拉手下面。不宜在中冒头与立梃的结合处安装门锁。

（2）门扇开启后易碰墙，为固定门扇位置应安装门吸，如图4-16所示。对有特殊要求（如自动闭合要求）的门应安装门扇闭门器。

（三）常见的质量问题及原因

（1）门框安装后四周的缝隙过大或过小。其原因：门洞口预留尺寸不准；拉线找规矩时，偏位较多。一般情况下，安装门框上皮应低于过梁10～15mm。

图4-16 门吸的安装

（2）门框安装不牢。其原因：预埋的木砖数量少或木砖不牢；砌半砖墙没设置带木砖的预制混凝土块，而是直接使用木砖，干燥收缩松动。预制混凝土隔板，应在预制时埋设木砖使之牢固，以保证门框的安装牢固。木砖的设置一定要满足数量和间距的要求。

（3）贴面的门框安装后与抹灰面不平。其原因：立口时没掌握好抹灰层的厚度。

（4）门不顺直，安装不符合弹线，洞口预留偏位。其原因：安装前没按要求弹线找规矩，没吊好垂直立线，安装时没按50cm拉线找规矩。为解决此问题，要求施工人员必须按工艺要求,在施工安装前先弹线找规矩,做好准备工作后,先安装样板门,经鉴定符合要求后,再全面安装。

(5)合页不平,螺钉松动,螺母斜露,缺少螺钉,合页槽深浅不一。其原因:安装时,螺钉钉入太长或倾斜拧入。安装时,螺钉应钉入1/3拧入2/3,拧时不能倾斜。安装时如果遇到木节,应在木节处钻眼,重新塞入木塞后再拧螺钉。同时,应注意不要遗漏螺钉,工作中只有做到精益求精才能减少出错。

(四)木质装饰门的成品保护

(1)修刨手工制作的木质装饰门时,应用木卡具将门垫起卡牢,以免损坏门边。

(2)安装门扇时,应轻拿轻放防止损坏成品。整修门扇时不得硬撬,以免损坏扇料和五金件。

(3)安装门扇时,注意防止碰撞抹灰角和其他装饰好的成品。

(4)木质门框安装后,在容易被撞击的高度范围内应用薄钢板或木方保护。已安装好的门扇应设专人管理,门下用木楔楔紧,门扇设专人开关,防止刮风时损坏。

(5)严禁将木质门框、门扇作为架子的支点使用,防止脚手板砸碰损坏木质门框、门扇。

(6)如果不能及时在已安装好的门扇上安装五金件,应派专人负责管理,防止刮风时损坏门扇及玻璃。

(7)五金件安装应符合图样要求,统一位置,严防丢漏。安装后,应注意成品的保护,喷浆时应对五金件遮盖保护,以防污染。

五、项目验收

木质装饰门(窗)安装的质量检验标准及验收方法表4-3。

表4-3 木质装饰门(窗)安装的质量检验标准及验收方法

项次	项目	构件名称	允许偏差/mm 普通	允许偏差/mm 高级	验收方法
1	翘曲	框	3	2	将框、扇平放在检查平台上,用塞尺检查
		扇	2	2	
2	对角线长度差	框、扇	3	2	用钢尺检查,框量裁口里角,扇量外角
3	表面平整度	扇	2	2	用1m靠尺和塞尺检查
4	高度、宽度	框	0;-2	0;-1	用钢尺检查,框量裁口里角,扇量外角
		扇	+2;0	+1;0	
5	裁口、线条结合处高低差	框、扇	1	0.5	用钢直尺和塞尺检查
6	相邻棂子两端间距	扇	2	1	用钢直尺检查

六、项目拓展——木质装饰窗的安装

木质装饰窗的构造、材料、五金配件及工艺流程均与木质装饰门相似。

1. 工艺流程

弹线找规矩→找出窗框安装位置→掩扇及安装样板→窗框、扇安装。

2. 操作要点

(1)弹线找规矩。结构工程经过检验合格后,即可从顶层开始用大线坠吊垂直,检查窗口位置的准确度，并在墙上弹出墨线。窗洞口结构凸出窗框线时进行剔凿处理。

（2）窗框安装的高度应根据室内 +50cm 水平线核对检查，使各窗框安装在同一标高上。一般情况，安装窗框上皮应低于窗过梁 10～15mm，窗框下皮应比窗台上皮高 5mm。

（3）轻质隔墙应预设带木砖的混凝土块，以保证窗框安装的牢固性。

（4）掩扇及安装样板。把窗扇根据图样要求安装到窗框上，此道工序称为掩扇。对掩扇的质量按检验标准检查缝隙大小、五金件位置、尺寸及牢固程度等，符合标准要求作为样板，以此作为验收标准和依据。

（5）弹线安装窗框、窗扇应考虑抹灰层的厚度，并根据窗户尺寸、标高、位置及开启方向，在墙上画出安装位置线。有贴面的窗框立口时，应与抹灰面平；有预制水磨石板的窗，应注意窗台板的出墙尺寸，以确定立框位置。中立的外窗，如外墙为清水砖墙勾缝时，可稍移动，以盖上砖墙立缝为宜。

（6）窗框的安装标高，以墙上弹 +50cm 水平线为准，用木楔将窗框临时固定于窗洞内，为保证与相隔窗框的平直，应在窗框下边拉线找直，并用水平尺将 +50cm 水平线引入窗洞内作为立框时标准，再用线坠校正吊直。黄花松窗框安装前先对准木砖钻眼，便于钉钉。

（7）窗扇安装工艺与具体操作与木装饰门门扇安装相同。

（8）在窗扇安装好之后，根据设计要求安装风钩、拉手、锁等五金件，并将玻璃安装固定。

项目二　木质门窗套施工

本项目知识点

1. 木质门窗套的分类及用途。
2. 木质门窗套的构造与材料。
3. 木质门窗套的施工工艺与施工要点。

本项目技能点

1. 根据木质门窗套的构造图，完成木质门窗套安装。
2. 木质门窗套安装施工准备、操作方法、要注意的质量问题。
3. 能够正确实施木质门窗套的成品保护。

一、项目概况

随着建筑装饰要求的提高，在安装木质装饰门时，越来越多地采用木质门套来美化建筑空间。现代装饰工程中，常将门框及门洞连接部分的墙壁用木工板包裹起来，然后再贴贴面板，并上漆，做成门套。门套是在门框基础上进一步施工，具备保护门边角和装饰美观的作用。本项目要完成如图 4-17 所示的木质门套的制作、安装。

图 4-17　木质门套效果

二、项目分析

（一）门套构造

由于门套的结构是把门框和门洞墙体都包起来，因此门套的构造比门框复杂，而且施工也有差异。门套由木龙骨、木工板及贴面板等组成。成品门套一般由木门框、门挡条、门套线等组成。图 4-18 所示为门套与墙体连接的剖面图。门套的宽度、高度依据门洞的宽度、高度而定，门套的宽窄是根据门洞的墙体厚度而定，而不取决于门扇大小和型号。不同规格的门套可以配同规格的任何款式的门。

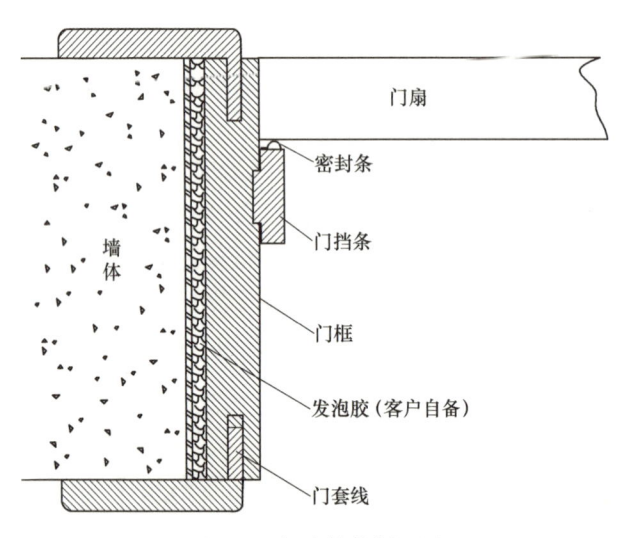

图 4-18 门套结构剖面图

（二）门套分类

室内门套的材料一般均为木材，如图 4-19 所示。木质门套属于细木制品，主要用于楼层内的分户门或大空间内通道门的洞口侧壁（含顶部）包覆及其外口边框装饰处理。门套的材料还有石材、铝合金、塑钢等，如图 4-20、图 4-21 所示。

图 4-19 木质门套　　图 4-20 电梯及石材门套　　图 4-21 铝合金门及门套

室内门套除了单体的门套外，还有连窗门的门套，如图 4-22 所示的室内与阳台连接处

的门窗一体的连窗门套。室外门套还有用混凝土预制装饰构件及其花饰进行造型和镶贴的装饰门套，如图 4-23 所示。

图 4-22　阳台连窗门的门套

图 4-23　装饰门套

三、项目准备

（一）材料准备

1. 木方

木质门套制作所使用的木方（图 4-24）应采用干燥的木材，含水率不应大于 12%，但含水率也不宜太小，否则吸水后就会变形。同时要求腐朽、虫蛀的木材坚决不能使用。

2. 细木工板

细木工板的质量要求：表面应平整，无翘曲、变形，无起泡、凹陷；芯条排列均匀整齐，缝隙小，芯条无腐朽、断裂、虫孔、节疤等；外观要平整无缺陷，标识要齐全；板的一面要完整，另一面只允许有一道拼缝；竖立放置，边角应平直，对角线误差不应超过 6mm；在亮光下观察，木板不透白；表面手感干燥，平整光滑，在手中有厚重感；抖动板时的声音无咯吱声，说明胶合强度好；用尖嘴器具敲击其表面，各处声音无较大差异，说明内部不存在空洞；板的味道，只有干燥后的木板味，无其他异味，达到环保要求。细木工板如图 4-25 所示。

图 4-24　木质门套的主材料

图 4-25　细木工板

3. 饰面板

常见的饰面板分为天然木质单板饰面板和人造薄木饰面板。人造薄木饰面板与天然木质单板饰面板的外观区别在于，前者的纹理基本为通直纹理或图案有规则，而后者为天然木质花纹，纹理图案自然，变异性比较大、无规则。木质门套的饰面板常采用五层胶合板，采用镶钉方法。胶合板应选择既不潮湿又无脱胶、开裂、空鼓的板材。要求选择木纹美观、色泽一致、无疤痕、不潮湿、无脱胶、无空鼓的板材。一般情况下，板材应该提前运到现场，放置10天以上，以便尽量与现场湿度相吻合。

4. 辅料

（1）涂料：光油、清油、脂胶清漆、铅油、调和漆、漆片等。

（2）填充料：石膏、大白粉等。

（3）稀释剂：汽油、煤油、醇酸稀料、松香水、酒精等。

（4）催干剂：液体催干剂等。

（二）施工机具准备

在装饰门窗套制作的过程中主要施工机具见表4-4。

表4-4 门窗套制作过程中的主要施工机具

名称	用途	使用方法	图片
手电钻	用于建筑装饰装修中固定龙骨、面板等。规格有6mm、10mm、13mm等	1）电源线不得有破皮漏电。必须安装漏电保护器。使用时应戴绝缘手套 2）操作时，应先起动后接触工件。钻头垂直顶住工件要垫平垫实，钻斜孔要防止滑钻 3）钻孔时要避开混凝土钢筋	
冲击电钻	用于砖、砌块及轻质墙等材料上钻孔。适用于25mm左右小口径以及钻进深度短等条件，如安装膨胀螺栓等。对周边构筑物的破坏作用甚小	4）操作时应用杠杆加压，不允许施工人员将身体直接压在上面 5）使用直径25mm以上的冲击电钻时，作业场地周围应设护栏，在地面4m以上操作应有固定平台	
射钉枪	常用于装饰装修固定施工构件等	1）枪管内应保持清洁，不允许有杂质，各部件不允许有松动现象，如发现磨损、烧毁或损坏等，应立即更换后再使用 2）操作时才允许将钉装入枪内，严禁将装好钉的枪口对准人 3）射击的基体必须稳固、坚实，并具有抵抗射击冲击力的刚度。在薄墙、轻质墙体上射钉时，对面不准站人，以防射穿墙后伤人 4）发现枪操作不灵活时，必须及时取出钉，排除故障，切不可轻易解除保险 5）每天用完后，必须将枪用煤油浸泡，然后擦拭上油存放，以防止锈蚀。射击超过100发后应清洗	

（三）施工前准备工作

（1）木方、细木工板、饰面板，要进行干燥、防火、防腐等前期处理，达到质量要求，具备出厂合格说明。

（2）细木工板和饰面板可以通过"看外观、摸表面、听声音、闻气味"的方法检查其质量是否过关。

（3）存放木方和木板应该在地面垫放纸板，做好防潮措施，如图4-26所示。各种木方、夹板贴面板分类堆放整齐，保持施工现场整洁。

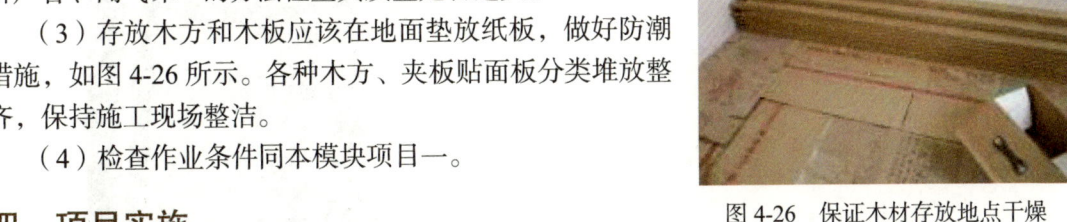

（4）检查作业条件同本模块项目一。

图4-26　保证木材存放地点干燥

四、项目实施

（一）施工工艺流程

基层处理→制作木龙骨→安装木龙骨→装钉细木工板→弥补接缝→安装饰面板→安装阴阳角线→切割门套底部→门套油漆工程。

（二）施工操作要点

1. 基层处理

基层处理工程包括弹线分格、墙与门套方、表面平整度处理和基层防潮处理等多项工作。其中基层防潮处理采用涂刷一遍沥青漆的方法，而表面平整度处理则统一采用调整龙骨断面尺寸的方法。当所有基层做好后，要进行防火处理，采用防火涂料涂刷两遍。

2. 制作木龙骨

（1）根据门洞口实际尺寸，先用木方制成木龙骨架。一般木龙骨架分三片，两侧各一片，每片两根立杆。横撑间距根据门套厚度决定。当面板厚度为10mm时，横撑间距不大于400mm；当面板厚度为5mm时，横撑间距不大于300mm。横撑间距必须与预埋件间距位置相对应。成型的木龙骨如图4-27所示。

（2）木龙骨架直接用圆钉钉成，并将朝外的一面刨光，表面平整。其他三面涂刷防火剂与防腐剂。

图4-27　成型的木龙骨

3. 安装木龙骨

首先在墙面做防潮层，可干铺油毡一层，也可涂沥青，以防潮气侵入。然后安装上端龙骨，找出水平；若发现不平时，则用木楔垫实打牢。进而再安装两侧龙骨架，找出垂直并垫实打牢。木龙骨节点如图4-28所示。安装完成的木龙骨如图4-29所示。

4. 装钉细木工板

（1）裁板时，饰面板的尺寸要略大于木龙骨架实际尺寸，而且要保证大面净光、小面刮直、木纹根部朝下。

（2）细木工板的板面与木龙骨间要涂胶。在装钉前，要用线缀吊线测量垂直度，如图4-30

所示。如果倾斜大，要调整木板和木龙骨间的缝隙。固定木板时，所用钉子的长度为细木工板厚度的3倍，间距一般为100mm，钉帽砸扁后要冲进木材面层1~2mm。

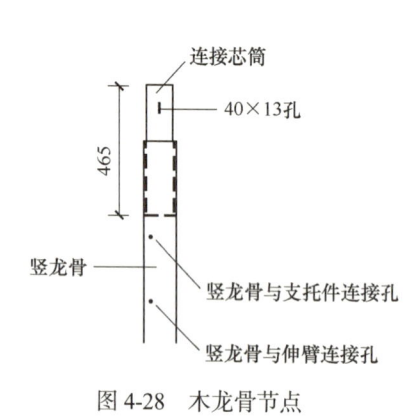

图 4-28　木龙骨节点 　　　　　图 4-29　安装完成的木龙骨

（3）用射钉枪、蚊钉在木龙骨上装钉细木工板，间距要均匀，如图4-31所示。

（4）木质门套里侧要装进门框预先制作好的凹槽里，而外侧要与墙面齐平，割角要严密方正。

5. 弥补接缝

细木工板装钉好后，用泥灰弥补门套龙骨与墙壁间的缝隙，使其密合，并将墙面抹平，同时清理干净面板上的灰，如图4-32所示。

图 4-30　吊线测量垂直度 　　　图 4-31　装钉细木工板 　　　图 4-32　弥补门套与墙壁间缝隙

6. 安装饰面板

（1）应挑选木纹和颜色相近的饰面板并尽量放在同一房间、同一门洞口使用。

（2）长度方向需要对接时，饰面板木纹应通顺，其接头位置应避开视线范围。一般情况下，门套拼缝应该位于距离地面高度1.2m以下。

（3）饰面板使用胶进行基础粘贴，使用螺钉固定。

（4）饰面板下部宜设饰面墩，饰面墩要稍厚于踢脚板。不设饰面墩时，饰面板的厚度不能小于踢脚板的厚度，以免踢脚板比门套饰面板突出而影响美观。饰面板安装效果如图4-33所示。

7. 安装阴阳角线

阴阳角线均采用实木线条，材质、颜色、花纹应与饰面板一致。采用45°阴阳角碰角，应该用射钉枪直接钉装。阳角对接安装效果如图4-34所示。

8. 切割门套底部

根据后续工程的需要，用电锯切割门套，预留出地面铺设的高度，如图4-35所示。切口要整齐平直。

图4-33 饰面板的安装效果

图4-34 阳角对接效果

图4-35 切割门套底部

9. 门套油漆工程（图4-36）

（1）处理基层：用刮刀或碎玻璃片将表面的灰尘、胶迹、锈斑刮擦干净，注意不要刮出毛刺。

（2）打磨基层：用砂纸打磨基层，使其基层表面光滑。打磨时，应顺木纹打磨，先磨线后磨四口平面。

（3）润油粉：用棉丝蘸油粉在木材表面反复擦涂，将油粉擦进棕眼，然后用麻布或木丝擦净，线角上的余粉用竹片剔除。待油粉干透后，用1号砂纸顺木纹轻轻打磨，直至打到光滑为止，以利于保护棱角。

（4）满批油腻子：颜色要浅于样板一到两成，腻子油性大小适宜。用开刀将腻子刮入钉孔、裂纹等孔缝内，刮腻子时要横抹竖起，腻子要刮光，不能留散腻子。待腻子干透后，用1号砂纸轻轻顺纹打磨，直至磨至光滑，再用潮布擦去粉尘。

图4-36 油漆门套

（5）刷油色：涂刷动作要快捷，顺木纹涂刷，收刷、理油时都要轻快，不可留下接头刷痕，每个刷面要一次刷好，不可留有接头，涂刷后要求颜色一致、不盖木纹。涂刷程序与刷铅油相同。

（6）刷第一道清漆：刷法与刷油色相同，但应略加些汽油以便消光和快干，并应使用已磨出口的旧刷子。待漆干透后，用1号旧砂纸彻底打磨一遍，先将头遍漆面基本打磨掉，再用潮布擦干净。

（7）复补腻子：使用牛角腻板复补，带色腻子要收刮干净、平滑、无腻子疤痕，不可损伤漆膜。

（8）修色：将表面的黑斑、节疤、腻子疤及材色不一致处拼成一色，并绘出木纹。

（9）打磨第一道油漆面：使用细砂纸轻轻往返打磨，再用潮布擦净粉末。

（10）刷第二、第三道漆：周围环境要整洁，操作同刷第一道清漆，但动作要敏捷，要求涂刷饱满、不流不坠、光亮均匀。涂刷后一道油漆前应先打磨消光。

（三）成品保护

（1）将门扇用梃钩勾住，防止门扇与门框油漆粘结，破坏漆膜。同时地面应清扫干净，以防尘土飞扬，影响油漆质量。

（2）有其他工种作业时，要适当加以掩盖，防止对饰面板造成污染或碰撞。

（3）不能将水、油污等液体溅湿饰面板表面。

注：上述成品质量检验、成品保护同样适用于木质窗套。

五、项目验收

（一）允许偏差

门套安装的允许偏差和检验方法应符合表4-5的规定。

表4-5　门套安装的允许偏差和检验方法

项　　目	允许偏差/mm	检验方法
正、侧面垂直度	3	用2m垂直检测尺检查
门（窗）套上口水平度	1	用1m水平检测尺和塞尺检查
门（窗）套上口直线度	3	拉5m线，不足5m拉通线，用钢直尺检查

（二）检验方法

（1）验收主体结构是否符合要求。采用木质门套的洞口应比门框宽40mm，门洞口比门框高出25mm。

（2）检查门洞口垂直度和水平度是否符合设计要求。

（3）检查预埋木砖或预埋连接件是否齐全、位置是否正确（中距一般为500mm）。如发现问题必须及时修理或校正。

（4）安装细木工板前，检查龙骨架是否牢固、方正、偏角，有误差时应及时修正（木质窗套板与窗台板结合处要严密）。

（三）环保质量标准

木质装饰门套在施工过程中，木材和油漆等主要材料必须符合下列标准要求：

（1）《普通胶合板》（GB/T 9846—2015）。

（2）《民用建筑工程室内环境污染控制标准》（GB 50325—2020）。

（3）《木器涂料中有害物质限量》（GB 18581—2020）。

六、项目拓展——新型铝合金组合门套的构造及制作

随着建筑装饰构件生产技术的提高，近几年开始流行安装由厂家提供的组合门套。在施工中只需要按照施工要求把组合门套成品组装，并固定安装在门洞处即可。组合门套属于流水线产品，稳定性、精度比手工门套高。这里主要介绍一下新型铝合金组合门套的构造，如图 4-37 所示。

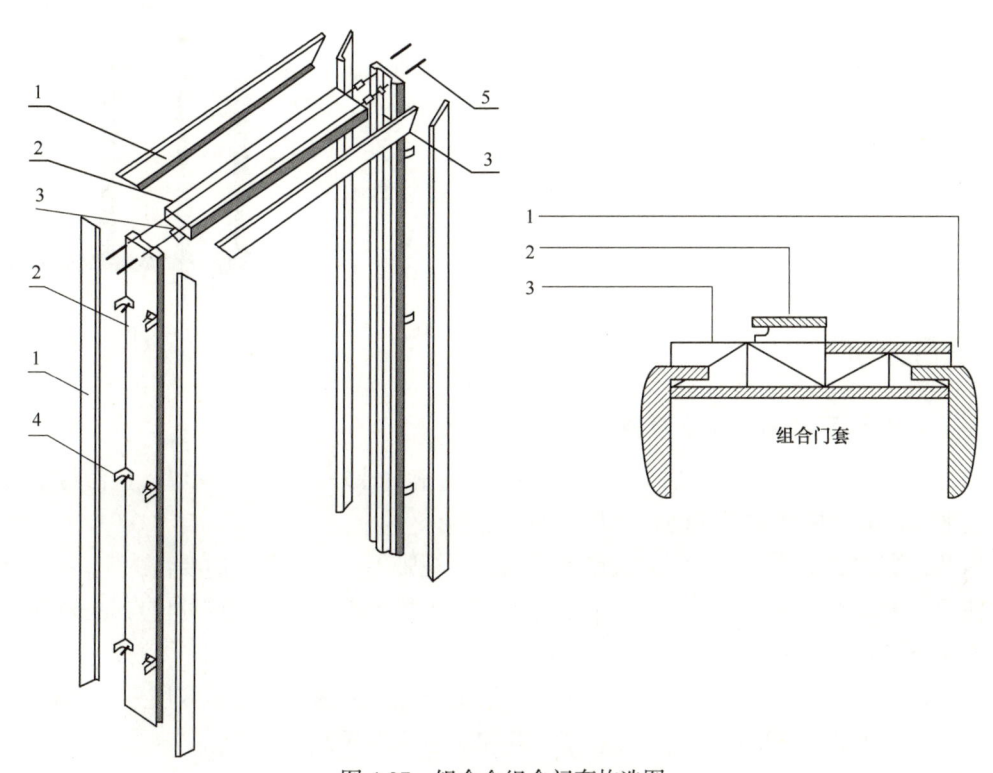

图 4-37 铝合金组合门套构造图
1—门套线 2—组合门套大板 3—门挡条 4—木螺钉 M4×15，用于固定薄钢板 5—木螺钉 M4×15

由门框板、连接板和包墙板插接组合而成，在门框板上设置有挡门板，连接板为多块，每块连接板之间插接连接，位于两侧的连接板分别与包墙板和门框板连接。新型铝合金组合门套结构简单，而且能够满足不同厚度墙体的需要，组装使用方便，采用铝合金材料，更加美观和耐用。

项目三 铝合金平开窗施工

本项目知识点

1. 铝合金平开窗的构造与材料。
2. 铝合金平开窗的施工工艺与施工要点。

本项目技能点

1. 根据铝合金平开窗的构造要求，完成铝合金平开窗安装。
2. 铝合金平开窗安装的施工准备、操作方法、要注意的质量问题。
3. 能够正确实施铝合金平开窗的成品保护。

一、项目概况

由于铝合金平开窗材质的特点，避免了传统木质平开窗易变形、不耐用等缺点，具备了更加轻巧、坚固、性能高、容易成型、美观等特点。因此，在装饰工程中得到了广泛的应用。本项目要安装如图 4-38 所示的内开式铝合金平开窗，包括上部的固定窗和下部的内开式平开窗。窗户使用 50 系列铝合金型材。

图 4-38 内开式铝合金平开窗

二、项目分析

（一）铝合金平开窗的类型及特点

铝合金平开窗的优点是开启面积大，通风好，密封性好，隔声、保温、抗渗性能优良。铝合金平开窗分为内开式平开窗和外开式平开窗。

内开式窗的优点是擦窗方便，缺点是窗幅小，视野不开阔，开启时要占去室内的部分空间，使用纱窗也不方便，如果密封质量不过关，还可能渗雨。外开式窗的优点是开启时不占空间，缺点是开启要占用墙外空间，刮大风时易受损。

寒冷地区或有特殊要求的房间，还采用双层铝合金平开窗。铝合金双层平开窗有不同的开启方式，常用的有内层窗内开、外层窗外开和双层均外开方式。

（二）铝合金平开窗的构造

目前，使用较广泛的铝合金平开窗型材有 38 系列、50 系列铝合金型材。

铝合金平开窗型材的直角对接槽榫如图 4-39 所示；铝合金窗四角连接如图 4-40 所示；铝合金平开（门）窗安装节点如图 4-41 所示；普通铝合金平开窗组合节点如图 4-42 所示。

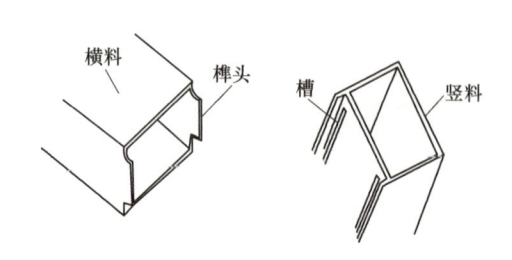

图 4-39 直角对接槽榫示意图

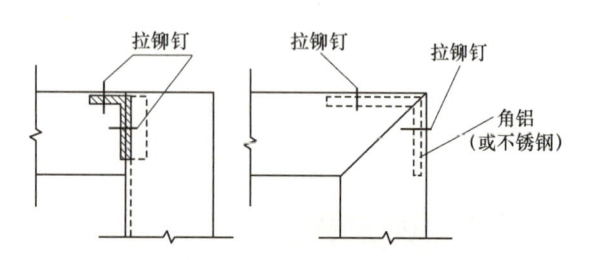

图 4-40 铝合金窗四角连接示意图

模块四 门窗构造与施工 173

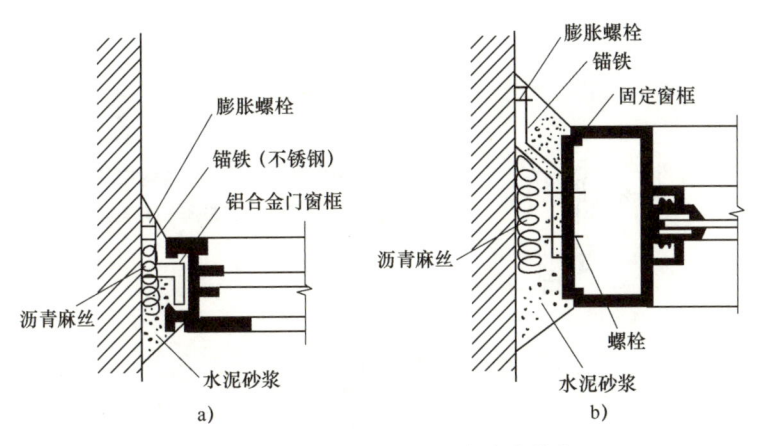

图 4-41 铝合金平开（门）窗安装节点
a) 门窗框安装 b) 固定扇框安装

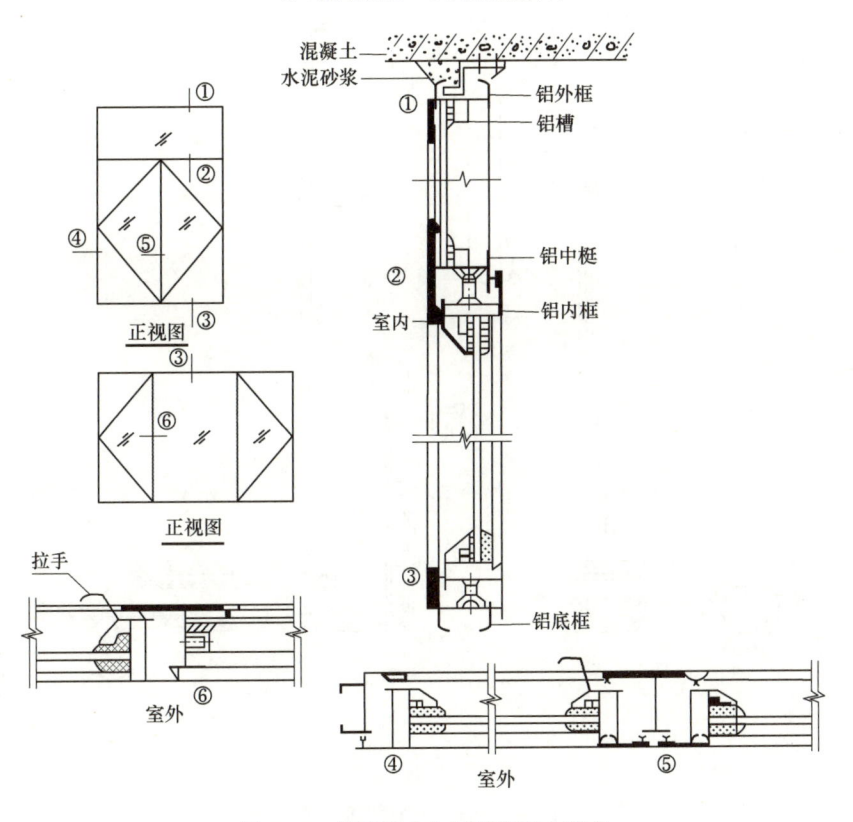

图 4-42 普通铝合金平开窗组合节点

三、项目准备

（一）主要五金件及配件

1. 主要五金件

铝合金平开窗的主要五金件包括执手、合页、连接杆、锁、销、固定块等，如图 4-43 所示。

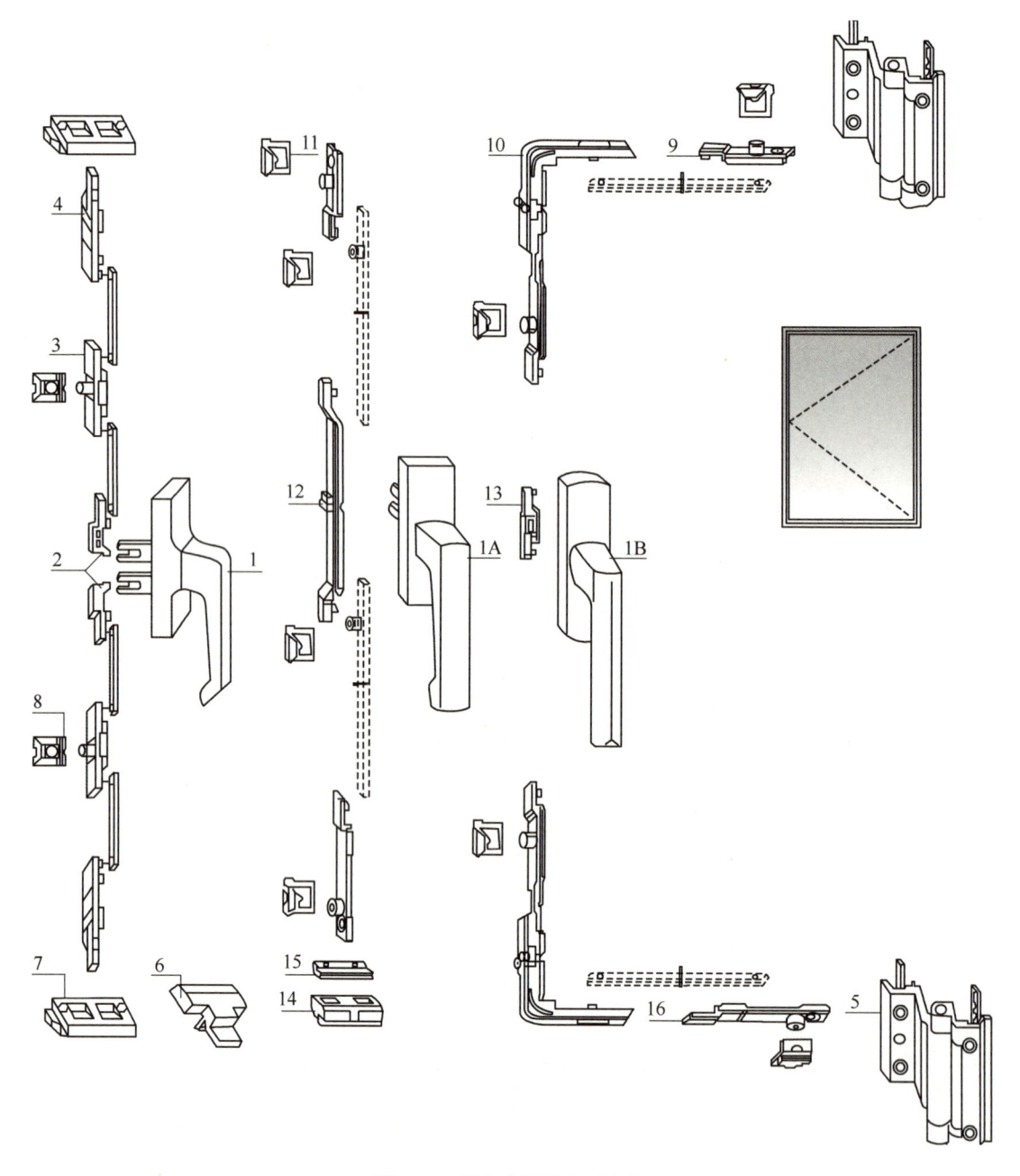

图 4-43 铝合金平开窗五金件

1—旋压执手（固定/开启）、执手 A、执手 B　2—连杆接头　3—锁头滑块部件
4—插头　5—平开合页　6—助升块　7—固定块　8—锁块　9—上销钉块
10—转向角　11—销块　12—传动杆　13—连接块　14—旋转承座　15—底垫　16—下销钉块

2. 配件、附件

铝合金平开窗的主要配件包括橡胶密封条、玻璃嵌条、毛条、挡风块；主要附件包括射钉、膨胀螺栓、泡沫填缝剂、硅胶等，见表 4-6。

表 4-6 铝合金平开窗的主要配件、附件

配件名称	图示	用途	附件名称	图示	用途
橡胶密封条		用于密封窗框与窗扇之间的缝隙	射钉		由射钉枪射入建筑体，用于固定门窗框
自粘毛条		主要用于窗框和窗扇之间的密封，增强窗框与窗扇之间的密封	膨胀螺栓		用于门窗框的连接
玻璃嵌条		用于玻璃和窗扇及窗框之间的密封	聚氨酯泡沫填缝剂		用于密封、固定门窗框
硅胶		用于密封门窗框与墙体缝隙			

注：表中配件和附件同样适用于其他类型的金属门窗。

（二）施工机具准备

铝合金平开窗施工中除了前面所述的机具外，还需要使用其他常用机具，见表 4-7。

表 4-7 铝合金平开窗施工常用机具

名称	用途	安全操作规程	图片
电锤	除了与电钻相同的旋转、前后运动的功能外，还具备与冲击钻相同的活塞运动功能，可以在混凝土构筑物上打孔。电锤适合钻 30mm 以上直径的大孔，而且钻进深度大	双手握住前后手柄，选择合适的钻头对准锤击的位置，按动开关起动电锤。操作过程中要控制住电锤的振动，避免因偏离目标而造成对周边构筑物的破坏	
活扳手	用于旋紧或拧松螺钉或螺母的工具。常用的有 200mm、250mm、300mm 三种，使用时应根据螺母的大小选配	使用时，右手握手柄。手越靠后，扳动起来越省力。活扳手的扳口夹持螺母时，呆扳唇在上，活扳唇在下（切不可反过来使用）。扳动小螺钉时，因需要不断地转动蜗轮调节扳口的大小，所以手应握在靠近呆扳唇处，并用大拇指调节蜗轮，以适应螺母的大小	

(续)

名　称	用　途	安全操作规程	图　片
水平尺	用来测量安装、施工水平的工具。这种水平尺既能用于短距离测量，又能用于远距离的测量，可解决现有水平仪只能在开阔地测量，狭窄地方测量难的缺点，且测量精确，造价低，携带方便，经济适用	利用水平尺观察窗中的水泡偏离中心位置来观察和测量	
钳子	钳子的齿口可用来紧固或拧松螺母，也可用来拆卸钉子	一般用右手操作钳子时，将钳口朝内侧，便于控制钳切部位，用小指伸在两钳柄中间来抵住钳柄，这样可以灵活开合钳柄	

（三）施工前准备工作

1. 材料准备

（1）铝合金平开窗的规格、型号应符合设计要求，五金件配套齐全，并具有出厂合格证、材料检验报告并加盖厂家印章。

（2）防腐材料、填缝材料、密封材料、防锈漆、水泥、砂、连接板等应符合设计要求和有关标准的规定。

（3）进场前应对铝合金平开窗进行验收检查。如果存在劈棱、窜角和翘曲不平、偏差超标、表面损伤、变形及松动、外观色差较大等问题，为不合格品，不准进场。施工人员应与厂家有关人员协商解决。验收合格后才能安装。搬运时，轻拿轻放，严禁扔摔。

2. 作业条件准备

（1）主体结构经有关部门验收合格，工种之间已办好交接手续。

（2）检查窗洞口尺寸及标高是否符合设计要求。有预埋件的窗洞口还应检查预埋件的数量、位置及埋设方法是否符合设计要求。

（3）清理窗洞口，清扫并平整窗洞口的平面，尽量平直。

四、项目实施

（一）铝合金平开窗施工工艺流程

划线定位→安装披水→防腐处理→固定窗框→窗框与墙体间缝隙的处理→窗扇与窗玻璃的安装→安装五金配件。

（二）施工操作要点

1. 划线定位

首先以顶层窗中线为准，用线坠或经纬仪将窗边线下引，并在各层窗口处划线标记。根据窗洞厚度300mm，划出窗洞中线。再依据窗中线向两边量出窗边线，对不直的口边应剔槽处理。窗的水平位置应以楼层室内+50cm的水平线为准，向上反量出窗下皮标高，弹线找直。

2. 安装披水

铝合金门窗上的披水是在窗扇上部遮挡雨水渗透流入室内的型材。一般情况下，平开窗根据情况决定是否安装披水，多用于内开的外窗。按施工图样要求将披水固定在铝合金窗的上冒头处，要保证位置正确、安装牢固。

3. 防腐处理

窗框四周外表面的防腐处理设计有要求时，按设计要求处理；如果设计没有要求时，可涂刷防腐涂料或贴塑料薄膜进行保护，以免水泥砂浆直接与铝合金门窗表面接触，产生电化学反应，腐蚀铝合金窗。

安装铝合金窗时，如果采用连接铁件固定，则连接铁件、固定件等安装用金属零件最好用不锈钢件，否则必须进行防腐处理，以免产生电化学反应，腐蚀铝合金窗。

4. 固定窗框

（1）当墙体上有预埋铁件时，可直接把铝合金窗框的铁脚直接与墙体上的预埋铁件焊牢。焊接处需做防锈处理。

（2）当墙体上没有预埋铁件时，可用金属膨胀螺栓或塑料膨胀螺栓将铝合金窗的铁脚固定到墙上。

（3）当墙体上没有预埋铁件时，也可用电钻在墙上打80mm深、直径为6mm的孔，将L形80mm×50mm的φ6钢筋的一端粘涂108胶水泥浆，然后打入孔中。待108胶水泥浆终凝后，再将铝合金窗框的铁脚与埋置的φ6钢筋焊牢。

（4）采用固定片固定方式，可吸收墙体的变形。固定片为镀锌钢板制件，一端通过螺钉与钢副框连接，使其在连接框架与墙体时无任何张力。用射钉枪将固定片固定在墙体上。固定片对框架产生的横向和竖向变动力，通过型材固定部位的极微小的转动和伸缩维持平衡。

本项目的墙体为钢筋混凝土外墙，需要采用固定片固定的方式，如图4-44所示。

5. 窗框与墙体间缝隙的处理

（1）窗框安装固定后，应先进行隐蔽工程验收，合格后及时按设计要求处理窗框与墙体之间的缝隙。对窗框与墙体间的缝隙用水泥砂浆填充。填充前对窗框表面进行保护，避免腐蚀窗框。抹灰时，要用5mm厚胶合板隔垫出约10mm深的注密封胶的槽。

（2）如果设计未要求时，可采用弹性保温材料或玻璃棉毡条分层填塞缝隙，外表面留5~8mm深槽口填嵌填缝剂或密封胶，如图4-45所示。

（3）最后对窗框周围的墙体进行涂装。

图4-44　窗框用固定片固定　　　　图4-45　用填缝剂填缝

6. 窗扇及窗玻璃的安装

应在窗洞口墙体表面装饰完工验收后，安装窗扇和窗玻璃。先将窗扇格架组装上窗框，用合页连接。调整好窗框与窗扇间的缝隙，然后用螺钉将窗扇格架固定在窗框上，再将玻璃安入窗扇并调整好位置，最后镶嵌密封条及密封胶。

7. 安装五金配件

用镀锌螺钉将插销、锁、执手等五金配件与铝合金平开窗连接，保证结实牢固，使用灵活。

（三）铝合金窗的成品保护

（1）铝合金窗入场存放时，下边应垫起、垫平，码放整齐。对已装好披水的铝合金窗，注意存放时支垫好，防止损坏披水。

（2）铝合金窗上保护膜应检查完整无损后再进行安装，安装后应及时将窗框两侧用木板条捆绑好，并禁止从窗口运送任何材料，防止碰撞损坏。

（3）可涂刷防腐涂料或粘贴塑料薄膜进行保护，以免水泥砂浆直接与铝合金窗表面接触，产生电化学反应，腐蚀铝合金窗。

（4）若采用水泥或砂石填缝时，填充后应及时将水泥浮浆刷净，防止水泥固化后不好清理，并损坏表面的氧化膜。

（5）铝合金窗在填缝前，对与水泥砂浆接触面应涂刷防腐剂进行防腐处理。

（6）抹灰前应将铝合金窗用塑料薄膜保护好，在室内湿作业未完成前，任何工种不得损坏其保护膜，防止砂浆对其面层的侵蚀。

（7）铝合金窗的保护膜应在交工前撕去，要轻撕，且不可用开刀铲，防止将表面划伤，影响美观。

（8）铝合金窗表面如有胶状物时，应使用棉丝沾专用溶剂擦拭干净，如发现局部划痕，可用小毛刷沾染色液进行涂刷。

（9）架子搭拆、室内外抹灰、钢龙骨安装、管道安装及建材运输等过程，严禁擦、砸、碰和损坏铝合金窗框料。

注：上述成品保护同样适用于其他类型的金属门窗。

五、项目验收

（1）铝合金窗施工的主控项目与一般项目见表4-8。

表4-8　铝合金窗施工的主控项目与一般项目

主控项目	1）铝合金窗的品种、类型、规格、性能、开启方向、安装位置、连接方式及铝合金窗的型材壁厚应符合设计要求。铝合金窗的防腐处理及嵌缝、密封处理应符合设计要求 2）铝合金窗必须安装牢固，并应开关灵活、关闭严密，无倒翘 3）铝合金窗配件的型号、规格、数量应符合设计要求，安装应牢固，位置应正确，功能应满足设计要求
一般项目	1）铝合金窗表面应洁净、平整、光滑、色泽一致，无锈蚀。大面应无划痕、碰伤。漆膜或保护层应连续 2）铝合金窗的窗框与墙体之间的缝隙应填嵌饱满，并采用密封胶密封。密封胶表面应光滑、顺直、无裂纹 3）铝合金窗的窗扇的橡胶密封条或毛毡密封条应安装完好，不得脱槽

（2）铝合金门窗安装的允许偏差见表4-9。

表 4-9　铝合金门窗安装的允许偏差

项次	项目		允许偏差/mm
1	门窗槽口宽度、高度	≤1500mm	1.5
		>1500mm	2
2	门窗槽口对角线长度差	≤2000mm	3
		>2000mm	4
3	门窗框的正侧面垂直度		2.5
4	门窗横框的水平度		2
5	门窗横框标高		5
6	门窗竖向偏离中心		5
7	双层门窗内外框间距		4
8	推拉门窗扇与框搭接量		1.5

六、项目拓展——铝合金推拉窗的施工

（一）铝合金推拉窗

1. 铝合金推拉窗的形式

铝合金推拉窗的形式、特征及应用见表 4-10。

表 4-10　铝合金推拉窗的形式、特征及应用

名称	定义	形式与特征	应用	图示
上下推拉窗	可以沿上下方向推拉的窗户	气密性和水密性较平开窗差，空气流通量比平开窗小。但开启方便，不占用室内空间，加工简单	一般用于空间较小的场合，如卫生间的窗户等	
左右推拉窗	开启方式是沿左右水平方向的铝合金窗户	优点是简洁、美观，窗幅大，玻璃块大，视野开阔，采光率高，擦玻璃方便，使用灵活，安全可靠，使用寿命长，在一个平面内开启，占用空间少，安装纱窗方便等	常用于卧室、起居室	
推拉折叠窗	开启过程中能够推拉单个窗扇并沿窗框折叠的窗户	占用空间较小，可以最大限度地提供通风面积	多用于面积很小的厕所或盥洗室等	

2. 型号系列

铝合金推拉窗系列名称按窗框料的厚度确定。铝合金型材系列及对应的常用截面尺寸见表4-11。

表 4-11　铝合金型材系列及对应的常用截面尺寸

系列代号	型材截面（框料截面宽度）/mm	系列代号	型材截面（框料截面宽度）/mm
38	38	70	70
42	42	80	80
50	50	90	90
60	60	100	100

较广泛使用的铝合金推拉窗型材有90系列推拉窗及同系列中空玻璃推拉窗型材、73系列推拉窗、70系列推拉窗、55系列推拉窗、50系列推拉窗。图4-46所示为空心铝合金型材的断面图；图4-47所示是常见的80系列铝合金推拉窗的结构。

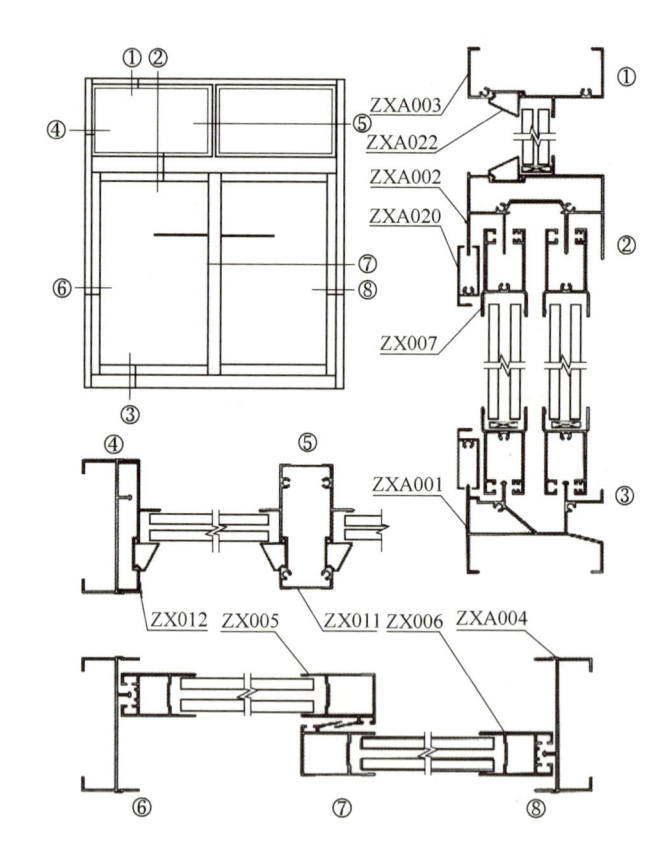

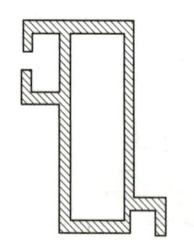

图 4-46　空心铅合金型材断面图　　　图 4-47　80系列铝合金推拉窗结构

（二）铝合金推拉窗的施工工艺与操作要点

1. 施工工艺流程

划线定位→防腐处理→固定窗框→窗框与墙体间缝隙的处理→安装窗扇及窗玻璃→安装五金配件。

2. 铝合金推拉窗的操作要点

（1）固定窗框。铝合金推拉窗的窗框安装操作过程与铝合金平开窗相似。其差异在于，铝合金推拉窗不安装披水；铝合金推拉窗安装窗扇及窗扇玻璃的顺序与铝合金平开窗相反，先安装窗扇玻璃，然后再将窗扇装入窗框滑道。

（2）安装窗扇及玻璃

1）玻璃在加工厂已预制完成，每块玻璃都有标号图。按图上相应的标号位置，将玻璃放在指定的位置框的垫块上。调整玻璃的左右位置，使玻璃的左右中心线与分格的中心线保持一致。最后，用扣条（扣条与玻璃接触面穿上胶条，避免硬性接触而损坏玻璃）将玻璃固定在框架上。

2）将配好玻璃的窗扇整体安入框内滑道，注意窗扇要压在滑轮上，使其受力均匀，以使窗扇在窗框槽灵活滑动。然后，调整好窗框与窗扇的缝隙即可。

（3）安装五金配件。用镀锌螺钉将执手等五金配件与推拉窗连接，保证连接结实牢固，使用灵活，如图4-48所示。

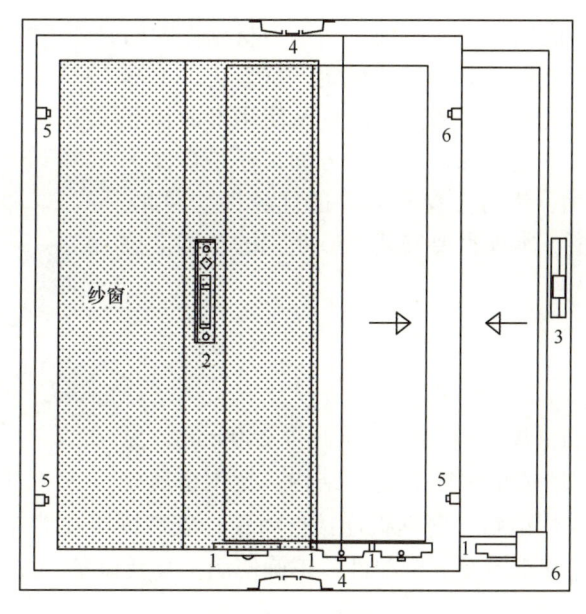

图4-48 铝合金推拉窗五金配件安装位置示意图

1—滑轮 2—碰锁 3—单点锁（滑扣） 4—密封桥 5—碰珠 6—限位块

（三）铝合金门窗的防雷安全措施

结构层10楼以上的铝合金门窗必须采取防雷措施，铝合金门窗的防雷必须与建筑物的防雷体系联为整体。具体做法如下：洞口预留有避雷接触点（伸出的钢筋）的，可采用与接触点搭接焊$\phi 8$的圆钢，另一端与框体扁钢搭接焊的方法。框体扁钢厚度不得小于4mm，截面面积不得小于48mm^2，且扁钢需用2颗以上铆钉与框体铆接牢靠。对于洞口无法找到预留避雷接触点的，需由土建方告知钢筋分布状况，凿开混凝土，找到主钢筋网，并采用上述办法做好避雷措施。

项目四 塑钢推拉窗施工

本项目知识点
1. 塑钢推拉窗的构造与材料。
2. 塑钢推拉窗的施工工艺与施工要点。

本项目技能点
1. 根据塑钢推拉窗的构造要求，完成塑钢推拉窗安装。
2. 塑钢推拉窗安装的施工准备、操作方法、要注意的质量问题。

一、项目概况

随着建筑装饰材料的更新，又出现了塑钢型材制作的门窗。由于塑钢门窗具有外形美观，尺寸稳定，抗老化，不褪色，耐腐蚀，耐冲击，气密、水密性能优良及使用寿命长等优点；无论是在节约加工能耗和使用能耗方面，还是在保护环境方面，都比木、钢、铝合金窗有明显的优越性。因此，正逐步取代铝合金门窗。本项目要安装 T80 系列的塑钢推拉窗，如图 4-49 所示。

图 4-49 塑钢推拉窗

二、项目分析

本项目墙体为钢筋混凝土外墙，窗洞高度 2400mm，宽度 1800mm。因为窗洞墙体是钢筋混凝土结构，塑钢窗属于金属窗，其连接方式采用射钉、薄钢板连接件将窗框安装固定在墙体上。安装前，测量窗洞，并检验入场的成品塑钢窗及五金配件，正确使用工具及设备，按照施工工艺实施正确、规范的安装操作。

塑钢窗是按型材截面的宽度的不同分类，可分为 T60 系列、T75 系列、T80 系列、T90 系列等，即指塑钢窗边框材料的厚度为 0.6cm、0.75cm、0.80cm、0.90cm 等。其中，T80 系列塑钢推拉窗为目前常用的类型。

T80 系列塑钢窗也有多种形式。其窗形的选择依据窗洞口尺寸。施工前，应依据设计图样的要求，测量窗洞口尺寸。尺寸一般应满足下面要求：

门洞口宽度 = 门框宽 +50mm   门洞口高度 = 门框高 +20mm
窗洞口宽度 = 窗框宽 +40mm   窗洞口高度 = 窗框高 +40mm

然后，根据尺寸查表选择具体形式。T80 系列推拉窗的形式见表 4-12。常用的 T80 系列塑钢推拉窗结构如图 4-50 所示。

模块四 门窗构造与施工 183

表 4-12 T80 系列推拉窗的形式 （单位：mm）

B\A	1200~1800	B\A	900~1800	B\A	900~1800	B\A	2100~3600
1800~2100	推拉门	1500~1800	窗形1	600~1500	窗形2	1500~1800	窗形3
B\A	2100~3600	B\A	2100~3600	B\A	2100~3600	B\A	2100~3600
600~1500	窗形4	1500~1800	固定 窗形5	600~1500	固定 窗形6	600~1500	窗形7

注：表中窗形尺寸仅供参考，具体结合实际情况确定。

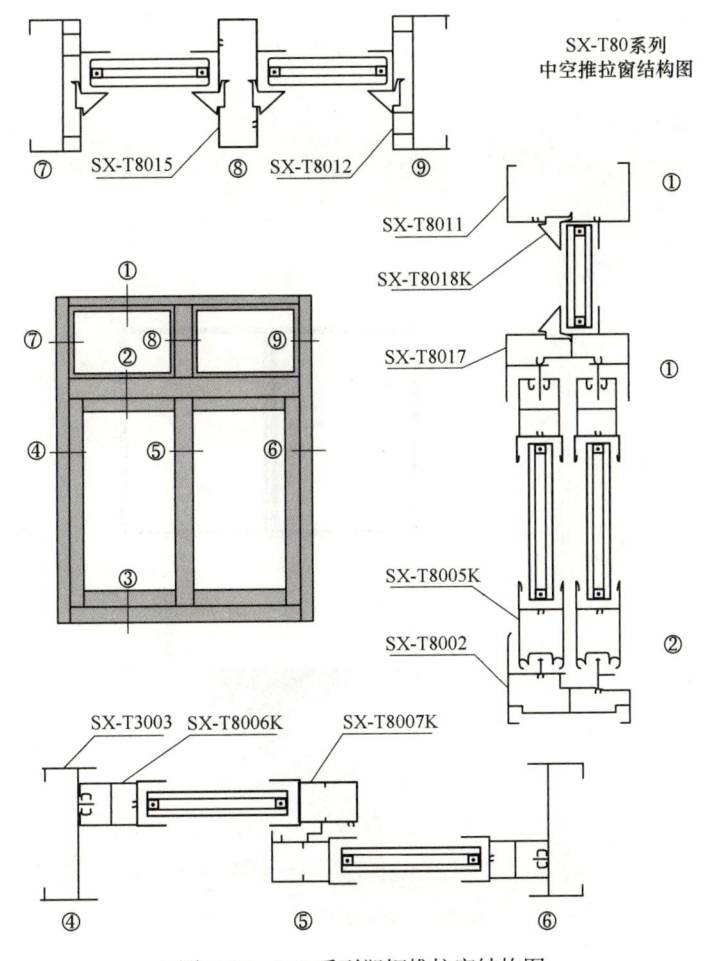

图 4-50 T80 系列塑钢推拉窗结构图

三、项目准备

(一) 材料准备

1. 塑钢推拉窗

以硬质聚氯乙烯（UPVC）为主要原料的塑钢型材，通过切割、焊接或螺钉连接方式制成窗框、窗扇，并在内腔中加入衬钢，再配装上密封胶条、毛条、五金件等，制成的窗户，就是塑钢窗。常见的塑钢窗形式如图4-51所示。

图4-51 常见塑钢窗形式

a) 带纱扇塑钢推拉窗 b) 带上亮的塑钢推拉窗

2. 塑钢推拉窗的五金件

塑钢推拉窗的五金件主要包括销锁座、传动器、执手、月牙锁、滑轮、锁栓等，如图4-52所示。

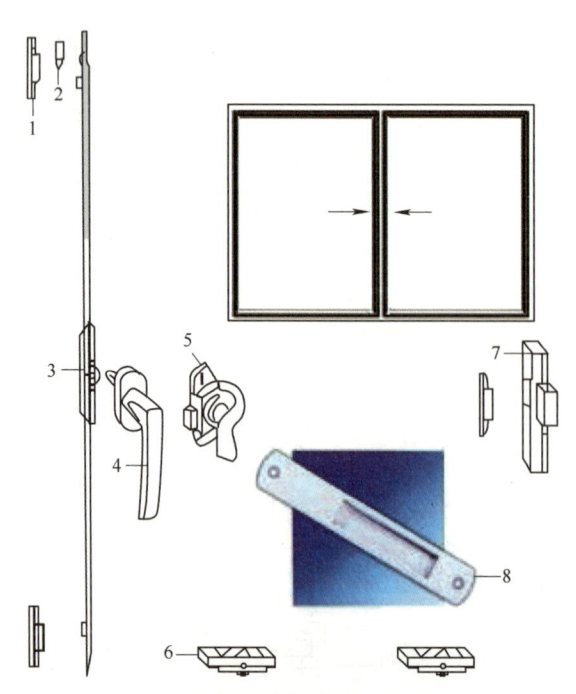

图4-52 塑钢推拉窗五金件

1—销锁座（甲） 2—销锁座（乙） 3—传动器 4—执手 5—带开关月牙锁（左）
6—带开关月牙锁（右） 7—塑料槽大滑轮块 8—锁栓

(二)施工机具准备

安装塑钢推拉窗时的常用施工机具见表4-13。

表4-13 安装塑钢推拉窗的常用施工机具

名称	使用方法	图片
钢卷尺	把尺端拉出,固定尺端。测量时,人一边移动一边拉取尺子测量长度	
线坠	拿稳线头,对准测量部位,把线坠自然放下,待线坠静止不动时,判断其垂直度	
塑胶锤	手拿锤柄敲打窗框纠正偏转部位	
鸭嘴锤子	手拿锤柄敲、锤钉头或纠正铁件位置等	
扁平铲	手握铲柄铲除砂灰、杂质等	
螺钉旋具	有一字旋具、十字旋具、六角旋具。旋转柄部使螺钉旋入,以安装窗扇五金件	

(三)施工作业条件准备

(1)要分别测量窗框、窗洞口尺寸,进行尺寸的核对。检查(门)窗框闭孔发泡保温条(厚15mm,宽30mm)是否齐全。但就窗户而言,还要检查窗框固定片的位置,应距离窗角、中竖框、中横框150～200mm,固定片之间的间距应小于或等于600mm,如图4-53中a和l所示。如果固定片间距大于600 mm,应增加固定片。不得将固定片直接装在中横框、中竖框的档头上。塑钢窗框与连接铁件的固定结构,如图4-54所示。

(2)配件材料的准备:配件材料包括连接铁件、φ8塑料膨胀螺栓、自攻螺钉、水泥钉、射钉、垫块、对拔木楔、保温气密材料、密封胶、抹布及塑钢推拉窗和附件。

(3)作业条件准备:安装塑钢推拉窗的现场要清理干净。根据设计图样中窗的安装位置、尺寸和标高,依据窗中线向两边量出窗的边线,包括窗框水平线、窗竖框的垂直线以及窗下框的水平线、窗框外表面到外墙表面的距离线。对个别不直的窗洞边应做剔凿处理。

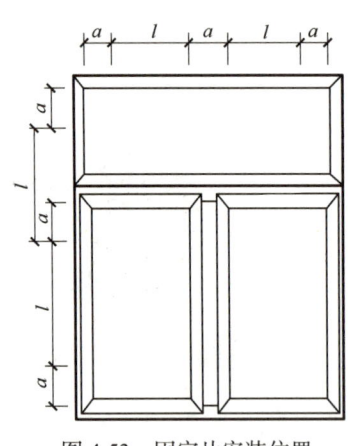

图 4-53 固定片安装位置

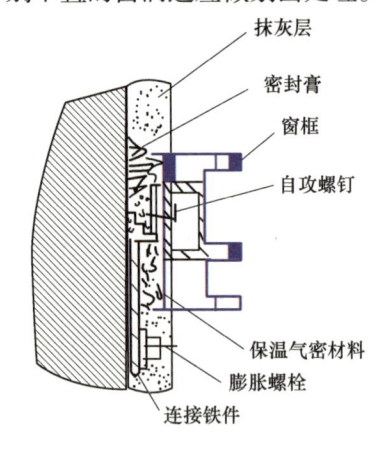

图 4-54 塑钢窗框与连接铁件的固定结构

四、项目实施

（一）塑钢推拉窗施工工艺流程

划线定位→窗框与连接铁件固定→窗框就位固定→连接铁件与墙体固定→窗框与墙体间缝隙的处理→安装窗扇→清理。

（二）施工操作要点

1. 划线定位

安装前，应测量并划线定位，如图 4-55 所示。

2. 窗框与连接铁件固定

窗框就位前，先用 $\phi 4 \times 15mm$ 自攻螺钉把连接铁件固定在窗框背面的底槽内，连接铁件固定的位置根据相关资料中给出的经验值确定。

图 4-55 划线定位

3. 窗框就位固定

窗框立放在洞口，并在水平线、竖直线、框距外墙面的标准距离位置上，用木楔配合尺杆、水平尺，调整窗框达到左右内外横平竖直要求，如图 4-56 所示。

当窗框装入洞口时，其上下框中线应与洞口中线对齐，窗的上下框四角及中横框的对称位置应用木楔或垫块塞紧作为临时固定，然后应按设计图样确定窗框在窗洞口墙体厚度方面的安装位置，并调整窗框的垂直度、水平度及直角度。

4. 连接铁件与墙体固定

窗框定位后，用冲击电钻在墙体钻孔，插入膨胀螺栓，用活动扳手拧紧即可。固定时，应先固定上框，而后固定边框。混凝土墙窗洞口应采用射钉及薄钢板连接件固定，如图 4-57 所示。砖墙窗洞口应采用膨胀螺栓或水泥钉固定在预埋木砖上，并不得固定在砖缝处。

本项目采用射钉固定的方法安装塑钢窗框。

5. 窗框与墙体间缝隙的处理

窗框与窗洞口之间的伸缩缝内腔应采用闭孔泡沫塑料、发泡聚苯乙烯等弹性保温材料分层填塞，填塞不宜过紧。对于保温、隔声等级要求较高的工程，应采用相应的隔热、隔声材料填塞。填塞后，撤掉临时固定用木楔或垫块。然后，外表面留 5～8mm 深槽口填嵌嵌缝油膏或密封胶，如图 4-58 所示。

图 4-56　窗框就位　　　图 4-57　窗框固定　　　图 4-58　窗框与墙体填缝

6. 安装窗扇

窗扇的安装首先符合装饰进度要求，安装前应检查窗框是否有变形情况，并清理滑道。首先，拧下窗框槽内的螺钉，将窗扇就位。然后，调试窗扇使其开启灵活且密封，锁头等功能达到设计要求。最后，用射钉枪、螺钉将窗扇与窗框固定在一起。塑钢推拉窗装配示意图如图 4-59 所示。

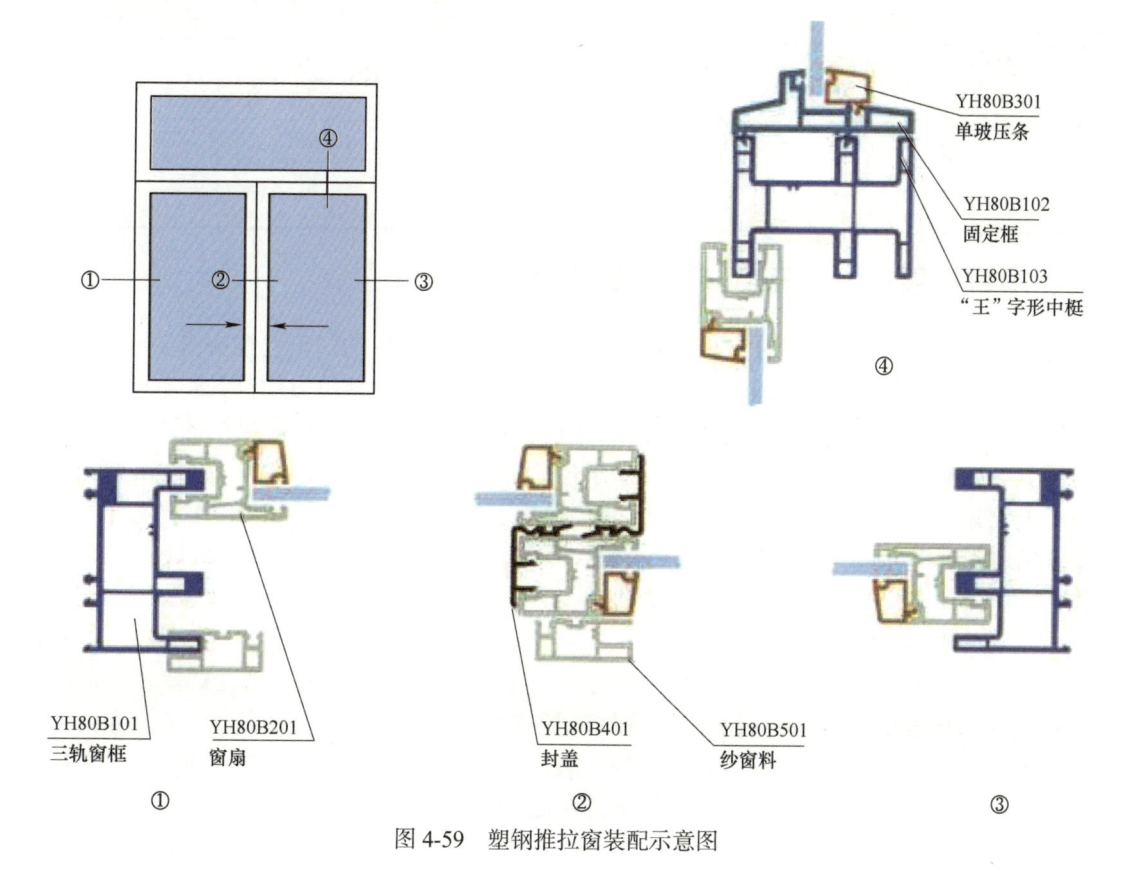

图 4-59　塑钢推拉窗装配示意图

7. 清理

应将保护胶纸撕掉,擦洗玻璃直至干净。

(三)成品保护

塑钢推拉窗的成品保护与铝合金门窗要求相同。

五、项目验收

塑钢推拉窗安装尺寸的允许偏差及检验方法见表4-14。

表 4-14 塑钢推拉窗安装尺寸的允许偏差及检验方法

项 目			允许偏差/mm	检验方法
(门)窗框两对角线长度差	≤2000mm		±3.0	用3m钢卷尺检查,量内角
	>2000mm		±5.0	
(门)窗框(含拼樘料)正、侧面的垂直度	≤2000mm		±2.0	用线坠、水平靠尺检查
	>2000mm		±3.0	
(门)窗框(含拼樘料)的水平度	≤2000mm		±2.0	用水平靠尺检查
	>2000mm	平开门(窗)及推拉窗	±3.0	
		推拉门	±2.5	
推拉(门)窗启、闭力/N	扇面≤1.5m²	≤40	—	用100N弹簧秤钩住拉手处,启、闭各5次,取平均值
	扇面>1.5m²	≤60	—	
(门)窗下横框的标高偏差			±5.0	用钢直尺检查,与基准线比较
双层(门)窗内外框、框(含拼樘料)中心距			±4.0	用钢直尺检查
(门)窗竖向偏离中心			±5.0	用线坠、钢直尺检查
推拉(门)窗	(门)窗扇与框搭接宽度		+1.5, -2.5	用深度尺或钢直尺检查
	(门)窗扇与框或相邻扇立边平行度		±2.0	用1m钢直尺检查

六、项目拓展——平开窗与推拉窗的区别

平开窗是指合页(铰链)安装于门窗侧面向内或向外开启的门窗;推拉窗主要是指窗扇沿水平方向垂直左右推拉的门窗。它们在外观、性能及使用功能等方面都有所不同。

(1)从外观上看,平开窗与推拉窗的区别主要在于与建筑物整体风格的搭配上。平开窗因其分格的灵活性比较大,可以将其做出任何线条的立面效果,且对于大分格的落地窗而言,开启扇只占整窗的很小一部分,故其较适用于对建筑物整体效果要求较严密的高档楼盘,特别符合建筑师所追求的大分格、宽敞明亮、通透效果好、外观协调流畅的建筑要求。推拉窗因其窗扇只能是水平推拉,故而难以与大分格的固定玻璃相匹配,一般较适合于横竖线条较为分明的厂房或是家庭建筑。

(2)在门窗的三性能(抗风压性、水密性、气密性)方面,平开窗普遍都要优于推拉窗。门窗的抗风压性能取决于门窗主受力杆件的抵抗矩,往往型材的截面越大其抵抗矩也要大些,但不完全成正比。平开窗一般型材截面较小但其主受力杆件往往是拼樘料或中竖料,这些主受力杆件在设计过程之中都会相应做加强处理,所以其抗风压性能较好。推拉窗型材截

面虽然比较大，但其主受力杆件往往是中扇料，同时其上下梃仅靠滑轮来承受水平方向的风荷载，故抗风压性能一般都不够理想。门窗的水密性取决于开启部位的密封效果，平开窗一般采用胶条密封，而推拉窗一般采用毛条密封，胶条的密封效果普遍都优于毛条密封。在气密性方面目前市面上平开窗的开启扇部位较多地采用两点锁或天地锁进行锁紧密封，其密封效果较佳。推拉窗一般都采用勾锁或碰锁进行锁紧，其密封效果不够理想。所以说平开窗在三性能方面普遍都要比推拉窗好。这也正是大部分高档商住楼都选择使用平开窗的原因所在。

（3）从使用功能上来看，推拉窗因为开启灵活，操作方便简单而受到广大用户的青睐；平开窗因其一般都采用合页（铰链）连接，开启一般采用执手开启，在操作上往往没有推拉窗灵活。

（4）在加工制作上，推拉窗一般结构简单，对设备没有特殊要求，便于小作坊或现场加工制作；平开窗因其窗扇一般都采用铝合金角码进行连接，故需要较好的撞角机方能制作出优良的铝合金平开窗。

项目五　全玻璃地弹簧门施工

本项目知识点
1. 全玻璃地弹簧门的构造与材料。
2. 全玻璃地弹簧门的施工工艺与施工要点。

本项目技能点
1. 根据全玻璃地弹簧门的构造要求，完成全玻璃地弹簧门安装。
2. 全玻璃地弹簧门安装的施工准备、操作方法、要注意的质量问题。
3. 能够正确实施全玻璃地弹簧门的成品保护。

一、项目概况

全玻璃地弹簧门具有外观新颖、结构精巧、运行噪声小、功率低、启动灵活可靠、节省能源等特点。它广泛地适用于宾馆、饭店、医院、商厦、办公楼、教学楼等建筑。全玻璃地弹簧门的开启方式与普通平开门相同，但是在构造、配件等方面与普通平开门存在着明显的区别。本项目要完成如图4-60所示的全玻璃无框地弹簧门的安装。

二、项目分析

全玻璃地弹簧门是公共建筑中广泛采用的一种地弹簧门。本项目门洞高度为3200mm，宽度为2400mm，钢筋混凝土的墙体厚度为370mm。从图4-60中可以看出，本

图4-60　全玻璃无框地弹簧门

项目安装的全玻璃地弹簧门分两个部分,上部分为固定部分,下部分为活动玻璃门扇。首先,需要采用射钉枪射钉通过薄钢板连接件将金属门框安装连接在钢筋混凝土墙体上。其次,安装门上部的固定玻璃窗。然后,安装下部的无框玻璃门扇。接着,对安装完成的全玻璃地弹簧门进行成品保护。最后,进行安装质量检验。

1. 全玻璃地弹簧门的类型

全玻璃地弹簧门的主要材质是玻璃。它主要包括有框、无框两种形式。全玻璃无框门又称厚玻璃装饰门,如图4-61所示,通常采用12mm以上厚度的平板玻璃、钢化玻璃板,按一定规格加工后直接用作门扇,制成无门扇框的玻璃门。全玻璃无框地弹簧门由厚度12mm钢化玻璃门扇、上下门扇包框、地弹簧、门顶弹簧组成。

全玻璃有框地弹簧门由铝合金外框(银白色或茶色)和厚度12mm的钢化整块玻璃组成,可分为两扇型、四扇型、六扇型等。图4-62所示为两组两扇型全玻璃有框地弹簧门。

图4-61 无框地弹簧门

图4-62 有框地弹簧门

2. 全玻璃地弹簧门框与墙体的连接方式

全玻璃地弹簧门的门框与墙体的连接方式有四种,即通过预埋件焊接连接;通过燕尾铁钉连接;通过金属膨胀螺栓连接;通过射钉连接,如图4-63所示。目前,后两种方式采用得比较广泛。

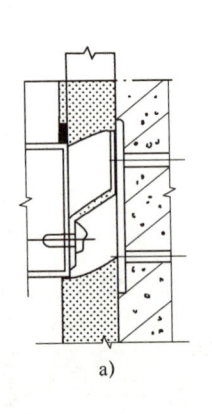

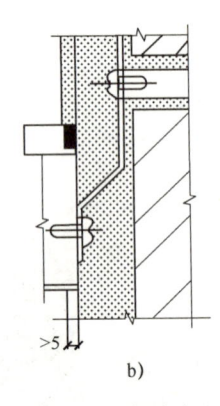

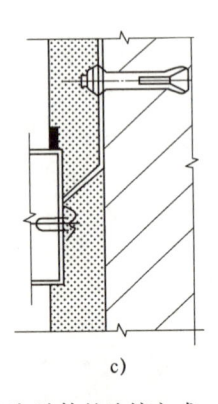

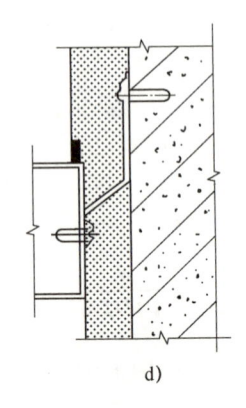

图4-63 全玻璃地弹簧门框与墙体的连接方式

a)预埋件焊接连接 b)燕尾铁钉连接 c)金属膨胀螺栓连接 d)射钉连接

三、项目准备

（一）全玻璃地弹簧门的材料与配件

1. 全玻璃地弹簧门的材料

玻璃门是指用厚度 12mm 以上的玻璃板直接做门扇的门。它一般由活动门扇和固定玻璃两部分组合而成，玻璃一般用厚平板白玻璃、雕花玻璃、钢化玻璃及彩印图案玻璃等。全玻璃地弹簧门通常选用厚度 12mm 以上的钢化玻璃。

2. 全玻璃地弹簧门门扇的五金配件及其安装方法

全玻璃地弹簧门的常用五金配件有门顶定位栓、玻璃金属夹、地弹簧、拉手、弹簧铰链。

（1）门顶定位栓：全玻璃地弹簧门安装之前，应先将地面上的地弹簧和门扇顶面横梁上的定位栓安装完毕，两者必须位于同一轴线上，安装时应先检查线坠垂线，做到准确无误，而地弹簧转动轴与定位栓也应在同一中心线上，通过锚固板进行固定。锚固板示意图如图 4-64 所示。

（2）玻璃金属夹：在玻璃门扇的上下边的四角通常安装由镜面不锈钢、镜面黄铜或铝合金等材料制作的玻璃金属夹。图 4-65 所示为玻璃门扇内四角安装的玻璃金属门夹。

图 4-64　锚固板示意图

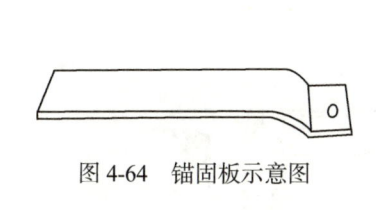

图 4-65　玻璃金属门夹安装位置

（3）地弹簧：在两扇玻璃门扇下外侧各安装一个地弹簧，如图 4-66 所示。安装全玻璃地弹簧门中的地弹簧时，在玻璃门扇的上下金属横挡内划线，按划线位置固定转动销的销孔板和地弹簧转动轴连接板。地弹簧的安装调整如图 4-67 所示。安装地弹簧时，要保证地弹簧机体在底座中的定位。一般情况下，机体在底座中的调整量是，纵向余量 9mm，横向余量 8mm，垂直方向 6mm；图 4-67 中螺钉 1 和螺钉 2 旋转角度为 130°～0°。

（4）弹簧铰链：弹簧门安装有弹簧铰链，开启后会自动关闭。常用的弹簧铰链有单面弹簧、双面弹簧、门顶闭门器等。闭门器及其与全玻璃门扇的连接形式，如图 4-68 所示。

（5）拉手：全玻璃地弹簧门门扇上的拉手孔洞一般是厂家生产时就加工好的。

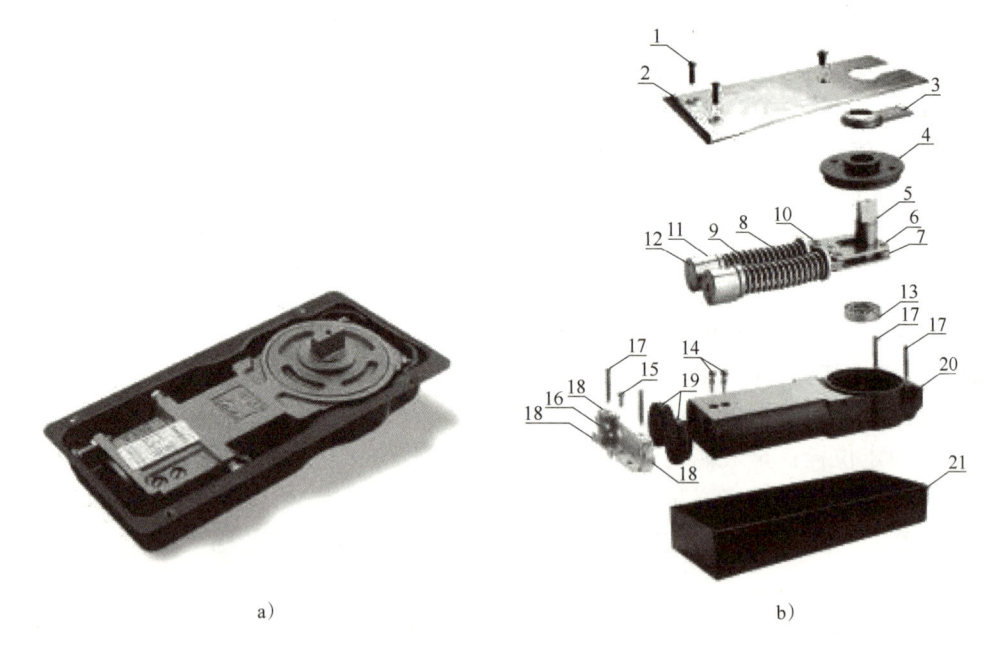

图 4-66 地弹簧及其结构图

a) 地弹簧　b) 结构图

1—饰板固定螺钉　2—不锈钢饰板　3—防尘套　4—凸轮盖板　5—凸轮　6—拖板
7—定位滑轮　8—弹簧　9—连杆（弹簧内）　10—连杆紧固螺钉　11—活塞插销
12—活塞　13—推力轴承　14—速度调节阀　15—横向调节螺钉　16—纵向调节螺钉
17—水平调节螺钉　18—缸体固定架　19—尾塞紧固螺钉　20—尾塞　21—水泥盒

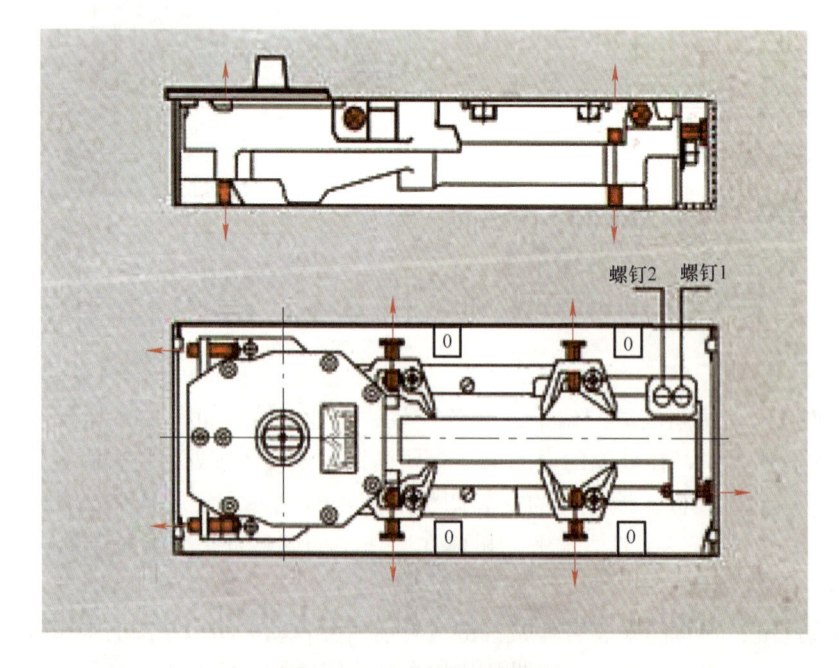

图 4-67 地弹簧的安装调整

图 4-68 闭门器及其与全玻璃门扇的连接形式
a) 闭门器　b) 与全玻璃门扇的连接形式

(二) 施工机具准备

全玻璃地弹簧门除了使用前面项目中叙述的常用工具外，还需要使用两种机具，见表 4-15。

表 4-15　施工使用的机具

名称	用途、特点	操作规程	图片
水准仪	建立水平视线，测定地面两点间高差的仪器	首先调整水平，旋转脚螺旋时水泡会顺着左手大拇指方向动。仪器调整水平后，就是照准塔尺，然后在水准尺上读数，三根丝都要读数。视距读数 =（下丝读数 − 上丝读数）× 100	
气砂轮机	主要用于磨玻璃。它具有转速高、结构简单、适用面广、一般为手工操作等特点	1) 砂轮机的开口方向应尽可能朝向墙，不能正对着人行通道或附近的设备及操作人员 2) 砂轮机不得安装在有腐蚀性气体或易燃易爆场所 3) 砂轮机安装场所应保持地面干燥 4) 砂轮机使用现场应保证足够的照度 5) 砂轮机防护罩安装要牢固，防止因砂轮高速旋转而松动、脱落	

(三) 施工前的准备工作

1. 地弹簧门的验收

地弹簧门送到施工现场，要进行验收，检查地弹簧门配件是否齐全，玻璃板的尺寸是否符合要求，是否在加工厂内已经完成内磨角与打孔。验收门框及玻璃板表面的保护膜是否完好。

2. 施工图识读

熟悉全玻璃地弹簧门的安装工艺流程图和建筑施工图中有关全玻璃地弹簧门的平面图、立面图、剖面图、详图的内容。

3. 现场门洞口测量检查

检查预埋件的安装是否齐全、准确，测量、检查现场门洞口，依据施工技术交底和安全交底做好施工的各项准备工作。

4. 作业条件准备

在正式安装全玻璃无框地弹簧门前，必须保证墙面、地面的饰面已施工完毕，并经验收合格，而且现场已清理干净。

四、项目实施

（一）全玻璃有框地弹簧门的施工工艺流程

由于全玻璃地弹簧门材质和构造的特殊性，因此其施工工艺分两大部分：固定玻璃窗的安装和无框活动玻璃门扇的安装。

1. 固定玻璃窗安装工艺流程

安装框顶部限位槽→安装金属饰面的木底托→安装竖向门框→安装玻璃→固定玻璃→注玻璃胶封口。

2. 无框活动玻璃门扇的安装工艺流程

定位销安装→划线→确定门扇高度→固定上下金属夹→门扇的定位和安装→安装拉手。

（二）全玻璃有框地弹簧门安装操作要点

1. 定位、放线

凡由固定玻璃和活动玻璃门扇组合的装饰玻璃门，必须统一放线定位。根据设计和施工详图的要求，放出玻璃装饰门的定位线，并确定门框位置，准确地测量地面标高和门框顶部标高以及中横档标高。

2. 固定玻璃窗部分的安装操作

本项目中的全玻璃地弹簧门的固定部分包括门框及上部的固定玻璃窗。

（1）安装门框顶部限位槽：限位槽的宽应大于玻璃厚度 2～4mm，槽深为 10～20mm，如图 4-69 所示。安装时，先由所弹中心线引出两条金属装饰板边线，然后按边线进行门框顶部限位槽的安装。通过胶合垫板调整槽口内的槽深。

（2）安装金属饰面的木底托：先把木方固定在地面上，然后再用万能胶将金属饰面板粘在方木上。不锈钢饰面木方底托构造，如图 4-70 所示。方木可采用直接钉在预埋木砖上，或通过膨胀螺栓连接的方法固定。若采用铝合金方管，可以用铝角固定在框柱上，或用木螺钉固定在埋入地面中的木砖上。

（3）安装竖向门框：按所弹中心线钉立门框方木，然后用胶合板确定门框柱的外形和位置，最后外包金属装饰面。包饰面板时要把饰面对着接缝位置，并放在安装玻璃的两侧中间位置。接缝位置必须准确并保证垂直。

（4）安装玻璃：用玻璃吸盘把厚玻璃吸紧，然后手握吸盘把手由 2～3 人将厚玻璃板抬起，移至安装位置。先把玻璃上部插入门框顶部的限位槽，然后把玻璃的下部放到底托上。玻璃下部对准中心线，两侧边部正好封住门框处的金属饰面对缝口，要求做到内外都看不见饰面接缝口，如图 4-70 所示。

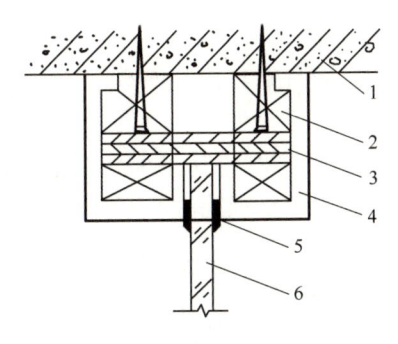

图 4-69　门框顶部限位槽构造
1—门过梁　2—定位木方　3—胶合板
4—不锈钢板　5—玻璃胶　6—厚玻璃

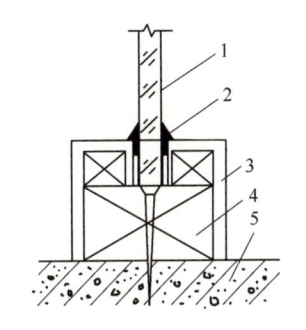

图 4-70　不锈钢饰面木方底托构造
1—厚玻璃　2—玻璃胶　3—不锈钢板
4—木方　5—地面

（5）固定玻璃：在底托木方上的内外钉两根小方木条，把厚玻璃夹在中间，方木条距玻璃板面约 4mm，然后在方木条上涂刷万能胶，将饰面金属板粘卡在方木上，如图 4-70 所示。玻璃板竖直方向各部位的安装构造，如图 4-71 所示。玻璃门固定部分因尺寸过大而需要拼接玻璃。要保证其对接缝有 2～3mm 的宽度，玻璃板边要进行倒角处理。

（6）注玻璃胶封口：在顶部限位槽和底部底托槽口的两侧，以及厚玻璃与框柱的对接处等各缝隙处，注入玻璃胶封口。注胶时，由需要注胶的缝隙端头开始，顺缝隙匀速灌注，使玻璃胶在缝隙处形成一条表面均匀的直线，用塑料片刮去多余的玻璃胶，并用布擦净胶迹。

当玻璃边框固定后，再将玻璃胶注入玻璃与玻璃对接的缝隙中。注满后，用塑料片在玻璃板对缝的两面将胶刮平，使缝隙形成一条洁净的均匀直线，玻璃面上用干净布擦净胶迹。

图 4-71　玻璃门竖向安装示意图
1—大门框　2—固定窗的玻璃
3—横框（或小门框）　4—底托

3. 无框活动玻璃门扇的安装操作

（1）定位销安装：应在安装活动玻璃门扇前，先将地面上的地弹簧和门扇顶面横梁上的定位销安装固定完毕。安装时，应用线坠垂线检查，做到准确无误，保证地弹簧转轴与定位销必须在同一轴线上。

（2）划线：在玻璃门扇的上下金属横档内划线，按线固定转动销的销孔板和地弹簧的转动轴连接板。具体操作可参照地弹簧产品安装说明。

（3）确定门扇高度：玻璃门扇的高度尺寸，在裁割玻璃板时应注意包括插入上下金属夹的安装部分。一般情况下，玻璃高度尺寸应小于测量尺寸 5mm 左右，以便安装时进行定位调节。

把上下金属夹（多采用镜面不锈钢成型材料）分别装在厚玻璃门扇上下靠近门框的两角，并进行门扇高度测量。如果门扇高度不足，即其上下边距金属夹及地面的缝隙超过规定值，可在上下金属夹内加垫胶合板进行调节；如果门扇高度超过安装尺寸，只能由专业玻璃工将门扇多余部分裁去。

（4）固定上下金属夹：门扇高度确定后，即可固定上下金属夹，然后在门扇玻璃及金属夹之间形成的缝隙中注入玻璃胶，如图4-72所示。

（5）门扇的定位和安装：先将门框横梁上的定位销本身的调节螺钉调出横梁平面1~2mm，再将玻璃门扇竖起来，把门扇下金属夹内的转动销连接件的孔位对准地弹簧的转动销轴，并转动门扇将孔位套入销轴上，如图4-73所示。然后把门扇转动90°使之与门框横梁成直角，把门扇上下金属夹中的转动连接件的孔对准门框横梁的定位销，将定位销插入孔内15mm左右（旋转定位销上的调节螺钉）。

（6）安装门拉手：玻璃门拉手孔洞的大小要保证拉手连接部分插入时不能很紧，而略有松动。安装前，在拉手插入玻璃的那部分表面涂少许玻璃胶。如果拉手插入过松时，可在拉手插入的部分裹上软质胶带。组装拉手时，应该等其根部与玻璃贴靠紧密后再拧紧固定螺钉，如图4-74所示。

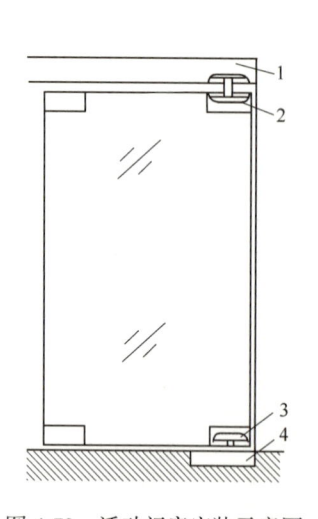

图4-72 活动门扇安装示意图
1—固定门框 2—门扇上金属夹
3—门扇下金属夹 4—地弹簧

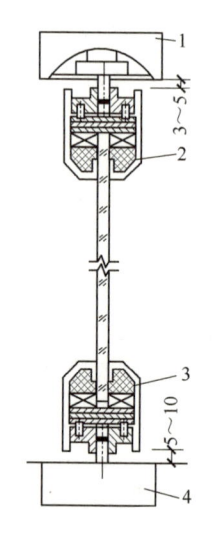

图4-73 门扇定位和安装
1—门框横梁 2—门扇上横档
3—门扇下横档 4—地弹簧

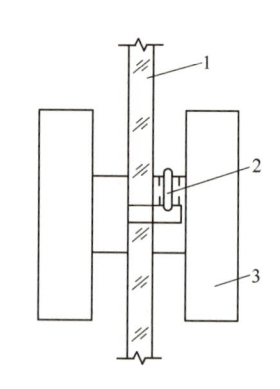

图4-74 门拉手的结构示意图
1—门扇玻璃 2—固定螺钉
3—门拉手

（三）全玻璃地弹簧门的成品保护

（1）安装全玻璃地弹簧门时，应轻拿轻放，严禁互相碰撞。避免扳手、钳子等工具碰坏玻璃门扇。

（2）安装好的全玻璃地弹簧门应避免硬物碰撞，避免硬物擦划，保持清洁不污染。

（3）玻璃门扇的材料进场后，应在室内竖直靠墙排放，并靠放稳当。

（4）安装好的全玻璃地弹簧门或其拉手上面，严禁悬挂重物。

（5）全玻璃地弹簧门安装完成后，应在其旁边竖立警示牌，或者在玻璃门扇上贴胶带，提醒"请勿触碰"，避免发生撞破玻璃的事故，做到安全第一。

五、项目验收

（1）全玻璃地弹簧门施工的主控项目与一般项目见表4-16。

表 4-16　全玻璃地弹簧门施工的主控项目与一般项目

主控项目	1）全玻璃地弹簧门的质量和各项性能应符合设计要求 2）全玻璃地弹簧门的品种、类型、规格、尺寸、开启方向、安装位置及防腐处理应符合设计要求 3）全玻璃地弹簧门的安装必须牢固。预埋件的数量、位置、埋设方式、与框的连接方式必须符合设计要求 4）全玻璃地弹簧门的配件应齐全，位置应正确，安装应牢固，功能应满足使用要求和特种门的各项性能要求
一般项目	1）全玻璃地弹簧门的表面装饰应符合设计要求 2）全玻璃地弹簧门的玻璃表面应洁净、无划痕、无碰伤

（2）进行全玻璃地弹簧门的施工检验时应根据施工检验方法做好质量记录。对于特种门应检查生产许可证、产品合格证书及其性能检测报告、进场验收记录和隐蔽工程验收记录。

六、项目拓展——全玻璃有框地弹簧门的安装

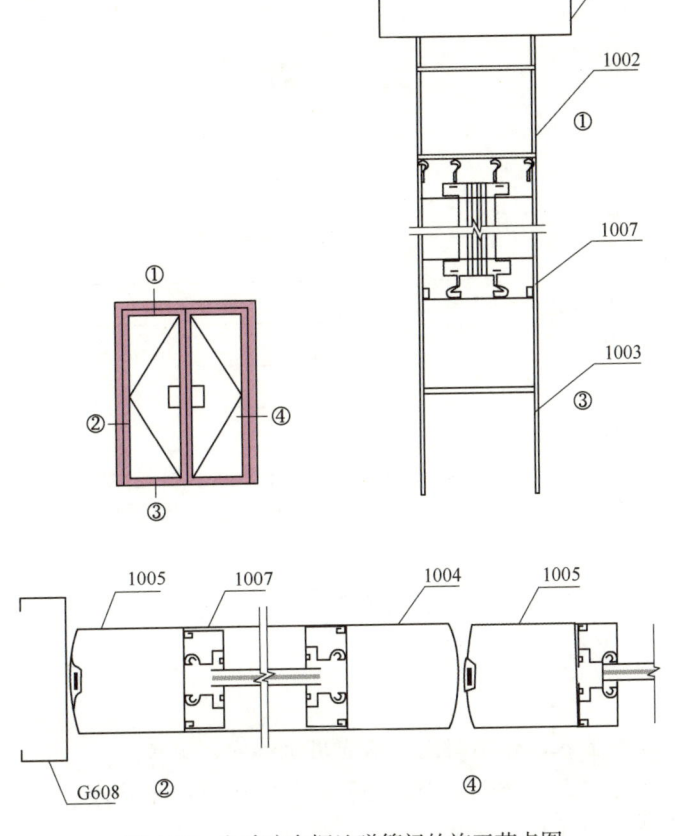

全玻璃有框地弹簧门的施工节点图，如图 4-75 所示。全玻璃有框地弹簧门的安装操作与全玻璃无框地弹簧门的大致相同。验收玻璃门时，全玻璃有框地弹簧门门框的不锈钢或其他饰面已经完成。门框顶部用来安装固定玻璃板的限位槽已经预留好。在安装有框活动玻璃门扇时，注意门框上方的门顶轴与门框上的可调套板，应与门框下方与地弹簧连接的回转摇杆在同一条轴线上，如图 4-76 所示。

图 4-75　全玻璃有框地弹簧门的施工节点图

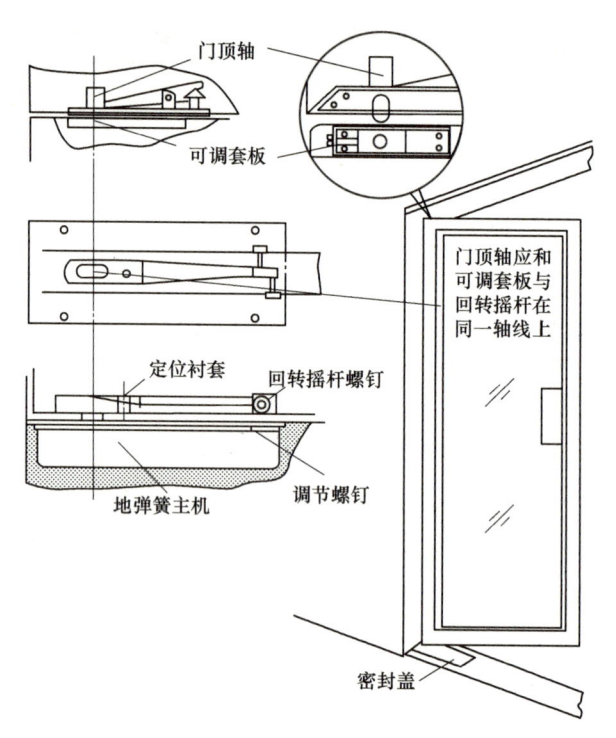

图 4-76 全玻璃有框地弹簧门安装示意图

习　题

一、填空题

1. 木质装饰门常见的门扇有 _____ 和 _____。
2. 门的五金件有 _____、_____、_____、_____、_____ 和 _____ 等。
3. 门套是在门框基础上进一步施工，具备 _____ 和 _____ 的作用。
4. 成品门套一般由 _____、_____、_____ 等组成。
5. 铝合金平开窗开启方式分为 _____ 和 _____。
6. 铝合金推拉窗的形式有 _____、_____、_____。
7. 塑钢窗是以 _____ 为主要原料的塑钢型材，通过切割、焊接或螺钉连接的方式制成窗框、窗扇，并在内腔中加入 _____，再配装上密封胶条、毛条、五金件等，制成的窗户。
8. 全玻璃无框门通常采用 _____ 以上厚度的 _____、_____，按一定规格加工后直接用作门扇，制成无门扇框的玻璃门。

二、是非题

1. 木门窗质感温暖宜人，但不耐潮，不宜用于浴室、厨房。　　　　　　　　　(　　)
2. 木门窗的含水率要严格控制，否则会引起门窗变形和开裂。　　　　　　　　(　　)
3. 木门窗五金件用钉子固定安装。　　　　　　　　　　　　　　　　　　　　(　　)

4. 塑料门窗以硬 PVC 塑料为主材或内衬钢材。（   ）
5. 铝合金门窗重量轻、强度高、耐腐蚀，但密闭性不好。（   ）
6. 弹簧门安装有弹簧铰链，开启后会自动关闭。（   ）

三、简答题

1. 简述木质门的施工流程。
2. 简述木质门套的施工工艺流程，绘制其构造。
3. 简述铝合金门窗施工工序及要点。
4. 塑料门窗有何特点？简述塑钢推拉窗施工工艺流程。
5. 简述全玻璃有框地弹簧门的施工工艺流程。

模块五　隔墙隔断装饰构造与施工

项目一　木龙骨隔墙施工

本项目知识点
1. 木龙骨隔墙的构造、施工工艺流程、施工方法。
2. 木龙骨隔墙的施工准备、质量要求、要注意的质量问题。

本项目技能点
1. 能运用相关材料和施工机具进行木龙骨隔墙的施工。
2. 能对木龙骨隔墙施工进行质量验收。

一、项目概况

隔断、隔墙是进行室内空间分割常用的一种设计形式，其作用是将建筑物内部大空间根据使用要求分割成各种尺寸和形状的空间区域。隔断（墙）属于非承重构件，具有自重轻、厚度薄、刚度大、隔声性能好、拆卸安装方便等特点。一般来讲，隔断的高度在1.8m以下，根据室内层高的不同，也有高度达到3m以上的，如果高度抵达顶棚且无通透造型便可称为隔墙。木龙骨隔断墙是以红、白松木做骨架，以石膏板或木质纤维板、胶合板为罩面板的墙体，它具有加工速度快、劳动强度低、重量轻、隔声效果好等优点，应用广泛。本项目需完成如图5-1所示的木龙骨隔墙的施工。

图5-1　木龙骨隔墙效果

二、项目分析

木龙骨隔墙由上槛、下槛、立柱、横档或斜撑组成骨架，然后在两侧铺钉罩面板。其构造如图5-2所示。按立面构造，木龙骨隔断墙分为全封隔断墙、有门窗隔断墙和半高隔断墙三种类型。

木龙骨隔断的龙骨形式有两种：一种是单层龙骨，另一种是双层龙骨。单层龙骨的木方规格有25mm×30mm、50mm×80mm、50mm×100mm，立筋龙骨的间距为300~600mm，横撑的间距为1.2~1.5m。双层龙骨是用木方规格为25mm×30mm、间距为300mm的单层木框架进行拼接组装。单层木龙骨适用于高度在3.0m以下的隔断，双层木龙骨和大规格单层木龙骨的隔断可做至高度3.0m以上，如图5-3所示。

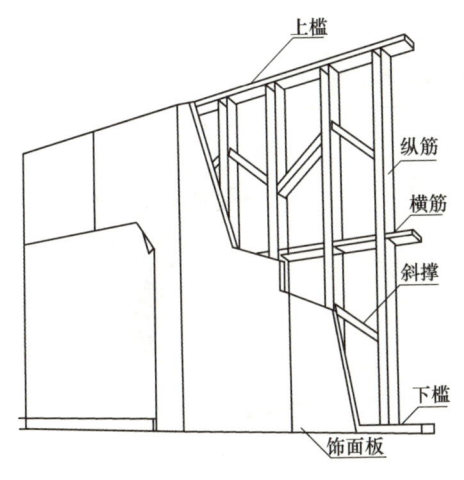

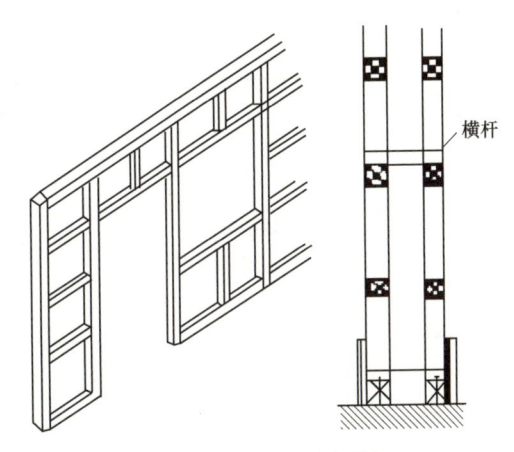

图 5-2 木龙骨隔墙构造　　　　图 5-3 单层及双层龙骨架

三、项目准备

（一）材料准备

木龙骨隔墙的施工所需的部分材料见表5-1。

表 5-1 木龙骨隔墙施工所需材料

名称	选用要求	图例
木方	常用骨架木材有落叶松、云杉、硬木松、水曲柳、桦木等 隔墙木骨架采用的木材类型、材质等级、含水率以及防腐、防虫、防火处理等必须满足设计规定	
罩面板	木龙骨隔墙常用罩面板有纸面石膏板、人造木板、水泥纤维板。其中人造板及其制品中甲醛释放应符合限量值的规定 罩面板应表面平整、边缘整齐，不应有污垢、裂纹、缺角、翘曲、起皮、色差、图案不完整等缺陷。胶合板、纤维板不应脱胶、变色和腐朽	
填充材料	用于有隔声、隔热、阻燃、防潮等特殊要求的工程。材料应有相应性能等级的检测报告	

（二）工具准备

木龙骨隔墙施工需要的工具包括电钻、射钉枪、空气压缩机、手提式电锯、直立型线锯、水平尺、钉锤、木工刨、卷尺、墨盒等。主要工具见表5-2。

表5-2 木龙骨隔墙施工所需主要工具

名　称	用　途	图　例
电钻	用于木龙骨钻孔	
锯	用于木材的加工	
木工刨	用于木材表面平整度的加工、刨平	
钉锤	用于钉钉子	

（三）施工作业条件准备

（1）主体结构工程，屋面防水和楼、地面施工完成，且墙面、顶棚粗装修完成。

（2）木龙骨隔断墙下部踢脚板高度部分砌砖及两侧水磨石、大理石、花岗石、面砖或水泥砂浆抹面完成并经过一定间隔时间，具有足够的强度后方可进行木龙骨安装。

（3）房间内达到一定干燥程度，相对湿度不大于60%。

（4）已落实电、通信、空调、采暖各专业协调配合问题。

四、项目实施

（一）施工工艺流程

弹线打孔→制作、安装木骨架→防腐防火处理→罩面板安装→接缝处理。

（二）施工操作要点

1. 弹线打孔

按施工图定位弹线，先在楼（地）面上弹出隔墙中心线及边线，然后用线坠上引至板底或梁底以及侧面墙或柱上，弹出隔墙位置线，作为四周边框龙骨安装依据。同时按规定的深度和间距打孔、埋螺栓或打入钢钉。

2. 制作、安装木骨架

木墙身结构通常用 25mm×30mm 的带凹槽木方作龙骨，木龙骨架可在地面上进行拼装，如图 5-4 所示。规格通常为 300mm×300mm 或 400mm×400mm 方框架，可根据墙身的大小选择整体或分片固定在墙面上。用冲击钻在地上弹线的交叉点位置上钻孔，孔距 600mm 左右，深度不小于 60mm，在钻出的孔中打入钢钉。

固定木龙骨的方法有多种。为了保证装饰工程的结构安全，在室内装饰工程中，通常遵循不破坏原建筑结构的原则进行龙骨固定。一般采用射钉固定连接件，采用膨胀螺栓或钢钉等做法均可，如图 5-5 所示。

图 5-4 拼装木龙骨

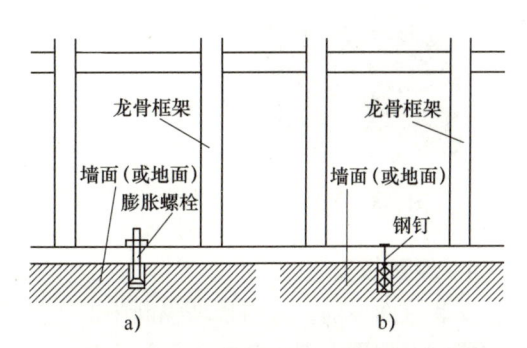

图 5-5 木龙骨隔断骨架与墙地面的连接
a）膨胀螺栓固定法 b）钢钉固定法

如果隔断的高度伸至吊顶面时，必须将骨架的上槛与吊顶内的骨架和楼板结构进行有效的连接，一般做法是将竖向龙骨穿过吊顶面与建筑楼板底面固定，需采用斜角支撑。斜角支撑的材料可以是方木也可以用角钢，斜角支撑杆件与楼板底面的夹角为 60°为宜。斜角支撑与基体的固定方法，可用钢钉或膨胀螺栓。隔断龙骨与吊顶的连接如图 5-6 所示。

当隔断的高度在吊顶以下时，隔断龙骨上的门窗等受力较大的部位应做加固处理，以提高隔断的侧向稳定性，如图 5-7 所示。

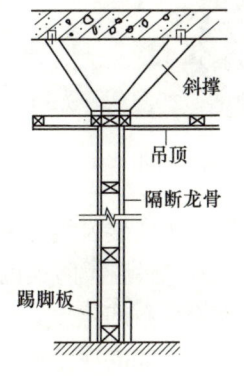

图 5-6 隔断龙骨与吊顶的连接

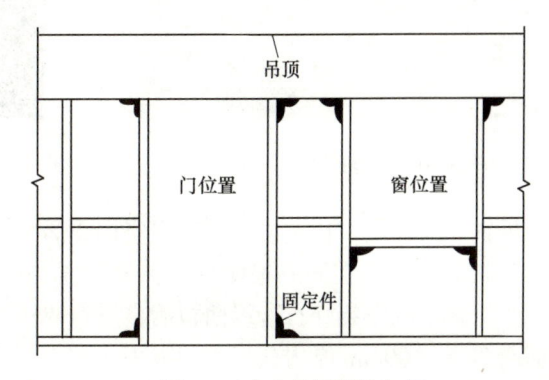

图 5-7 木龙骨隔断的加固

对校正好的木骨架进行固定，用垂线和水平线检查、调整骨架的垂直度和平整度。木骨架与墙面间如有缝隙，应用木片或木块垫实。安装完成的木龙骨架如图 5-8 所示。

3. 防腐防火处理

对安装好的木龙骨架要进行防腐、防火的处理，通常是涂刷防腐、防火涂料，要涂刷均匀并让涂料完全浸入到木质纤维里，如图 5-9 所示。

图 5-8　龙骨架安装完成　　　　　图 5-9　涂刷防腐、防火涂料

4. 罩面板安装

安装罩面板前，应对预埋隔断中的管道和附于墙内的设备采取局部加强措施。木龙骨隔断的罩面板常用木制人造板、纸面石膏板等。

安装木制人造板前要对板材背面进行防火处理，如图 5-10 所示。木制人造板一般用排钉或钢钉固定，钉距为 80～150mm，钢钉的钉帽砸扁并冲入板内 0.5～1.0mm，钉眼用油性腻子填平。钉距要求如图 5-11 所示。

图 5-10　胶合板防火处理　　　　　图 5-11　钉距要求

石膏板宜竖向铺设，长边接缝宜落在竖向龙骨上。双面石膏罩面板安装，内外两层石膏板错缝排列接缝不应落在同一根龙骨上，如图 5-12 所示。需要隔声、保温、防火的应根据设计要求在龙骨一侧安装好石膏罩面板后，进行隔声、保温、防火等材料的填充。一般采取玻璃丝棉或 30～100mm 厚岩棉板进行隔声、防火处理；采用 50～100mm 厚苯板进行保温处理。处理后再封闭另一侧的板。填充保温隔声材料如图 5-13 所示。

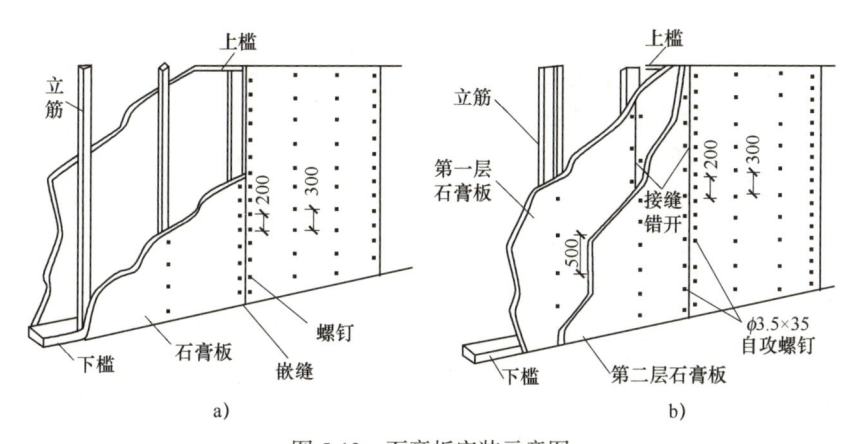

图 5-12 石膏板安装示意图
a) 单层石膏隔板安装　b) 双层石膏隔板安装

石膏板应采用自攻螺钉固定。周边螺钉的间距不应大于200mm，中间部分螺钉的间距不应大于300mm，螺钉与板边缘的距离应为10～16mm。安装石膏板时，应从板的中部开始向板的四边固定。钉头略埋入板内，但不得损坏纸面；钉眼应用石膏腻子抹平；钉头应做防锈处理，如图5-14所示。

图 5-13 填充保温隔声材料

图 5-14 钉头刷防锈漆

5. 接缝处理

如果面板采用的是木质人造板，对于板缝的处理有明缝、拼缝、金属压缝和木压条压缝四种方法，如图5-15所示。明缝固定是在两板之间留一条有一定宽度的缝，施工图无规定时，缝宽以8～10mm为宜。拼缝固定是对胶合板四边进行倒角处理，以便在以后基层处理时可将木胶合板之间的缝隙填平，其板边倒角为45°±3°。金属压缝是用金属压条固定胶合

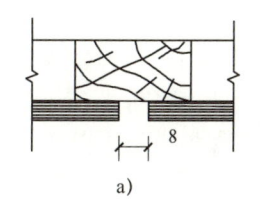

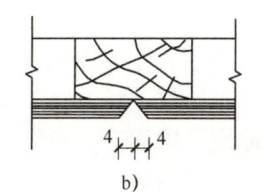

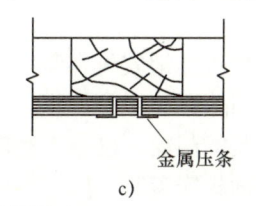

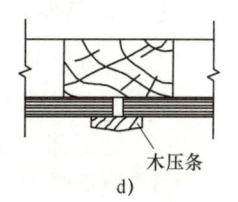

图 5-15 板材拼缝处理
a) 明缝　b) 拼缝　c) 金属压缝　d) 木压条压缝

板，操作时应砸扁钉帽、钉固时应送入板面 1mm，木压条压缝是用木压条固定胶合板，钉距不应大于 200mm，钉帽也应打扁钉入木压条面 0.5～1.0mm。但选用的木压条应干燥无裂纹，打扁的钉帽应顺木纹打入，以防开裂。

如果面板采用的是纸面石膏板，则将嵌缝腻子填入板间缝隙，压抹严实，厚度以不高出板面为宜。待其固化后，再用嵌缝腻子涂抹在板缝两侧石膏板上，涂抹宽度自板边起应不小于 50mm。将接缝纸带贴在板缝处，用抹刀刮平压实，纸带与嵌缝膏间不得有气泡，如图 5-16 所示。上述工序完成后静置，待其凝固，用嵌缝腻子将第一道接缝覆盖，刮平，宽度较第一道接缝每边宽出至少 50mm，如图 5-17 所示。待其凝固再用嵌缝腻子将第二道接缝覆盖，刮平，宽度较第二道缝每边宽出至少 50mm。待其凝固后，最后用砂纸轻轻打磨，使其同板面平整一致。

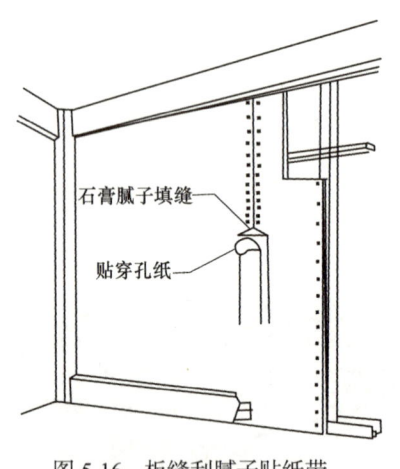

图 5-16　板缝刮腻子贴纸带

图 5-17　刮平第一道嵌缝腻子

（三）施工注意事项

（1）弹线必须准确，经复验后方可进行下道工序。固定沿顶和沿地龙骨。各自交接后的龙骨，应保持平整垂直，安装牢固。靠墙立筋应与墙体连接牢固紧密。边框应与隔断立筋连接牢固，确保整体刚度。按设计做好木作的防火、防腐处理。

（2）沿顶和沿地龙骨与主体结构连接牢固，保证隔断的整体性。

（3）隔断墙框架安装完毕后，在安装罩面板之前，必须组织骨架验收。用 2m 铝合金检测尺检查垂直度、平整度、横杆水平度，直、横杆间距及其安装的牢固程度，均符合验收标准后方可进行罩面板安装。

（4）隔墙上的孔洞、槽、盒套割开孔前必须使用卷尺和水平尺定位后用铅笔画线，四角钻孔后用直立型线锯锯开，确保套割方正、边缘整齐。

（四）成品保护

（1）隔断墙施工应尽可能地安排在装饰工程后期，至少在粗装修之后进行，且在室内油漆、涂料施工之前不得撕除罩面板保护膜。电气、通信、暖通施工中避免磕碰隔断墙。

（2）施工部位已安装的门窗，已施工完的地面、墙面、窗台等应注意保护，防止损坏。

（3）隔墙骨架及罩面板安装时，应注意保护隔墙内装好的各种管线。

（4）骨架材料，特别是罩面板材料，在进场、存放、使用过程中应妥善管理，使其不变形、不磕碰、不损坏、不污染。

五、项目验收

骨架隔墙、罩面板安装的允许偏差及检查方法见表 5-3 和表 5-4。

表 5-3　骨架隔墙安装的允许偏差及检查方法

项次	项　　目		允许偏差 /mm	检查方法
1	立筋、横撑截面尺寸	方木	−3	尺量检查
		原木（梢径）	−5	
2	竖、横龙骨截面尺寸		−2	尺量检查
3	上、下水平线		±5	拉线、尺量或水准仪检查
4	两边沿竖直线		±5	吊线、尺量检查
5	立面垂直度		3	用 2m 托线板检查
6	表面平整度		2	用 2m 靠尺和楔形塞尺检查

表 5-4　罩面板安装允许偏差及检查方法

项次	项目	允许偏差 /mm				检验方法
		胶合板	纤维板	纸面石膏板	木板	
1	表面平整度	2	3	3	3	用 2m 直尺和楔形塞尺检查
2	立面垂直度	3	4	3	4	用 2m 托线板检查
3	压条平直度	3	3	—	—	拉 5m 线检查，不足 5m 者拉通线检查
4	接缝平直度	3	3	—	3	
5	接缝高度	0.5	1	1	1	用直尺和楔形塞尺检查
6	压条间距	2	2	—	—	用直尺检查

六、项目拓展——木框架玻璃隔墙与隔断

在办公空间或家庭装修中有时需要进行空间上的隔断，但是视线上不需要完全隔断，这时木框架玻璃隔墙与隔断就是一个不错的形式，如图 5-18 所示。用木框安装玻璃时，要在木框上裁口或挖槽，如图 5-19 所示。或者在玻璃安装时校正好木框内侧，定出玻璃安装的位置线，把玻璃装入木框内，玻璃两侧距木框的缝隙应相等，一般在木框的上部和侧面留有 3mm 左右的缝隙，并在缝隙中注入玻璃胶，最后用压条加强固定，如图 5-20 所示。

图 5-18　木框架玻璃隔断

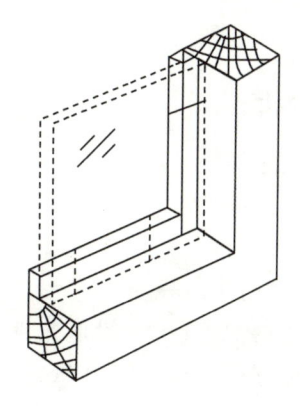

图 5-19　木框内安装玻璃

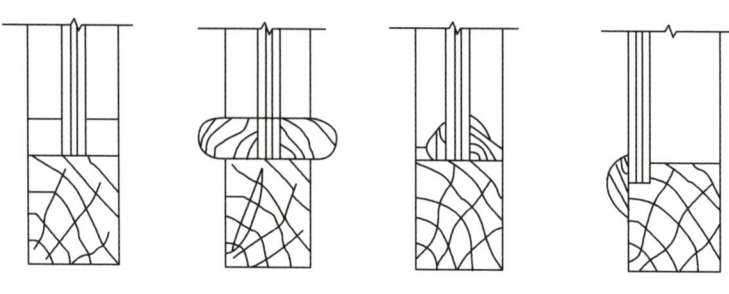

图 5-20　木压条固定玻璃

项目二　轻钢龙骨隔墙施工

本项目知识点

1. 轻钢龙骨隔墙的构造、施工工艺流程、施工方法。
2. 轻钢龙骨隔墙的施工准备、质量要求、要注意的质量问题。

本项目技能点

1. 能运用相关材料和施工机具进行轻钢龙骨隔墙的施工。
2. 能对轻钢龙骨隔墙施工进行质量验收。

一、项目概况

轻钢龙骨隔墙具有重量轻、安全可靠、抗冲击力强、无毒、不燃的优点，其占用室内空间小，施工方便、快捷的特点优于其他永久性墙体材料。同时，它又具有较好的隔声、隔热、防腐、防蛀的性能。可以使用在家庭室内的任何部位，包括厨房、卫生间的隔断处理。为满足特殊环境的要求，还可用于进行高等级的隔声、隔热处理。因此，轻钢龙骨隔墙是较理想的墙体材料。本项目要完成如图 5-21 所示的轻钢龙骨隔墙的施工。

图 5-21　轻钢龙骨隔墙装饰效果图

二、项目分析

轻钢龙骨隔墙是永久性墙体。它以轻钢龙骨为骨架，以纸面石膏板为基层面材组合而成，面部可进行乳胶漆、壁纸、木材等多种材料的装饰。在家庭装修过程中，进行空间布局的调整和设计时，经常使用这种墙体材料，如大室内空间的分割、非承重墙的改动、移位、复式居民楼楼梯的遮掩等。

骨架部分由沿顶龙骨、沿地龙骨、横撑龙骨、通贯横撑龙骨、竖龙骨和相应的配件组成，饰面板种类有水泥压力板（FC 板）、纸面石膏板、石膏条板等。图 5-22 所示为轻钢龙骨隔断的组成示意图。

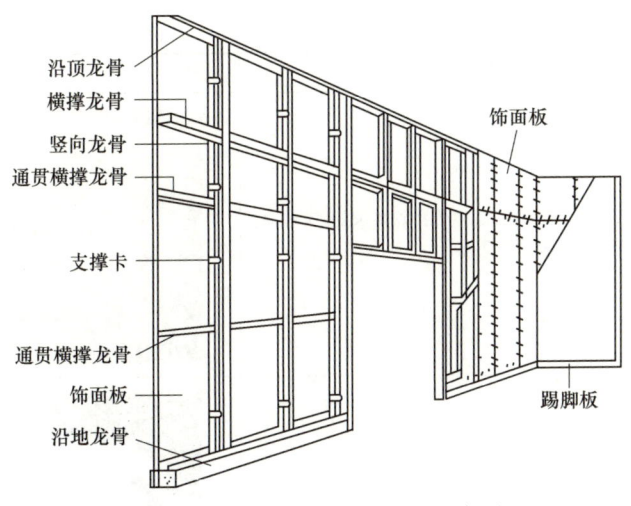

图 5-22 轻钢龙骨隔断的组成示意图

三、项目准备

(一) 材料准备

轻钢龙骨隔墙的施工所需的部分材料见表 5-5。

表 5-5 轻钢龙骨隔墙施工所需材料

名称	选用要求	图例
轻钢龙骨主件	沿顶龙骨、沿地龙骨、加强龙骨、竖向龙骨、横撑龙骨的规格、型号、表面处理等应符合设计和相关标准的要求。龙骨应有产品质量合格证。龙骨外观应表面平整，棱角挺直，过渡角及切边不允许有裂口和毛刺，表面不得有严重的污染、腐蚀和机械损伤	C100竖龙骨　C100天地龙骨　C50竖龙骨
轻钢龙骨配件	支撑卡、卡托、角托、连接件、固定件、护墙龙骨和压条等附件应符合设计要求和相关标准的要求	
紧固材料	射钉、膨胀螺栓、镀锌自攻螺钉、木螺钉和粘贴料、嵌缝料等应符合设计和相关标准的要求。2mm 厚石膏板用 25mm 长螺钉，两层 12mm 厚石膏板用 35mm 长螺钉	14mm平头自攻螺钉 25mm石膏板自攻螺钉 35mm石膏板自攻螺钉 端墙支撑卡

（续）

名　称	选用要求	图　例
填充材料	有隔声、隔热、阻燃、防潮等特殊要求的工程，材料应有相应性能等级的检测报告	
饰面板材	隔墙石膏板种类多样，施工时按设计要求选用。长度根据工程需要确定；宽度为1200mm、900mm；厚度为9.5mm、12mm、15mm、18mm、25mm，常用12mm 罩面板表面应平整、洁净、无污染、麻点、锤印，必须有相关的检测报告	
嵌缝材料	嵌缝腻子、接缝纸带、胶粘剂、玻璃纤维布 嵌缝腻子的抗压强度大于3.0MPa，抗折强度大于1.5MPa，终凝时间大于0.5h	嵌缝腻子 接缝纸带 金属护角纸带

（二）工具准备

工具包括直流电焊机、砂轮切割机、手电钻、电锤、射钉枪、电动螺钉旋具、钳子、墨斗、壁纸刀、靠尺、钢锯、钢直尺、水平尺、方尺、铅锤等。部分工具见表5-6。

表5-6　轻钢龙骨隔墙工程部分施工工具

名　称	用　途	图　片
砂轮切割机	用于切割轻钢龙骨	
电动螺钉旋具	用于拧自攻螺钉	

（续）

名　称	用　途	图　片
钳子	用于金属构件的紧固	
水平尺	用来检查水平度	

（三）施工作业条件准备

（1）主体结构已验收，屋面已做完防水层，顶棚、墙体抹灰已完成。

（2）室内弹出高出地坪50cm标高线。

（3）作业的环境温度不应低于5℃。

（4）熟悉图样，并向作业班组作详细的技术交底。

（5）根据设计图和提出的备料计划，查实隔墙全部材料，使其配套齐全。各种系统的管道、线盒安装及其他准备工作已到位。

（6）主体结构墙、柱为砖砌体时，应在隔墙交接处，按1000mm间距预埋防腐木砖。

（7）设计要求隔墙有地枕带时，应先将C20细石混凝土地枕带施工完毕，强度达到10MPa以上，方可进行轻钢龙骨的安装。

（8）如果使用木龙骨必须进行防火处理，并应符合有关防火规范，直接接触结构的木龙骨应预先刷防腐漆。

（9）先做样板墙一道，经鉴定合格后再大面积施工。

四、项目实施

（一）施工工艺流程

放线→固定沿顶、沿地、沿墙龙骨→安装竖向龙骨→安装门、窗框附加龙骨→安装横撑龙骨→电气铺管、安装附墙设备→检查龙骨安装→安装一面饰面板→填充隔声材料→安装另一面饰面板→接缝及护角处理。

（二）施工操作要点

1. 放线

施工时先弹出轻钢龙骨隔墙的位置线，包括墙体厚度边线、墙体中心线（图5-23）。在墙体厚度中心线上标出龙骨与墙地面线连接处的固定点，固定点按500～1000mm的间距来定，固定点应与竖向龙骨的安装位置错开，并在位置线上标出隔墙上门窗的位置。

2. 固定沿顶、沿地、沿墙龙骨

按照隔墙的尺寸、饰面板的规格和现场的实际情况对龙骨进行裁切。下料时按先裁大料后裁小料的原则。然后沿弹线位置固定沿顶、沿地、沿墙龙骨，可用射钉或膨胀螺栓固定，固定点间距应不大于600mm，龙骨对接应保持平直。龙骨与地、墙的固定如图5-24所示。

图5-23 放线定位

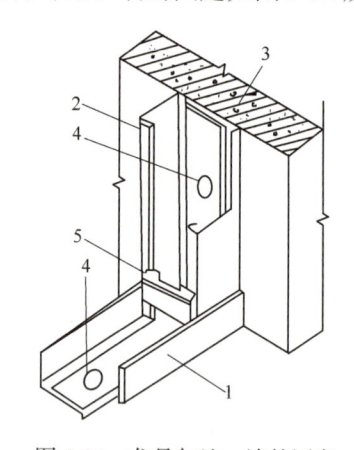

图5-24 龙骨与地、墙的固定
1—沿地龙骨 2—沿墙龙骨 3—墙面 4—固定点 5—支撑卡

3. 安装竖向龙骨

安装竖向龙骨应垂直，龙骨间距应按设计要求布置。设计无要求时，其间距可按板宽确定，如板宽为900mm、1200mm时，其间距分别为435mm、603mm。竖向龙骨可采用焊接、连接件或自攻螺钉等方法与沿顶和沿地龙骨连接，如图5-25所示。安装后的竖向龙骨与沿顶、沿地龙骨应在同一个面上。

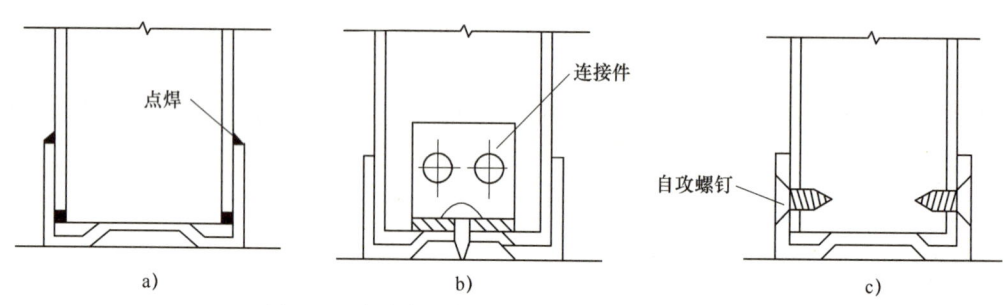

图5-25 竖向龙骨与沿顶、沿地龙骨的连接形式
a）焊接 b）连接件连接 c）自攻螺钉连接

4. 安装门、窗框附加龙骨

石膏板隔墙在门框处是最容易开裂的，因为门经常开开关关，所以门框处受到的外力是很大的，也是造成开裂的主要原因。因此，石膏板隔墙在门框处要做加强处理，在门窗洞口外的骨架上增设竖向或横向龙骨，以提高骨架的整体性和侧向稳定性，如图5-26所示。

5. 安装横撑龙骨

在竖向龙骨之间安装横撑龙骨或通贯横撑龙骨。横撑龙骨与通贯横撑龙骨的区别在于：横撑龙骨是在两根竖向龙骨之间的水平构件，长度仅局限于两根竖向龙骨的间距；通贯横撑龙骨则贯穿于整个隔墙的长度方向上，与每一根竖向龙骨之间都有有效的连接，如图5-27所示。

安装通贯横撑龙骨时，在竖向龙骨的背面开出通贯横撑龙骨的贯通孔，并用支撑卡将通贯横撑龙骨固定在竖向龙骨的开口面，通贯横撑龙骨可用连接件加长，如图5-28所示。通贯横撑龙骨与竖向龙骨之间用卡托或角托进行连接，如图 5-29 所示。

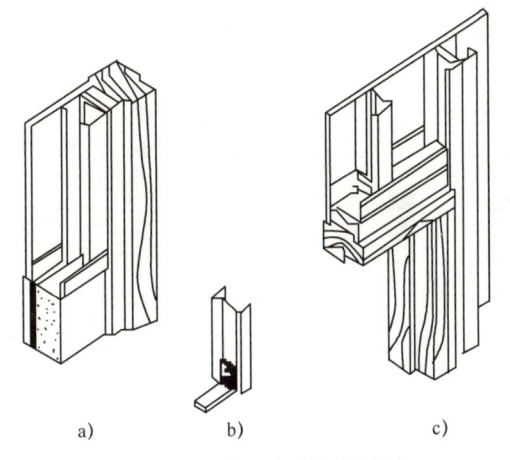

图 5-26 用加强龙骨与木门框连接

图 5-27 竖向龙骨与通贯龙骨连接

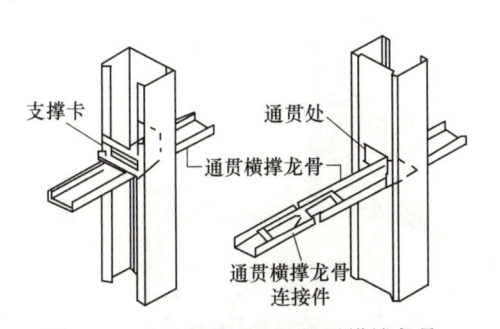

图 5-28 安装横撑龙骨和通贯横撑龙骨

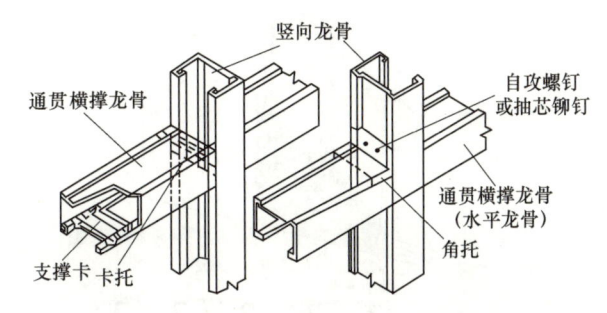

图 5-29 竖向龙骨与通贯横撑龙骨的连接

6. 电气铺管、安装附墙设备

按设计图样要求预埋管道和附墙设备，要求与龙骨的安装同步进行，或在另一面石膏板封板前进行，并采取局部加强措施，固定牢固。在墙中铺设管线时，应避免切断横、竖向龙骨，同时避免在沿墙下端设置管线，如图 5-30 所示。

7. 检查龙骨安装

安装饰面板前，应检查隔墙骨架的牢固程度，门窗框、各种附墙设备、管道的安装和固定是否符合设计要求。如有不牢固处，应进行加固。龙骨的立面垂直偏差应不大于 3mm，表面平整度偏差应不大于 2mm。检查合格后方能进行饰面板的铺钉。检查校正如图 5-31 所示。

8. 安装一面罩面板

先安装一面墙的饰面板，如图 5-32 所示。轻钢龙骨饰面板的安装方法和要求与木龙骨隔墙的方法相同，板材在固定时应保证板的四周与龙骨之间的连接有效，不得有虚铺边缘存在。从门口处开始安装一侧的石膏板，无门洞口的墙体由墙的一端开始。石膏板宜竖向铺设，长边（即包封边）接缝应落在竖龙骨上。石膏板用自攻螺钉固定，沿石膏板周边螺钉间距不应大于 200mm，中间部分螺钉间距不应大于 300mm，螺钉与板边缘的距离应为 10～16mm。安装石膏板时，应从板的中部向板的四边固定，钉头略埋入板内，但不得损坏纸面。隔墙端部的石膏板与周围的墙或柱应留有 3mm 的槽口。施工时，先在槽口处加注嵌缝膏，然后铺板，挤压嵌缝膏使其和邻近表层紧密接触。

图 5-30　铺设管线 　　　图 5-31　检查校正 　　　图 5-32　安装一面墙的饰面板

饰面板有单层和双层板两种，龙骨两侧的石膏板及龙骨一侧的内外两层石膏板应错缝排列，接缝不得落在同一根龙骨上，如图 5-33 所示。

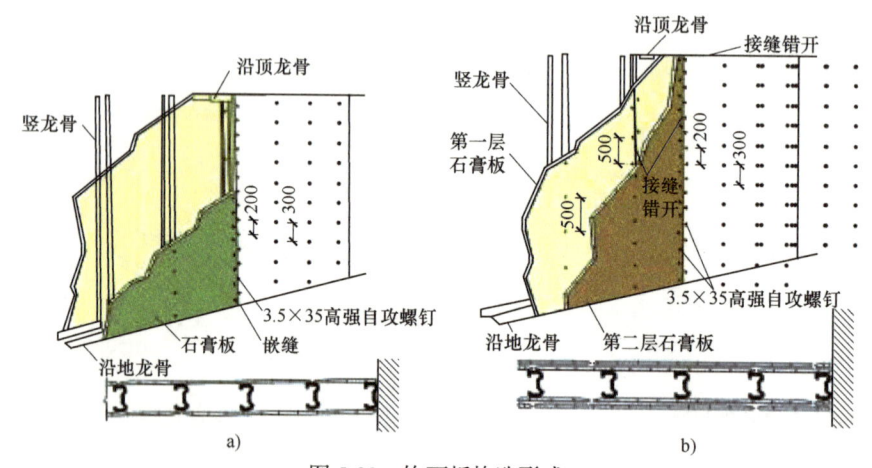

图 5-33　饰面板构造形式
a）单层石膏板隔墙安装示意图　b）双层石膏板隔墙安装示意图

9. 填充隔声材料

板材内如果填塞保温、隔热和隔声材料时，应先安装隔墙上一个侧面的板材，待填充材料装好后再安装隔墙的另一侧面的板材。填充材料应铺满铺平，如图 5-34 所示。

10. 安装另一面饰面板

安装方法同第一侧石膏板，接缝应与第一侧面板缝错开，拼缝不得放在同一根龙骨上，如图 5-35 所示。

图 5-34　墙内填充隔声材料 　　　图 5-35　安装另一面饰面板

11. 接缝及护角处理

（1）纸面石膏板墙接缝做法有三种形式，即暗缝、凹缝和压条，如图 5-36 所示。一般做暗缝较多，可按以下程序处理：

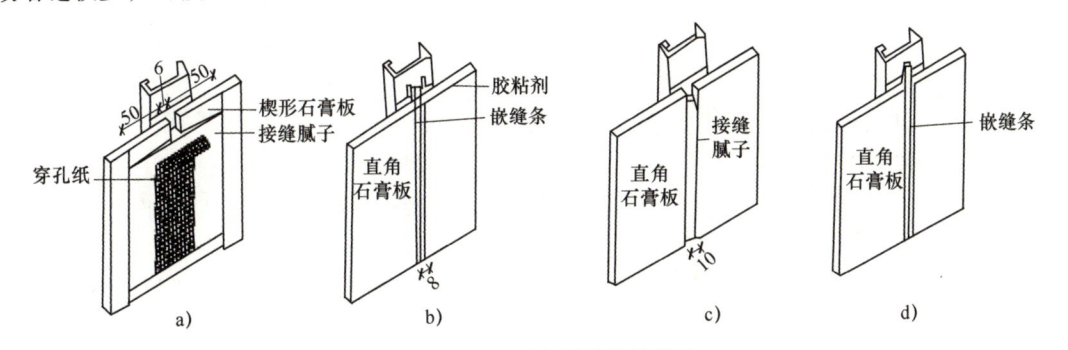

图 5-36　纸面石膏板墙接缝做法

a）暗缝做法　b）金属嵌缝做法　c）凹缝做法　d）木嵌缝做法

1）纸面石膏板安装时，其接缝处应适当留缝（一般 3~6mm），并必须坡口与坡口相接。接缝内浮土清除干净后，刷一道质量分数为 50% 的 108 胶水溶液。

2）用小刮刀把接缝腻子嵌入板缝，板缝要嵌满嵌实，与坡口刮平。待腻子干透后，检查嵌缝处是否有裂纹产生，如产生裂纹要分析原因，并重新嵌缝。

3）在接缝坡口处刮约 1mm 厚的腻子，然后粘贴抗裂缝纸带，压实刮平。

4）当腻子开始凝固又尚处于潮湿状态时，再刮一道腻子，将抗裂缝纸带埋入腻子中，并将板缝填满刮平，如图 5-37 所示。

5）阴角的接缝处理方法同上，如图 5-38 所示。

图 5-37　暗缝处理

图 5-38　阴角接缝处理

（2）阳角的处理方法：

1）阳角粘贴两层抗裂缝纸带，角两边均拐过 100mm，粘贴方法同平缝处理，表面也用接缝腻子刮平。

2）当设计要求作金属护角条时，按设计要求的部位、高度，先刮一层腻子，随即用镀锌钉固定金属护角条，并用腻子刮平。

（三）应注意的质量问题

（1）施工时要保证骨架的固定间距、位置和连接方法应符合设计和规范要求，防止因节点构造不合理造成骨架变形。

（2）安装饰面板前要检查龙骨的平整度，挑选厚度一致的石膏板，避免饰面板不平。

（3）门窗口处板材应用刀把形板材安装，防止门窗口上角出现裂缝。

（4）板缝开裂：轻钢骨架隔墙施工时应选择合理的节点构造和材质好的石膏板。嵌缝膏选用变形小的原料配制，操作时认真清理缝内杂物，嵌缝膏填塞适当，接缝带粘贴后放置一段时间，待水分蒸发后，再刮嵌缝膏将接缝带压住，并把接缝板面找平，防止板面开裂。

（5）轻钢龙骨隔墙与顶棚及其他墙体的交接处应采取防开裂措施。

（6）隔墙周边应留3mm的空隙，注胶或做柔性材料填塞处理，可避免因温度和湿度影响造成墙边变形裂缝。

（7）超长的墙体（超过10m）受温度和湿度的影响比较大，应按照设计要求设置变形缝，防止墙体变形和裂缝。

（四）成品保护

（1）轻钢骨架隔墙施工中，各工种间应保证已安装项目不受损坏，墙内线管及附墙设备不得碰动、错位及损伤。

（2）轻钢龙骨及纸面石膏板入场、存放和使用过程中应妥善保管，保证不变形、不受潮、不污染、无损坏。

（3）施工部位已安装的门窗、地面、墙面、窗台等应注意保护，防止损坏。

（4）已安装好的墙体不得碰撞，保持墙面不受损坏和污染。

五、项目验收

（1）轻钢骨架石膏板隔墙施工的主控项目与一般项目见表5-7。

表5-7 轻钢骨架石膏板隔墙施工的主控项目与一般项目

主控项目	1）骨架隔墙所用龙骨、配件、墙面板、填充材料及嵌缝材料的品种、规格、性能应符合设计要求。有隔声、隔热、阻燃、防潮等特殊要求的工程，材料应有相应性能等级的检测报告 2）骨架隔墙工程边框龙骨必须与基本结构连接牢固，并应平整、垂直、位置正确 3）骨架隔墙工程中龙骨间距和构造连接方法应符合设计要求。骨架内设备管道的安装、门窗洞口等部位的加强龙骨应安装牢固，位置正确，填充材料的设置应符合设计要求 4）骨架隔墙的墙面板应安装牢固，无脱层、翘曲、折裂及缺损 5）饰面板所用接缝材料的接缝方法应符合设计要求
一般项目	1）骨架隔墙表面应平整光滑、色泽一致、洁净、无裂缝，接缝应均匀、顺直 2）骨架隔墙上的孔洞、槽、盒位置正确，套割吻合，边缘整齐 3）骨架隔墙内的填充材料应干燥，填充应密实、均匀、无下坠

（2）轻钢骨架石膏板隔墙施工的允许偏差和检验方法见表5-8。

表5-8 轻钢骨架石膏板隔墙施工的允许偏差和检验方法

项 目	允许偏差/mm	检验方法	项 目	允许偏差/mm	检验方法
立面垂直度	3	用2m垂直检测尺检查	阴阳角方正	3	用方尺检查
表面平整度	3	用2m靠尺和塞尺检查	接缝高低差	1	用钢直尺和塞尺检查

六、项目拓展——铝合金龙骨隔墙与隔断施工

铝合金龙骨隔墙是以铝合金方管型材为骨架、玻璃或铝合金板为饰面板的一种隔墙。铝合金材料是纯铝加入锰、镁等元素冶炼而成,具有重量轻、耐蚀、耐磨、韧性好等特点。铝合金材料色泽有银白色、金色、青铜色和古铜色等。图 5-39 所示为铝合金龙骨玻璃隔墙。

1. 施工流程

放线定位→下料→装配铝合金框架→固定龙骨骨架→安装饰面板。

2. 操作要点

(1) 放线定位:先弹出地面线,再用垂直法弹出墙面位置和高度线,并检查该墙面的垂直度,标出竖向的间隔位置和固定点。

图 5-39 铝合金龙骨玻璃隔墙

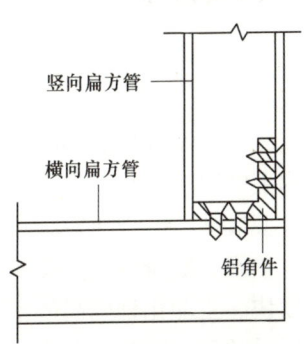

(2) 下料:下料是一项细致的工作,如果放线不准确,不仅使接口缝隙不美观,而且还会造成不必要的浪费。下料根据隔断的尺寸和规格要求,确定铝合金型材的下料长度,然后用铝型材切割机裁割。下料的尺寸误差应控制在 2mm 以内。

(3) 装配铝合金框架:铝合金龙骨中的竖向扁方管和横向扁方管的具体连接方式如图 5-40 所示。

(4) 固定龙骨骨架:在铝合金骨架的背面安装镀锌连接件,镀锌连接件与铝合金之间用自攻螺钉或抽芯铝铆钉固定。将装配好的铝合金骨架立在墙地面上已弹好的安装位置线上,将骨架调平调直。然后用固定件(如膨胀螺栓、钢钉等)将镀锌连接件的另一端固定在楼地面上,如图 5-41 所示。

图 5-40 扁方管的连接

(5) 安装饰面板:铝合金龙骨隔断的常用饰面材料是玻璃。玻璃的裁割尺寸应比固定框的尺寸小 3~5mm。如果用钢化玻璃或夹层玻璃时,应按现场的实际尺寸订制。玻璃与铝合金骨架之间的连接应保证安全牢固,玻璃一般用压条固定,压条与玻璃之间的缝隙处用玻璃胶密封,如图 5-42 所示。

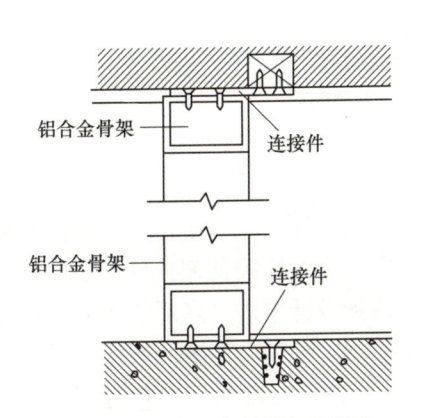

图 5-41 铝合金龙骨骨架的固定

图 5-42 玻璃与隔断的连接固定

项目三　板材隔墙施工

本项目知识点
1. 板材隔墙的构造、施工工艺流程、施工方法。
2. 板材隔墙的施工准备、质量要求、要注意的质量问题。

本项目技能点
1. 能运用相关材料和施工机具进行板材隔墙的施工。
2. 能对板材隔墙施工进行质量验收。

一、项目概况

板材隔墙是指轻质的条板用粘结剂拼合在一起形成的隔墙，即不需要设置隔墙龙骨，由隔墙板材自承重，将预制或现制的隔墙板材直接固定于建筑主体结构上的隔墙工程。由于板材隔墙是用轻质材料制成的大型板材，施工中直接拼装而不依赖骨架，因此它具有重量轻、墙身薄、拆及安装方便、节能环保、施工速度快、工业化程度高的特点。本项目要完成如图 5-43 所示的板材隔墙的安装。

图 5-43　板材隔墙装饰效果

二、项目分析

板材隔墙目前多采用条板，如加气混凝土条板、石膏条板、炭化石灰板、石膏珍珠岩板以及各种复合板。条板厚度大多为 60~100mm，宽度为 600~1000mm，长度略小于房间净高。图 5-44 所示为石膏空心条板。

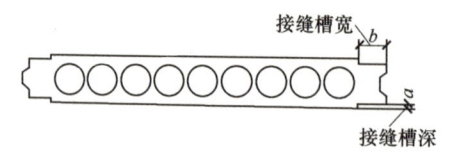

图 5-44　石膏空心条板

安装条板的方法一般有上加楔和下加楔两种，通常采用下加楔比较多。下加楔的具体做法是，先在板顶和板侧浇水，满足其吸水性的要求，再在其上涂抹胶粘剂，使条板的顶面与平顶顶紧，下面用木楔从板底两侧打进，调整板的位置达到设计要求，最后用细石混凝土灌缝，其下部构造如图 5-45 所示。上部的固定方法有两种，一种为软连接，另一种是直接顶在楼板或梁下，后者因其施工简便目前常用。其上部构造如图 5-46 所示。板缝用粘结砂浆或粘结剂进行粘结，并用胶泥刮缝，平整后再做表面装修。

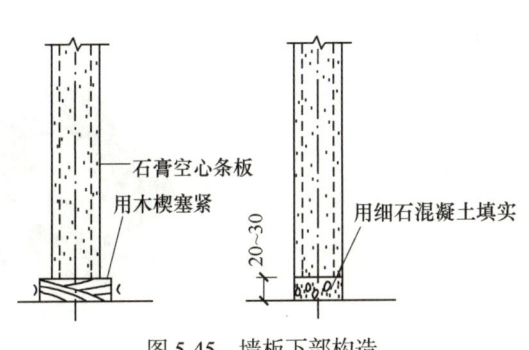

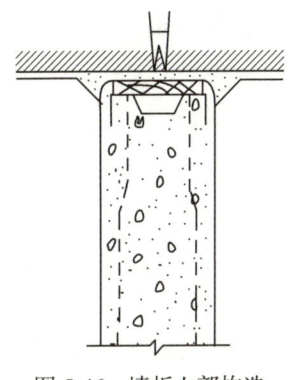

图 5-45 墙板下部构造　　　　图 5-46 墙板上部构造

三、项目准备

（一）材料准备

板材隔墙施工所需材料有石膏空心条板、水泥、石膏、胶粘剂和圆钉、膨胀螺栓、镀锌钢丝等，部分材料见表 5-9。

表 5-9　板材隔墙施工所需材料

名　称	选用规定	图　例
石膏空心条板	石膏空心条板一般用单层板作分室墙和隔墙，也可用双层空心条板，内设空气层或矿棉组成分户墙。板条宽为 150mm，整个条板的厚度约为 100mm。隔板的空心部位可穿电线，板面上固定开关及插销等，可按需要钻成小孔，再塞（粘）圆木固定于上 板材隔墙的品种、规格、性能、色彩等均应按设计要求选择，并应符合现行国家标准和行业标准的规定。产品应有质量合格证和性能检测报告	
水泥	宜采用强度等级不低于 42.5 级的普通硅酸盐水泥。严禁不同品种、不同强度等级的水泥混用。水泥进场应具备产品合格证和出厂检验报告，进场后应进行取样复验，水泥的凝结时间和安定性复验应合格。当水泥出厂超过 3 个月，按复验结果使用	
石膏	建筑石膏或高强度石膏，应有产品质量合格证	

（二）工具准备

工具包括手电钻、云石切割机、老虎钳、螺钉旋具、气动钳、手锯、钢直尺、靠尺、腻子刀等。在板材上开孔切割可用云石切割机，如图5-47所示。

（三）施工作业条件准备

（1）主体结构已完工，并已通过验收合格。
（2）吊顶及墙面已做装饰。
（3）管线已全部安装完毕，水管已试压。
（4）材料已进场，并已验收，均符合设计要求。

图5-47 云石切割机

四、项目实施

（一）石膏空心条板隔墙施工工艺流程

弹隔墙定位线→立墙板→墙底缝隙处理→嵌缝→饰面处理。

（二）施工操作要点

（1）弹线：按建筑设计图，在楼地面和主体结构墙上及楼板底层弹出隔墙定位中心线和边线，并弹出门窗口线。

（2）立墙板：当有门洞口时，应从门洞口处向两侧依次进行；当无门洞口时，应从一端向另一端安装，如图5-48所示。在板的顶面和侧面均匀涂抹水泥素浆胶粘剂，先推紧侧面，再将上部顶紧，板下1/3处垫入木楔，并用靠尺检查垂直度和平整度，如图5-49所示。

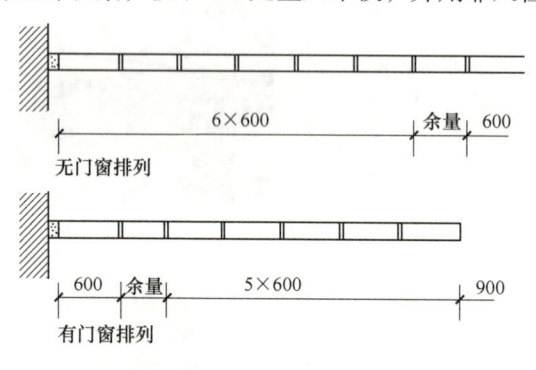

图5-48 墙板的排列

图5-49 墙板下部打入木楔

（3）墙底缝隙处理：墙底缝隙塞混凝土。做踢脚板时，用108胶水泥浆刷至踢脚板部位，初凝后用水泥砂浆抹实压光。墙板与地面连接如图5-50所示。

（4）嵌缝：板缝一般采用不留明缝的做法，先刮胶粘剂（主要原料为醋酸乙烯与石膏粉调成胶泥），再贴50~60mm宽玻纤网格带，阴阳角处每边粘贴100mm宽的玻纤布一层，压实、粘牢，表面再用石膏胶粘剂刮平。嵌缝前先刷水湿润，再嵌抹腻子。墙板与墙板的连接如图5-51所示。

（5）饰面处理：饰面可根据设计要求，做成抹灰、涂饰或墙纸

图5-50 墙板与地面的连接

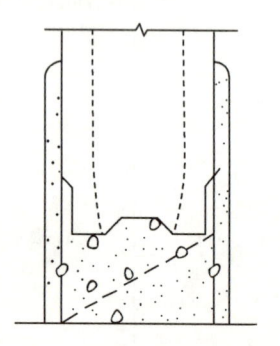

等饰面层。图 5-52 所示为墙面抹灰。

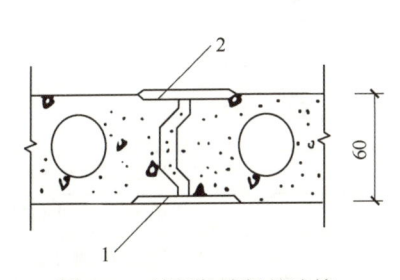

图 5-51　墙板与墙板的连接
1—108 胶水泥砂浆粘结　2—石膏腻子嵌缝

图 5-52　墙面抹灰

（三）施工注意事项

（1）板材隔墙使用的板材应符合防火要求。
（2）墙位放线应清晰、位置应准确、隔墙上下基层应平整、牢固。
（3）板材隔墙安装拼接应符合设计和产品构造要求。
（4）安装板材隔墙时，宜使用简易支架。
（5）安装板材隔墙所用的金属件应进行防腐处理。木楔应作防腐、防潮处理。
（6）在板材隔墙上开槽、打孔应用云石机切割或用电钻钻孔，不得直接剔凿和用力敲击，如图 5-53 所示。
（7）板材隔墙的踢脚板部位应作防潮处理。

（四）成品保护

图 5-53　板材隔墙上开槽

（1）搬运板材时应轻拉轻放，不得损害板材边角。
（2）板材产品不得露天堆存，不得雨淋、受潮、踩踏、物压。
（3）板材隔墙施工时，不得损坏其他成品。
（4）物料不得从窗口内搬进搬出，以防损坏窗框。
（5）板材通过楼梯、走道和门口，不得损坏踏步棱角、走道墙面和门框。
（6）使用胶粘剂时，不得沾污地面和墙面。

五、项目验收

（1）板材隔墙施工的主控项目与一般项目见表 5-10。

表 5-10　板材隔墙施工的主控项目与一般项目

主控项目	1）隔墙板材的品种、规格、性能、颜色应符合设计要求。有隔声、隔热、阻燃、防潮等特殊要求的工程，板材应有相应性能等级的检测报告 2）安装隔墙板材所需预埋件、连接件的位置、数量及连接方法应符合设计要求 3）隔墙板材安装必须牢固。现制钢丝网水泥隔墙与周边墙体的连接方法应符合设计要求并应连接牢固 4）隔墙板材所用接缝材料的品种及接缝方法应符合设计要求
一般项目	1）隔墙板材安装应垂直、平整、位置正确，板材不应有裂缝或缺损 2）板材隔墙表面应平整光滑、色泽一致、洁净，接缝应均匀、顺直 3）隔墙上的孔洞、槽、盒应位置正确，套割方正、边缘整齐

（2）板材隔墙施工的允许偏差和检验方法应符合表 5-11 的规定。

表 5-11　板材隔墙施工的允许偏差和检验方法

项次	项目	允许偏差 /mm				检验方法
		复合轻质墙板		石膏空心板	钢丝水泥板	
		金属夹心板	其他复合板			
1	立面垂直度	2	3	3	3	用 2m 垂直检测尺检查
2	表面平整度	2	3	3	3	用 2m 靠尺和塞尺检查
3	阴阳角方正	3	3	3	4	用直角检测尺检查
4	接缝高低差	1	2	2	3	用钢直尺和塞尺检查

六、项目拓展——泰柏墙板隔墙施工

1. 泰柏墙板的组成

泰柏墙板由 14 号高强镀锌低碳钢丝焊接而成的三维钢丝网骨架和高热阻、自熄性聚苯乙烯泡沫塑料芯料组成，两面喷涂 20～31.5mm 的水泥砂浆，如图 5-54 所示。

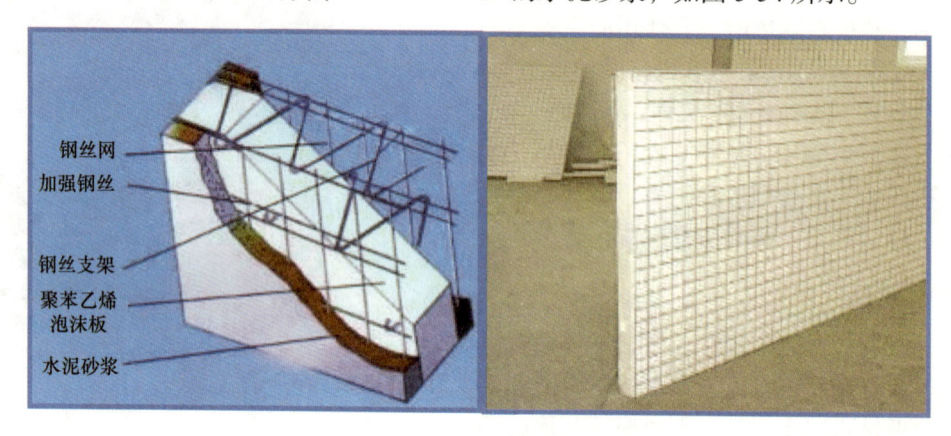

图 5-54　泰柏墙板的组成

2. 泰柏墙板隔墙施工流程

弹线→安装泰柏板→嵌缝→隔墙抹灰。

3. 操作要点

（1）弹线：按施工图要求在楼地面、墙顶和墙面上弹出水平线和竖向垂直线，以控制泰柏板和门窗安装的位置和固定点。

（2）安装泰柏板：在主体结构墙面中心线和边线上钻孔（直径 6mm、深 500mm）、压片，一侧用长度 350～400mm，直径为 6mm 的钢筋码，钻孔打入墙内。泰柏板用钢筋码就位后，将另一侧钢筋码以同样的方法固定，两侧钢筋码与泰柏板横筋固定。在墙、顶和底中心线上钻孔，用膨胀螺栓固定 U 码，U 码与泰柏板连接。泰柏板间的立缝在拼缝两侧用箍码将"之"字条同横向钢丝连接。泰柏板与墙、顶和底的拐角处，应设加强角网，每边搭接长度不小于 100mm。泰柏板的连接如图 5-55 所示。

（3）嵌缝：泰柏板之间立缝，可用适量的水泥素浆胶粘剂涂抹嵌缝。

模块五 隔墙隔断装饰构造与施工

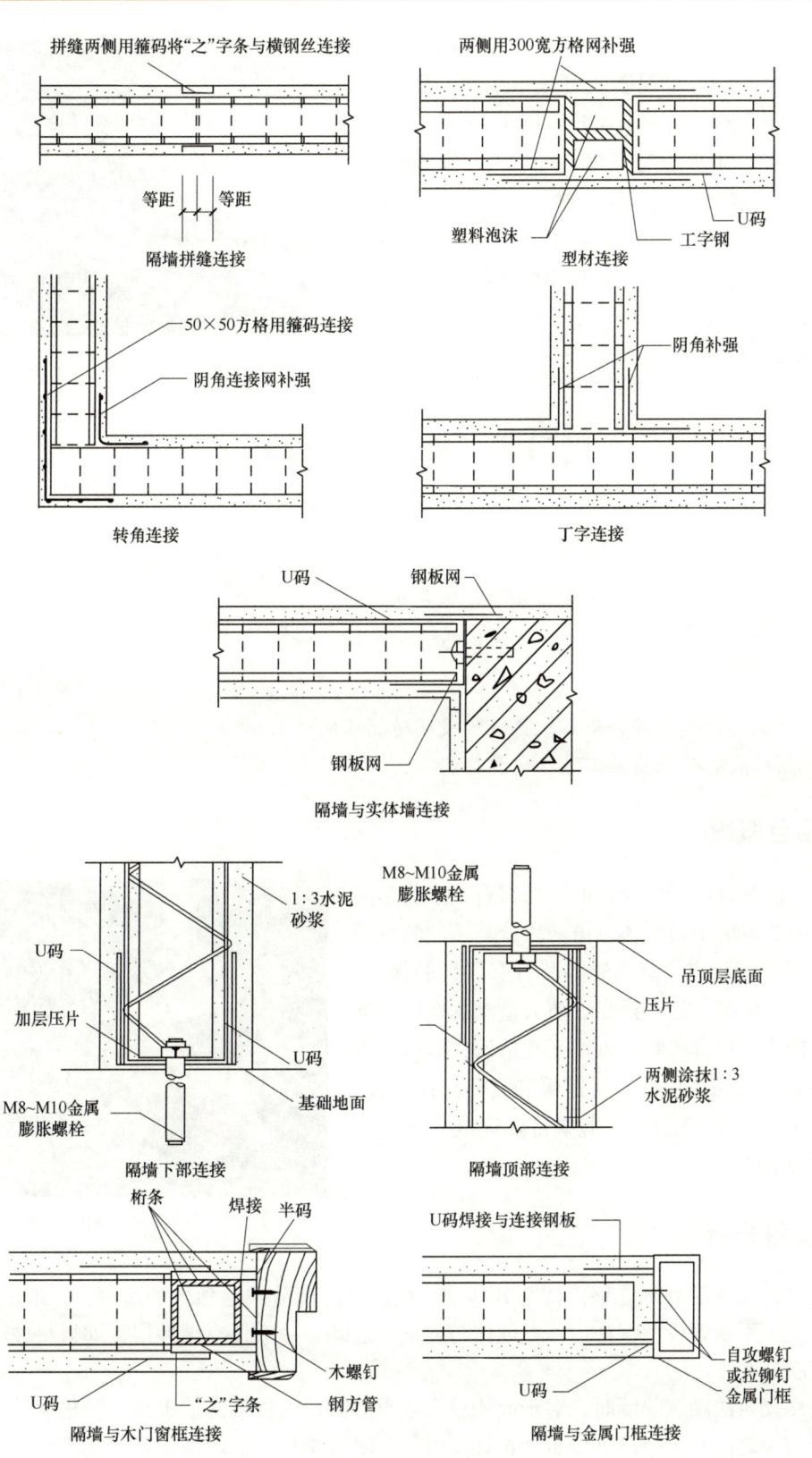

图 5-55 泰柏板的连接

（4）隔墙抹灰：泰柏板隔墙板两侧面抹灰。先在隔墙上用1∶2.5水泥砂浆打底，要求全部覆盖钢丝网，表面平整、抹实；48h后用1∶3的水泥砂浆罩面、压光。抹灰层总厚度20mm。先抹隔墙的一面，48h后再抹另一面，抹灰层完工后，三天内不得受任何撞击。满钉钢丝网，用1∶2.5水泥砂浆打底，抹实抹平；48h后用1∶3水泥砂浆罩面、压光（总厚度20mm）。先抹隔墙的一面，48h后再抹另一面，如图5-56所示。

图5-56　泰柏板隔墙抹灰

项目四　玻璃砖隔墙施工

本项目知识点

1. 玻璃砖的构造、施工工艺流程、施工方法。
2. 玻璃砖的施工准备、质量要求、要注意的质量问题。

本项目技能点

1. 能运用相关材料和施工机具进行玻璃砖隔墙的施工。
2. 能对玻璃砖隔墙施工进行质量验收。

一、项目概况

玻璃砖是目前较为新颖的装饰材料，形状为方扁形空心的玻璃半透明体，由两块分开压制的玻璃在高温下封接制成。玻璃砖隔墙具有优良的保温、隔声、抗压耐磨、透光折光、防火避潮的性能；同时图案精美、华贵典雅。可用于建造透光隔墙、淋浴隔断、楼梯间、门厅、通道等和需要控制透光、眩光和阳光直射的场合。本项目要完成如图5-57所示的玻璃砖隔墙的安装。

图5-57　玻璃砖隔墙

二、项目分析

玻璃砖墙体的外框是该砌体与其他结构相连接的部分或是独立的边框，一般采用槽钢、铝合金框、不锈钢或黄铜饰边。在框体与玻璃砖之间，一般设有缓冲层，即衬垫玻璃丝毡条或橡胶制品等。

采用砌筑法砌筑隔墙时，对于面积较大或重要部位的玻璃砖墙砌体，应根据设计要求在砖墙层与层之间及十字缝处设置Φ6双排钢筋，使用弹簧片把增强钢筋连接于外框上，金属弹簧片一般是固定在镀锌钢板上，另设密封条填塞于边框与玻璃砖的咬合处。图5-58所示为玻璃砖墙的常用构造做法。

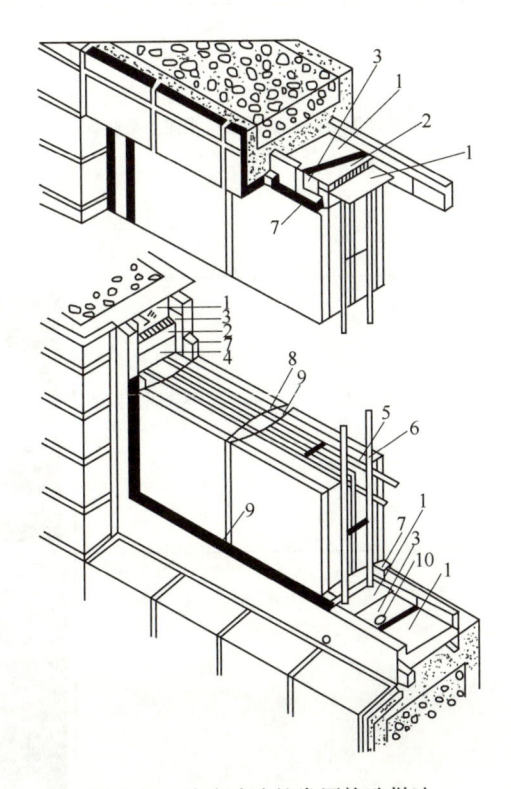

图5-58 玻璃砖墙的常用构造做法

1—金属框　2—玻璃丝毡或聚苯等缓冲材料　3—滑动材料　4—弹簧片　5—水平增强钢筋
6—竖向增强钢筋　7—密封材料　8—砌筑砂浆　9—勾缝砂浆　10—泄水孔

三、项目准备

（一）材料准备

玻璃砖隔墙施工所需材料有玻璃砖、胶结材料、细骨料、掺合料及其他材料，主要材料见表5-12。

表5-12 玻璃砖隔墙施工所需主要材料

名　称	选用要求	图　例
玻璃砖	玻璃砖分为实心砖和空心砖两种。实心玻璃砖是用熔融玻璃采用机械模压制成的矩形块状制品。空心玻璃砖是由箱式模具压成凹形半块玻璃砖，然后再将两块凹形砖熔结或粘结而成的方形或矩形整体空心制品。内面或外面压铸成带有各种花纹的，有白、蓝、绿、灰色等颜色多种图案，玻璃空心砖有115mm、145mm、240mm、300mm等规格	

(续)

名　称	选用要求	图　例
胶结材料	一般选用32.5级或42.5级强度等级的普通硅酸盐水泥。某些场合也有选用其他类型透明胶粘剂的	
细骨料	宜选用筛余的白色砾砂。粒径为0.1~1.0mm，不得含泥及其他杂质	
其他材料	φ6钢筋、玻璃丝毡条、槽钢等	

（二）工具准备

玻璃砖隔墙所需工具有大铲、托线板、线坠、小白线、2m卷尺、水平尺、皮数杆、小水桶、储灰槽、扫帚、透明塑料胶带、橡胶锤等。

（三）施工作业条件准备

（1）做好防水层及保护层（外墙）。
（2）用素混凝土或垫木找平，并控制好标高。
（3）在玻璃砖墙四周弹好墙身线。
（4）固定好墙顶及两端的槽钢或木框。
（5）弹好撂底玻璃砖墙线，按标高立好皮数杆，皮数杆的间距以15~20m立一根为宜。

四、项目实施

（一）玻璃砖隔墙施工工艺流程（砌筑法）

选砖→基层处理→抹找平层→排砖→挂线→砌砖→勾缝→封口与收边。

（二）施工操作要点

（1）选砖：挑选并比较每张玻璃砖的色泽深浅、尺寸大小，分开存放、铺贴，以免一片墙面上颜色不均，且要求表面无裂痕、无磕碰。

（2）基层处理：基层经检查符合要求，清除表面浮灰或杂物，打扫干净。

（3）抹找平层：用1:3的水泥砂浆打底，做到平整、阴阳角方正。

（4）排砖：根据弹好的玻璃砖墙位置线，认真核对玻璃墙长度尺寸是否符合排砖模数。如不符合排砖模数，可调整砖墙两端的槽钢或木框的厚度及砖缝的厚度。砖墙两端调整的宽度以及砖墙两端调整后的槽钢或木框的宽度，应与砖墙上部槽钢调整后的宽度保持一致。

（5）挂线：砌筑之前，应双面挂线。如玻璃砖墙较长，则应在中间多设几个支线点，并用盒尺找平。每皮玻璃砖砌筑时均要挂平线看平，使水平灰缝均匀一致，平直通顺。

（6）砌砖：砌玻璃砖采用整跨度分皮立砌。应以1.5m作为一个施工段，待下部施工段胶结材料达到设计强度后再进行上部施工，如图5-59所示。首皮摆底玻璃砖要按弹好的墙线砌筑。在砌筑墙两端的第一块玻璃砖时，将玻璃纤维毡或聚苯乙烯放入两端的边框内，以起到缓冲和弹性的作用。玻璃纤维毡或聚苯乙烯随砌筑高度的增加而放置，一直到顶对接。

用配合比为1:1的白水泥石英彩色砂浆砌筑空心玻璃砖。面积过大时玻璃砖墙皮与皮之间应放置Φ6双排钢筋网，钢筋搭接位置选在玻璃砖墙中央，钢筋与外部结构要连接牢固，如图5-60所示。每砌完一层，需用湿布将空心玻璃砖面上所沾的水泥彩色砂浆擦拭干净。

图5-59 以1.5m作为一个施工段 　　　　图5-60 钢筋与槽钢结构焊接

（7）勾缝：水平灰缝和竖直灰缝厚度一般为8~10mm，如图5-61所示。划缝要深浅一致，清扫干净。划缝2~3h后，即可勾缝，勾缝砂浆内掺入水泥重量2%的石膏粉。砌筑砂浆应根据砌筑量随拌随和，且其存放时间不得超过3h。勾缝也可用胶枪直接打入密封胶，如图5-62所示。

图5-61 玻璃砖勾缝 　　　　图5-62 用密封胶勾缝

(8）封口与收边：封口与收边是关系到装饰效果的一个工序，当玻璃砖墙有独立的饰边时，在砖墙砌筑完成后即可进行饰边处理，饰边通常有木饰边或金属饰边等。其构造做法如图 5-63 所示。

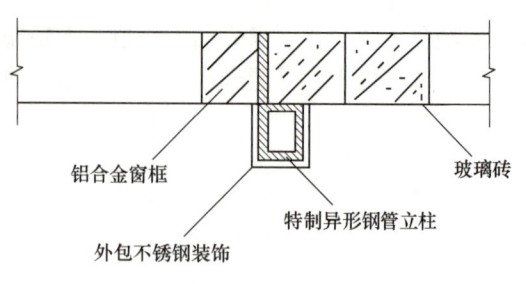

图 5-63 玻璃砖隔墙金属饰边构造

（三）施工注意事项

（1）立皮数杆要保持标高一致，挂线时应拉紧，防止出现灰缝不均。

（2）水平缝砂浆要铺得稍厚一些，慢慢挤揉，立缝灌浆要捣实，勾缝要严，以保证砂浆饱满度，防止出现空隙。

（3）所有的加强钢筋、钢板及槽钢等，凡不是不锈钢者，均应当进行防锈处理。

（4）空心玻璃装饰砖墙不能承受任何垂直方向的荷载，设计、施工时应特别注意。

（四）成品保护

（1）砌筑施工时，随时保持玻璃砖表面的清洁，遇脏则立即处理。

（2）玻璃砖墙砌筑完后，在距玻璃砖墙两侧各 100～200mm 处搭设木架，防止玻璃砖墙受磕碰。

五、项目验收

（1）玻璃砖墙施工的主控项目与一般项目见表 5-13。

表 5-13 玻璃砖墙施工的主控项目与一般项目

主控项目	1）玻璃砖墙（隔断）工程所用材料的品种、规格、性能、图案和颜色应符合设计要求 2）玻璃砖墙（隔断）的砌筑应符合设计要求 3）玻璃砖墙（隔断）砌筑中埋设的拉结筋与基体结构连接牢固，并应位置准确
一般项目	1）玻璃砖墙（隔断）表面应色泽一致、平整洁净、清晰美观 2）玻璃砖墙（隔断）接缝应横平竖直，玻璃砖无裂痕和缺损

（2）玻璃砖隔墙施工的允许偏差和检验方法应符合表 5-14 的规定。

表 5-14 玻璃砖隔墙施工的允许偏差和检验方法

序 号	项 目	允许偏差/mm	检验方法
1	立面垂直度	3	用2m垂直检测尺检查
2	表面平整度	3	
3	阴阳角方正	—	
4	接缝平直度	—	拉 5m 线，不足 5m 拉通线，用钢直尺检查
5	接缝高低差	3	用钢直尺和塞尺检查
6	接缝宽度	—	用钢直尺检查

六、项目拓展——胶筑法施工

胶筑法是将空心玻璃装饰砖用胶粘剂粘结成空心玻璃砖墙（或隔断）的一种新型构造做

法，其构造如图 5-64 所示。

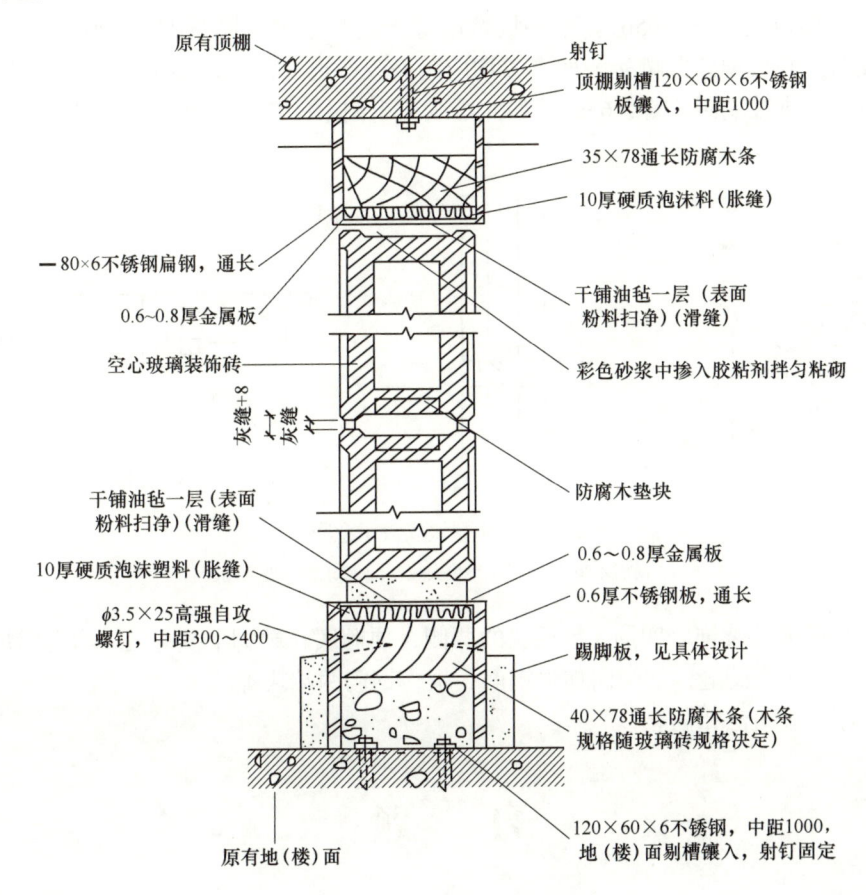

图 5-64　胶筑法构造示意图

1. 安装四周固定件

（1）将玻璃砖墙两侧原有砖墙或钢筋混凝土墙剔槽，槽剔完毕后清理干净，将 120mm×60mm×6mm 不锈钢板放入槽内，用射钉与墙体钉牢。

（2）在每块 120mm×60mm×6mm 不锈钢板上，将 80mm×6mm 通长不锈钢扁钢与该钢板焊牢，使之形成固定件，供固定防腐木条及硬质泡沫塑料（胀缝）之用。

2. 安装防腐木条及胀缝、滑缝材料

（1）将四周通长防腐木条用高强自攻螺钉与固定件上的不锈钢扁钢钉牢（扁钢先钻孔），自攻螺钉中距 300～400mm。胶点涂于防腐木条顶面（即与硬质泡沫塑料粘贴之面），沿木条两边每隔 1000mm 点涂 20mm 胶点一个，边涂边将 10mm 厚硬质泡沫塑料粘于木条之上，供作玻璃砖墙胀缝之用。

（2）在硬质泡沫塑料之上，干铺一层防潮层，供作玻璃砖墙滑缝之用。

3. 胶筑空心玻璃装饰砖墙墙体

（1）在空心玻璃装饰砖墙勒脚上皮防潮层上涂石英彩色砂浆（彩色砂浆中掺入胶粘剂拌匀）一道，厚度、配合比及颜色等均由具体设计决定，边涂边砌空心玻璃砖。

（2）第一皮空心玻璃装饰砖墙砌毕，经检查合格无误后，再砌第二皮及以上各皮空心玻璃砖。每皮空心玻璃砖砌前需先安装防腐木垫块（用胶合板制作，见图5-65a）使之卡于上下皮玻璃砖凹槽以内（图5-65b）。木垫块宽度等于空心玻璃砖厚减15～20mm。木垫块顶面、底面及与空心玻璃砖凹槽接触面上，均应满涂胶一道，每块玻璃砖上应放木垫块2～3块，边放边砌上皮玻璃砖（图5-65c）。如此继续由下向上一皮一皮地进行胶粘砌筑，直至砌至顶部为止。

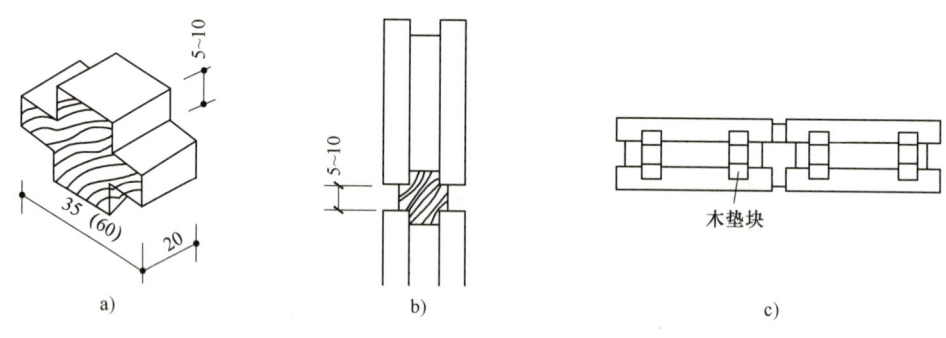

图5-65 木垫块安放示意图
a）防腐木垫块 b）木垫块安放 c）砌筑空心玻璃砖

（3）空心玻璃砖装饰墙四周（包括墙的两侧、顶棚底、勒脚上皮等处）均需增加加强钢筋两根，每隔3条直砖缝，加竖向加强钢筋一根，钢筋两端攻螺纹。

其他工序与砌筑法相同。

习　题

一、填空题

1. 隔断（墙）属于_____构件，一般来讲，隔断的高度在_____以下，如果高度抵达顶棚且无通透造型便可称为_____。
2. 木龙骨隔断的饰面板常用_____、_____等。
3. 轻钢龙骨的骨架部分由_____、_____、_____、_____和相应的配件组成。
4. 龙骨一侧的纸面石膏板面板有_____和_____饰面两种。
5. 面板安装时应先安_____，待填充材料装好后再安装_____，填充材料应铺满铺平。
6. 板材隔墙目前多采用条板，条板厚度大多为_____，宽度为_____。
7. 在板材隔墙上开槽、打孔应用_____，不得直接剔凿和用力敲击。
8. 玻璃砖是目前较为新颖的装饰材料，形状为_____空心的玻璃半透明体，由两块分开压制的玻璃在高温下封接制成。

二、是非题

1. 隔墙木骨架采用的木材，材质等级、含水率以及防腐、防虫、防火处理等必须满足

规定要求。（   ）

2. 隔断是由于使用功能的需要，采用一定的材料来分割房间和建筑物内部大空间，对空间做更深入划分的承重墙。（   ）

3. 内外两层石膏板应错缝排列，接缝不得落在同一根龙骨上。（   ）

4. 板材隔墙的板缝一般采用不留明缝的做法。（   ）

5. 泰柏墙板由14号高强镀锌低碳钢丝焊接而成的三维钢丝网骨架和高热阻、自熄性聚苯乙烯泡沫塑料芯料组成。（   ）

6. 玻璃砖隔墙的施工方法只有砌筑法。（   ）

三、简答题

1. 简述隔墙与隔断的区别。
2. 简述木龙骨隔墙的施工工艺流程。
3. 简述木质人造板板面的板缝处理。
4. 简述轻钢龙骨石膏板隔墙的施工工艺流程。
5. 简述石膏空心条板隔墙和泰柏板隔墙施工工艺流程。
6. 简述砌筑法玻璃砖隔墙施工工艺流程。

模块六　特种装饰构造与施工

项目一　玻璃幕墙施工

本项目知识点

1. 玻璃幕墙构造与材料。
2. 玻璃幕墙的施工工艺与施工要点。

本项目技能点

1. 看懂玻璃幕墙装饰设计图。
2. 掌握玻璃幕墙施工准备、操作方法、要注意的质量问题。

一、项目概况

幕墙是指悬挂在建筑物结构框架表面的非承重墙。玻璃幕墙将大面积玻璃应用于建筑物的外墙面，展示建筑物的现代风格，发挥玻璃本身的特性，使建筑物显得别具一格，从而给人一种全新的感觉。用玻璃作高层建筑幕墙，不仅增添了建筑物的美观，减轻建筑物自身重量，而且还可以缩短施工工期，提高经济效益，因此它是高层建筑物较理想的一种外墙构造形式。本项目需按照施工要求完成如图 6-1 所示的玻璃幕墙工程的施工。

图 6-1　玻璃幕墙

二、项目分析

玻璃幕墙的种类繁多，可以按照以下不同的分类方式进行分类。

1. 按框架体系分类

（1）型钢骨架体系。
（2）铝合金型材骨架体系。
（3）不露骨架结构体系。
（4）无骨架的玻璃幕墙体系。
（5）点式驳接玻璃幕墙体系。

2. 按结构及外观形式分类

（1）明框玻璃幕墙：玻璃板四边镶嵌在铝框内，横梁（杆）、立柱（杆）均外露，骨架有型钢和铝合金型材两种，其构造如图 6-2 所示。

（2）隐框玻璃幕墙：将玻璃用硅酮结构密封胶等固定在铝框上，铝框全部隐蔽在玻璃后面，形成大面积全玻璃镜面，其构造如图 6-3 所示。

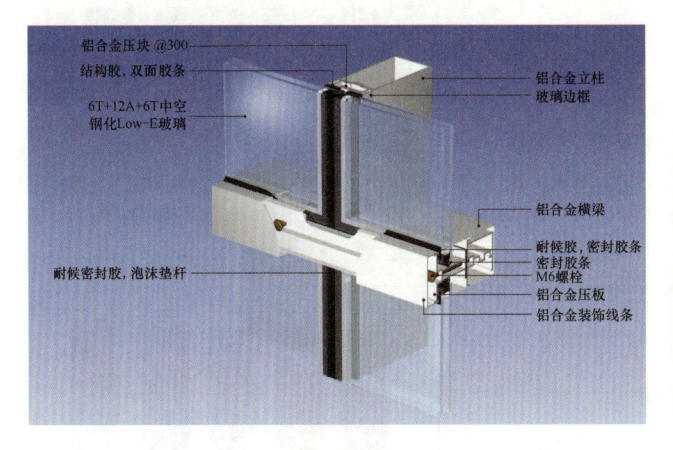

图 6-2　明框玻璃幕墙构造　　　　　　　　　图 6-3　隐框玻璃幕墙构造

（3）半隐框玻璃幕墙：将玻璃两对边嵌在铝框内，两对边用结构胶粘结在铝框上，形成半隐框玻璃幕墙，有立柱外露横梁隐蔽和横梁外露立柱隐蔽两种。

（4）无框玻璃幕墙：指建筑物外墙使用大片玻璃板，且支撑结构都采用玻璃肋。

三、项目准备

（一）材料准备

玻璃幕墙工程常用的材料见表 6-1。

表 6-1　玻璃幕墙工程常用的材料

名　称	作　用	图　片
铝合金型材	制作幕墙的横杆、竖杆及玻璃边框等支撑材料	
钢材	制作预埋件	

(续)

名　称	作　用	图　片
玻璃	用于玻璃幕墙的玻璃种类有很多，有中空玻璃、钢化玻璃、半钢化玻璃、夹层玻璃、防火玻璃及镀膜玻璃等。它起到采光、保温、通风等作用	
建筑密封材料	起到密封作用，同时有缓冲、粘结的功效。它是一种过渡材料	

（二）工具准备

玻璃幕墙施工常用的工具见表 6-2。

表 6-2　玻璃幕墙施工常用工具及其应用

名　称	图　片	应　用
型材切割机		切割各种型材
电动角向钻磨机		钻孔和磨削两用电动工具，特别适用于不便使用普通电钻和磨削机具的场合
手动真空吸盘		抬运玻璃

（三）施工作业条件准备

1. 材料进场验收

（1）审查主、辅材料是否满足技术指标要求。

（2）检查主要材料合格证、材料检验报告、使用说明书、防伪标志。

（3）对主要材料进行复检，并有复检报告。

（4）进场材料外观质量检查。

2. 具体检查内容

（1）铝合金型材：铝合金型材的表面应清洁，不允许有裂纹、起皮、腐蚀和气泡存在。经阳极氧化的型材其氧化膜厚度应符合有关规范的要求。

（2）钢材：钢材的规格、型号、外观是否满足设计要求。

（3）玻璃：玻璃的品种、规格、颜色、光学性能及安装方向应符合设计要求，玻璃的透光度、尺寸、外观质量应满足现行国家标准和行业标准的有关规定。

（4）建筑密封材料：所用硅酮结构胶的认定证书和抽查合格证明；进口硅酮结构胶的商检证；国家指定检测机构出具的硅酮结构胶相容性和剥离粘结性试验报告。

3. 施工准备及作业条件

（1）安装施工之前，幕墙施工单位应会同土建承包商检查现场清洁情况、脚手架和起重运输机械设备，确认是否具备施工条件。

（2）构件储存时应依照安装顺序排列，储存架应有足够的承载能力和刚度，在室外储存时应采用保护措施。

（3）玻璃幕墙与主体结构连接的预埋件，应在主体结构施工时按设计要求埋设，预埋件的位置与设计位置偏差不应大于20mm。如偏差过大或未设预埋件时，应制定补救措施或可靠连接方案，经业主、土建设计单位同意后方可实施。

（4）由于主体结构施工偏差而妨碍幕墙施工安装时，应会同业主和土建承建商采取相应措施，并在幕墙安装前实施。

（5）幕墙工程的安装施工组织设计已完成，并经有关部门审核批准。对幕墙安装的操作人员进行了详细的书面技术交底，并应强调操作工艺、技术措施、质量要求和成品保护。

四、项目实施

（一）明框玻璃幕墙工程施工工艺流程

测量放线→预埋件、后置埋件的安装→铝型材的加工→竖料安装→安装横料→玻璃板块制作→玻璃安装→耐候密封胶的施工。

（二）明框玻璃幕墙工程施工操作要点

1. 测量放线

（1）以轴线和水平标高为基准点，实行分片控制，将误差消化在相应的轴线内，杜绝累计误差。

（2）依据结构体每一层高的基点，以水准仪引至基准柱，并以卷尺标出各楼层基准点，如图6-4所示。

2. 预埋件、后置埋件的安装

（1）根据测量放线所标注的定位中心，用后置埋件样板明确标注埋件与主体连接螺栓的钻孔位置（用色笔统一标注）。

（2）后置埋件采用10mm热镀锌钢板，四角冲出椭圆形长孔，以便安装调整。

（3）用专用冲击电钻，根据螺栓的孔位需要，钻连接螺栓主体上的孔。钻孔前要用混凝土透视仪，检查孔位是否在结构主筋上，如在要适当移位偏离主筋打孔，打孔后吹风除去孔内泥灰，并认真检查至满足要求。

（4）安装连接螺栓和后置埋件，上接螺栓帽头，紧固之，如图6-5所示。

图6-4　测量放线　　　　　　　　　　图6-5　安装预埋件

3. 铝型材的加工

（1）根据审核后的幕墙施工图，由技术部门进行准确的生产翻样设计，设计出铝材的加工图样和下料清单。

（2）利用高精度双头多角度切割机进行切割下料，下料精度达到±0.5mm。

（3）对型材进行冲铣加工，孔位、孔距及其他尺寸偏差均控制在0.5mm以内。

（4）经验收合格后，型材表面满贴保护膜。

4. 竖料安装

（1）应将竖料先与连接件连接，然后连接件再与主体预埋件连接，并应进行调整和固定。竖料安装标高偏差不应大于3mm，轴线前后偏差不应大于2mm，左右偏差不应大于3mm。竖料与预埋件节点如图6-6所示。

（2）相邻两根立柱安装标高偏差不应大于3mm，同层立柱的最大标高偏差不应大于5mm，相邻两根立柱的距离偏差不应大于2mm。

（3）位置调整时应注意，利用相邻轴线对正轴线内幕墙主料的分格中心线，用钢卷尺量度多条竖料中心距离，以免误差数值累积。内外位置以标准钢丝线作基准测量。水平位置利用水准仪及水平基准点为基准。

图6-6　竖料与预埋件节点详图

（4）正式固定竖料。所有紧固用螺钉预紧至500N·m以上。

（5）检查确认时利用铅锤、经纬仪测量竖料的垂直精确度。内外位置以钢丝线为基准测定其位置是否正确，并加以校正。左右位置利用多竖料中心距离测量并留意产生的累计误差读数，应核准校正、消除误差。

5. 安装横料

（1）将横料两端连接件及弹性垫安装在立柱预定位置，并应安装牢固，其接缝应严密。

（2）以水准仪及水平基准点为基准，按设计要求检查、调整、校正并紧固每层装好的横料。

（3）相邻两根横梁的水平标高偏差不应大于1mm。同层标高偏差，当一幅墙宽度小于或等于35m时，不应大于5mm；当一幅墙宽度大于35m时，不应大于7mm。竖料、横料与楼板间关系如图6-7所示。

（4）逐层、逐段检查确认横料安装质量符合设计要求。安装完成后如图6-8所示。

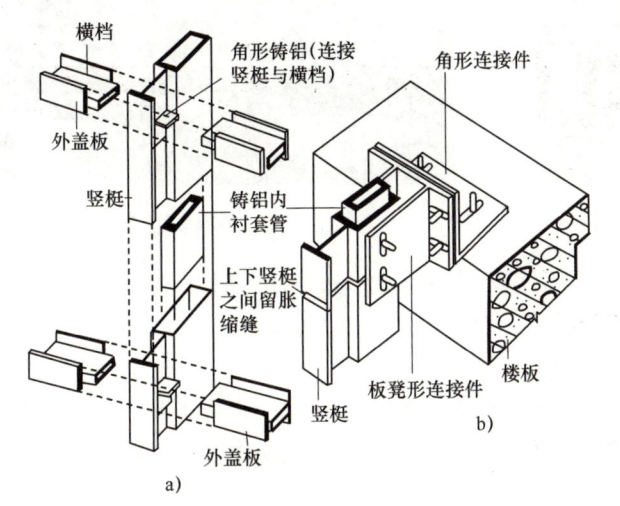

图6-7　竖料、横料与楼板的连接关系
a）横档与竖梃　b）与楼板连接

图6-8　竖料与横料安装完成

6. 玻璃板块制作
（1）将按设计要求订制的钢化玻璃、防火玻璃尺寸下料至生产厂家。
（2）加工前需将铝框用清洁剂彻底清洁，并及时用干布抹干。
（3）贴上透气定位双面垫块。
（4）把铝框粘合于玻璃上，然后用打胶机注上结构胶。
（5）刮出多余凸出的结构胶。
（6）摆放于不受碰撞挤压的固化架上，待结构胶固化。

镀膜玻璃隐框幕墙按以上方法施工；明框玻璃幕墙只需对玻璃进行裁划和磨边处理。

7. 玻璃安装
（1）把加工好的玻璃板块运至各相应楼层。
（2）将玻璃板块挂于铝框架上。对横竖连接构件，进行检查、测量、调整。铝板安装时左右、上下的偏差不应大于1.5mm。空缝安装时必须有防水措施，并应有按设计要求的排水出口。玻璃安装如图6-9所示。
（3）检查确认并核对材料标记、单元号码编号、材料包装、表面处理、安装地点位置后，找平安装，调整四周间隙，用不锈钢螺栓紧固。安装后效果如图6-10所示。

8. 耐候密封胶的施工
（1）座底的清洁与干燥：注入密封胶缝隙的接触面，须采用中性溶剂用海绵或擦布清洁，同时应注意避免中性溶剂飞溅到缝隙以外。海绵或擦布擦到一定程度时应换掉，不要使用不洁材料，如此才能保持清洁的效果。最后再用干净海绵或擦布擦掉中性溶剂。同时应再检查擦干后是否有结露或产生蒸汽，干燥后才可进入下道工序。

图 6-9　安装玻璃

图 6-10　玻璃安装完成

（2）垫料的装填：密封垫料应充分堵塞安装的缝隙，按缝隙尺寸填充，并应考虑其公差，密封垫料填充的深度应按图指示的尺寸，充分考虑后安装。填充材料、所选用的密封胶均要和玻璃测试相容性，合格后才可使用。

（3）贴胶带：贴胶带的作用是密封施工后的铝料缝隙，密封胶带应平整光滑、美观。注意用胶带贴上后，先打密封胶的部分应避免阳光（高温）照射，以免再次打胶时，其胶质残留在玻璃上。

（4）密封胶的填充施工：玻璃接触面经过清洁、干燥后，在适当的时间内注上密封胶，用施工胶枪装密封胶由缝隙底部慢慢往上施工，但应注意施工胶枪填充时筒内一定要填满，不能有空气在内，注胶应密实平直，如图 6-11 所示。

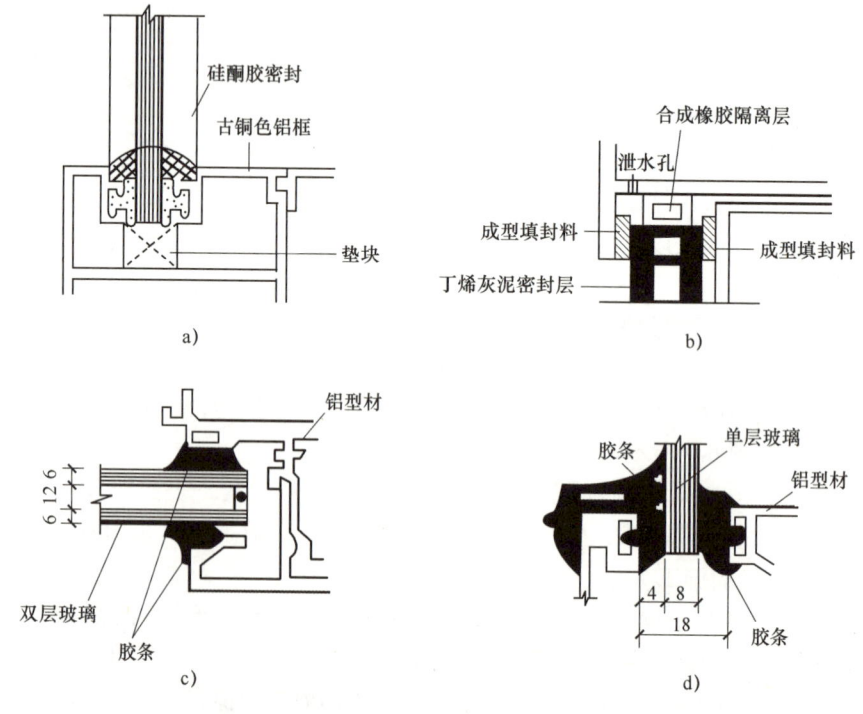

图 6-11　密封填缝处理

(5) 清洁：密封胶刮平后再去胶带，如有密封胶粘上铝板、玻璃时，应用中性的溶剂清洁。

（三）施工注意事项

(1) 幕墙工程应具有施工图、结构计算书、设计说明、建筑设计单位对幕墙工程设计的确认文件。

(2) 幕墙的设计必须由甲级建筑设计院承担，若由幕墙公司自行设计，则必须具备专项设计资质。对高于 150m 的幕墙工程必须经过安全技术评审。从事幕墙工程安装的施工企业，必须取得建设行政主管部门核发的资质证书，并按证书所核定的承包工程范围承接幕墙施工业务。

(3) 幕墙应进行抗风压性能、空气渗透性能、雨水渗透性能及平面变形性能检测。

(4) 后置埋件应进行现场拉拔强度检测。

(5) 幕墙工程应具有所用硅酮结构胶的认定证书和抽查合格证明；进口硅酮结构胶的商检证；国家指定检测机构出具的硅酮结构胶相容性和剥离粘结性试验报告；石材用密封胶的耐污染性试验报告。

(6) 应具有打胶、养护环境的温度、湿度记录；双组分硅酮结构胶的混匀性试验记录及拉断试验记录；防雷装置测试记录。

(7) 幕墙构架立柱的连接金属角码与其他连接件应采用螺栓连接，螺栓直径应经过计算，并不应小于 10mm。不同金属材料接触时应采用绝缘垫片分隔。

(8) 立柱和横梁等主要受力构件，其截面受力部分的壁厚应经计算确定，且铝合金型材壁厚不应小于 3.0mm，钢型材壁厚不应小于 3.5mm。单元幕墙连接处和吊挂处的铝合金型材的壁厚应通过计算确定，并不得小于 5.0mm。

(9) 主体结构与幕墙连接的各种预埋件，其数量、规格、位置和防腐处理必须符合设计要求。

(10) 幕墙的金属框架与主体结构预埋件的连接、立柱与横梁的连接及幕墙面板的安装必须符合设计要求，安装必须牢固。

(11) 幕墙的防火除应符合国家现行标准《建筑设计防火规范》（GB 50016—2014）的有关规定外，还应符合下列规定：

1) 应根据防火材料的耐火极限决定防火层的厚度和宽度，并应在楼板处形成防火带。

2) 防火层应采取隔离措施。防火层的衬板应采用经防腐处理且厚度不小于 1.5mm 的钢板，不得采用铝板。

3) 防火层的密封材料应采用防火密封胶。

4) 防火层与玻璃不应直接接触，一块玻璃不应跨两个防火分区。

(12) 隐框、半隐框幕墙所采用的结构粘结材料必须是中性硅酮结构密封胶，其性能必须符合《建筑用硅酮结构密封胶》（GB 16776—2005）的规定，必须在有效期内使用。其粘结宽度应通过计算确定，且不得小于 7.0mm。

(13) 硅酮结构密封胶应打注饱满，并应在温度 15～30℃、相对湿度 50% 以上、洁净的室内施工，不得在现场墙上打注。

（四）成品保护

安装完毕后、拆除脚手架之前，应对整个幕墙作最后一次检查，保证玻璃幕墙安装和密封胶缝、结构安装质量及其表面的洁净。

五、项目验收

玻璃幕墙竖向主要构件安装允许偏差及检查方法见表 6-3；横梁安装允许偏差及检查方法见表 6-4。

表 6-3　竖向主要构件安装允许偏差及检查方法

项　目		允许偏差 /mm	检查方法
构件整体垂直度	$h \leqslant 30m$	≤ 10	用经纬仪测量 垂直于地面的幕墙，垂直度应包括平面内和平面外两个方向
	$30m < h \leqslant 60m$	≤ 15	
	$60m < h \leqslant 90m$	≤ 20	
	$h > 90m$	≤ 25	
竖向构件直线度		≤ 2.5	用 2m 靠尺、塞尺测量
相邻两竖向构件标高偏差		≤ 3	用水平仪和钢直尺测量
同层构件标高偏差		≤ 5	用水平仪和钢直尺以构件顶端为测量面进行测量
相邻两竖向构件间距偏差		≤ 2	用钢卷尺在构件顶部测量
构件外表面平面度	相邻三构件	≤ 2	用钢直尺和尼龙线或激光全站仪测量
	$b \leqslant 20m$	≤ 5	
	$20m < b \leqslant 40m$	≤ 7	
	$40m < b \leqslant 60m$	≤ 9	
	$b > 60m$	≤ 10	

注：h—幕墙高度；b—幕墙宽度。

表 6-4　横梁安装允许偏差及检查方法

项　目	尺寸范围 /m	允许偏差 /mm	检查方法
相邻两横梁间距尺寸	间距 ≤ 2	± 1.5	用钢卷尺
	间距 > 2	± 2.0	
分格对角线差	对角线长 ≤ 2	3	用钢卷尺或收缩尺
	对角线长 > 2	3.5	
相邻两横梁的水平标高差	—	1	用钢卷尺或水平仪
横梁的水平度	横梁长 ≤ 2	2	用水平仪
	横梁长 > 2	3	

六、项目拓展

（一）无骨架玻璃幕墙

没有骨架的玻璃幕墙，玻璃本身既是饰面构件，又是承重构件。由于没有骨架，整个玻璃幕墙必须采用大块玻璃，这样就使得幕墙更加通透，视线更加开阔，如图 6-12 所示。

这类玻璃幕墙类似于大的落地窗，一般多用于建筑的首层部位，多采用悬挂式结构，即以间隔一定距离设置的吊钩或用特殊的型材从上部将玻璃悬吊起来。吊钩及特殊型材一般是以螺栓固定在槽钢主框架上，然后再将槽钢悬吊于梁或

图 6-12　无骨架玻璃幕墙

板底之下。另外，为了增强玻璃的刚度，还需在上部架设支撑框架，在下部设置横档。

无骨架的玻璃幕墙多采用钢化玻璃和夹层玻璃。玻璃的固定有三种方式，如图6-13所示：

（1）用悬吊的吊钩将肋玻璃及面玻璃固定。这种固定方式多用于高度较大的单块玻璃。

（2）用特殊型材在玻璃的上部将玻璃固定。室内的玻璃隔断多采用此种方式。

（3）不设肋玻璃，而是用金属竖框来加强面玻璃的刚度。

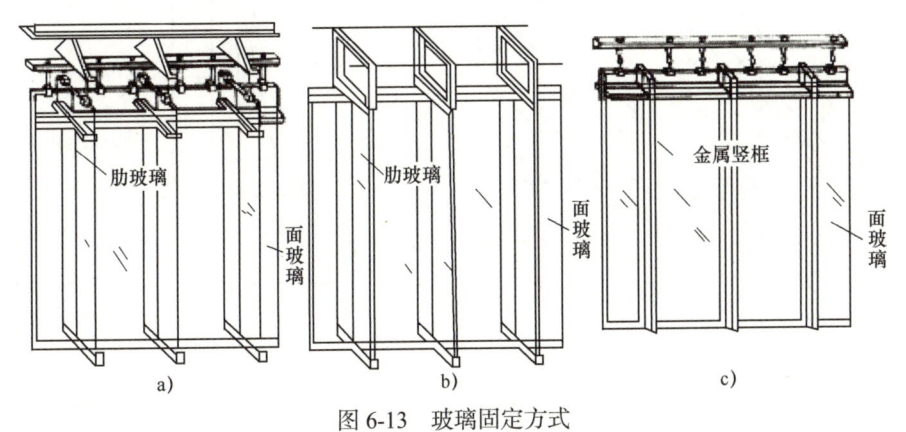

图6-13 玻璃固定方式
a）用吊钩固定 b）用型材固定 c）用金属框架固定

（二）点式驳接玻璃幕墙

点式驳接玻璃幕墙简称为点式玻璃幕墙。该幕墙采用透明玻璃，从室外直接可以看到室内空间，没有框格式的结构影响视线，只有拉杆、绳索简单的结构。在室内感到明亮开阔、通透晶莹，适用于大的公共建筑，如歌剧院、展览大厅、建筑的大堂、采光顶和大门入口顶棚等。点式驳接玻璃幕墙形式及相关构件如图6-14所示，点式驳接玻璃幕墙构造如图6-15所示。

图6-14 点式驳接玻璃幕墙

点式玻璃幕墙是由驳接头和玻璃通过穿透式驳接和背切式驳接而组成，玻璃是重要连接件和受力件。穿透式驳接点式玻璃幕墙是不锈钢驳接头穿透玻璃上的圆孔，驳接头露在金属外面；背切式驳接点式玻璃幕墙是不锈钢驳接头不穿透玻璃，驳接头深入玻璃厚度的60%左右。穿透式驳接点式玻璃幕墙又分沉头式和浮头式两种。沉头式的驳接头沉入玻璃外表面内，表面平整美观，玻璃孔洞为锥形洞，加工复杂；浮头式接头则露在玻璃表面。

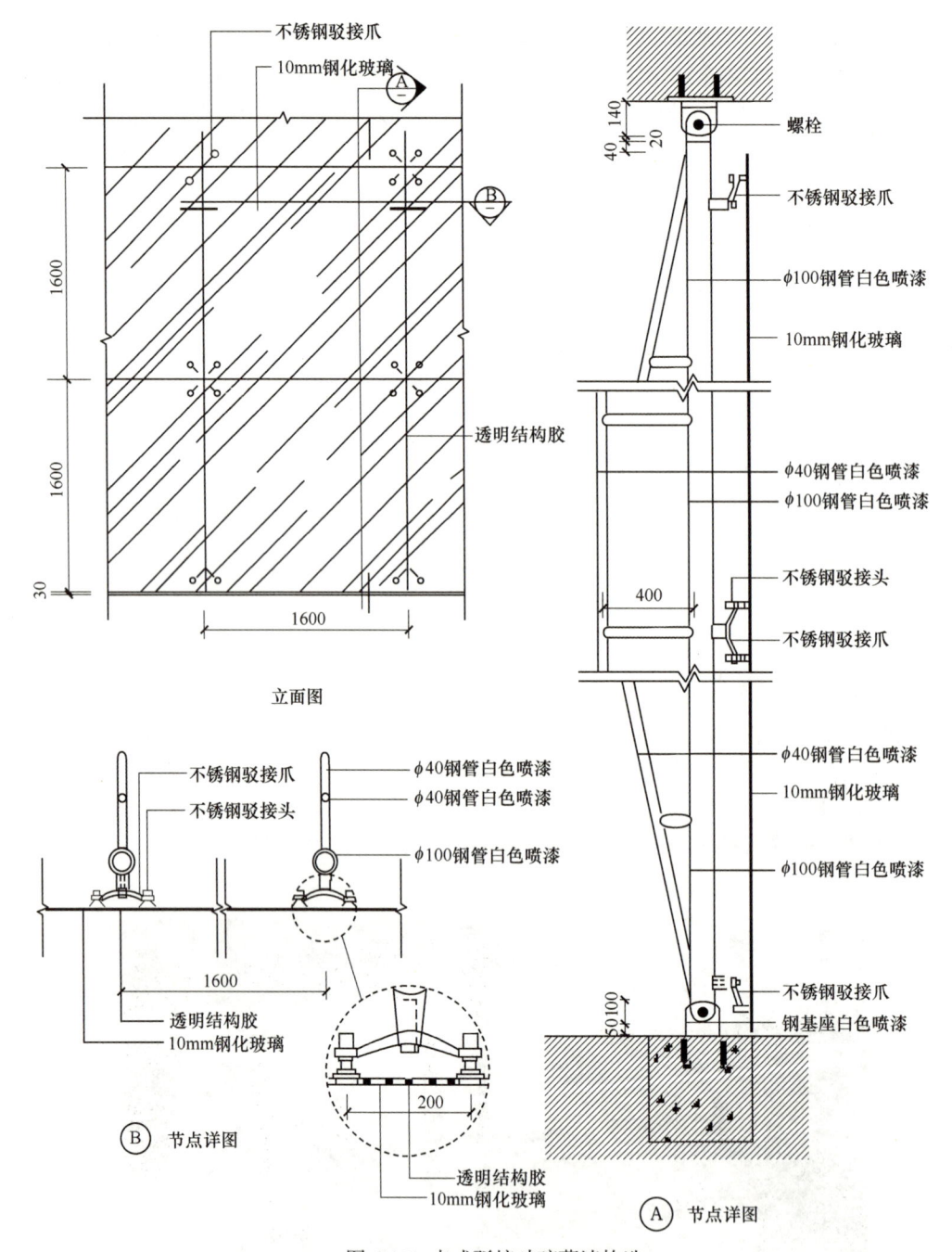

图 6-15 点式驳接玻璃幕墙构造

项目二　玻璃采光顶施工

本项目知识点

1. 玻璃采光顶构造及材料。

2. 玻璃采光顶的施工工艺与施工要点。

本项目技能点

1. 掌握玻璃采光顶施工图的识读。
2. 掌握玻璃采光顶的工艺流程、操作方法、要注意的质量问题。

一、项目概况

玻璃采光顶多用于舞厅、展览厅、科技馆、豪华商场、高级门厅、室内游泳馆、多功能厅、游艺场所、化妆间等。这类顶棚在小面积场所可以满堂铺装，也可局部铺装。大面积的顶棚空间中，玻璃构造则多用于局部装饰或重点部位，作为画龙点睛之用。本项目要完成如图6-16所示的玻璃采光顶的施工安装。

图6-16　玻璃采光顶安装

二、项目分析

玻璃采光顶是现代建筑不可缺少的装饰和采光并重的一种顶棚形式，最早是以采光为目的，随着建筑设计发展的需要，后来就成为以装饰和采光并重的一种建筑形式。玻璃顶棚一般采用钢结构作支撑结构，固定在建筑基础上，并在其上安装特殊的玻璃材料。本项目的玻璃采光顶充分利用了空间和采光的要求进行设计，其装饰施工平面图，如图6-17所示。

图6-17　玻璃顶棚装饰施工平面图

要完成图6-16所示的玻璃采光顶的施工，应该做到：

（1）理解设计师的设计意图及最终要达到的效果，读懂施工图，掌握玻璃顶棚的连接构造。支撑部分钢结构大样图，如图6-18所示。该图是根据现场勘测尺寸及设计创意绘制的。

（2）施工前施工技术人员要按照图样设计进行玻璃材料及相关材料的选样、确定、采购，并于现场进行尺寸放样，以提前做好材料的加工。

（3）按照图样的构造做法，采用正确的施工工艺，选择恰当的材料及施工机具，进行现场施工并进行进度及质量控制。

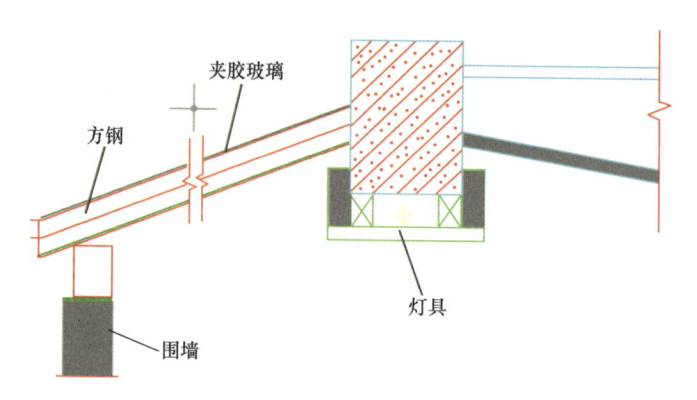

图 6-18　钢结构大样图

三、项目准备

（一）材料准备

主辅材料包括夹胶玻璃、钢结构支架（方钢、角铁）、塑料胶片、玻璃条等，见表 6-5。

表 6-5　玻璃采光顶施工所用材料名称及应用一览表

材料名称	图　例	应　用
夹胶玻璃		夹胶玻璃也叫夹层玻璃，是将 2 片或 2~8 片平板玻璃和透明塑料片胶结而成的玻璃制品。具有较高的强度，在受到冲击作用时不易破坏，属于安全玻璃的一种
方钢角铁		作为钢结构的支架
防锈漆稀释剂		刷防锈漆是防止钢材生锈。稀释剂按一定比例与油漆混合降低油漆的浓度

（续）

材料名称	图例	应用
塑料胶片		垫在玻璃与钢梁之间，减少玻璃与钢材的摩擦
玻璃胶		固定玻璃用的粘接材料
膨胀螺栓		连接固定件
玻璃条		用于玻璃板块之间防漏处理

（二）工具准备

工具包括水平仪、水平尺、切割锯、角磨机、活动扳手、手电钻等。主要机具及用途见表6-6。

表6-6 主要机具及用途

名称	图例	用途
水平仪		检测平整度

（续）

名　　称	图　例	用　途
切割锯		切割辅料
手持式电焊机		焊接钢材
玻璃夹		搬运玻璃
玻璃枪		给玻璃注胶
活动扳手		固定连接
手电钻		打孔

（三）施工作业条件准备

（1）机具准备：本项目施工专用机具已配备完全，可供正常使用。

（2）材料准备：方钢、角钢、玻璃等，主材与辅料入场已检验合格。

（3）作业准备：一层外墙立面作业完成，墙体、立柱已经砌好，金属窗框已经安装完毕，都已经检验合格。外墙立面的四周水平标高线已弹好。

四、项目实施

（一）施工工艺流程

焊接钢结构→钢结构表面处理（包括除锈、磨平焊接点和涂刷防锈漆）→固定支架于墙体上→垫橡胶垫→安装玻璃→注玻璃胶。

（二）施工操作要点

1. 焊接钢结构

焊接玻璃顶棚钢结构骨架（方钢）与角钢连接件，如图 6-19 所示。

2. 钢结构表面处理

在连接件上涂刷防锈漆，如图 6-20 所示。

图 6-19　焊接钢结构连接件

图 6-20　涂刷防锈漆

3. 固定支架于墙体上

先测量，确定安装顶棚的总尺寸，然后按照装饰施工图的要求，用直尺画线定位，如图 6-21 所示；确定钢结构梁的安装位置的中心线，并按照连接件的尺寸画出预埋螺栓孔的位置。

在外墙立面上，按照预先画好的位置，用电钻钻孔，安装膨胀螺栓并固定，如图 6-22 所示。然后，将钢结构梁一端连接件的孔对准二楼外墙预埋的膨胀螺栓，穿入螺栓并用螺母安装固定，如图 6-23 所示。

钢结构梁的另一端按照预先画好的位置，通过预埋在砖墙体中的钢筋连接件焊接固定在墙上方，如图 6-24 所示；或者焊接在预先固定好的钢窗框架上，如图 6-25 所示。图 6-26 所示为玻璃采光顶钢结构梁安装固定完毕。

图 6-21　画线定位 　　　　图 6-22　安装膨胀螺栓 　　　图 6-23　支架梁安装固定

图 6-24　焊接在一楼墙体内的预埋钢筋 　　图 6-25　焊接在窗框架上 　　图 6-26　玻璃采光顶钢结构梁安装固定完毕

4. 垫橡胶垫

先将塑料胶垫铺设在钢结构支架梁上，如图 6-27 所示。然后将玻璃按照设计图样要求的位置平放于钢结构梁之上。

5. 安装玻璃

在安装前，对玻璃每块尺寸进行复核，然后利用玻璃夹将玻璃搬运到顶棚钢结构梁上，如图 6-28 所示。

图 6-27　塑料胶垫铺设 　　　　图 6-28　玻璃安装

6. 注玻璃胶

先给一块玻璃板注入玻璃胶，使其固定在钢支架上，然后固定旁边玻璃板，最后两块玻璃板块之间也要注入玻璃胶，如图 6-29 所示。玻璃与玻璃板块之间以及玻璃与外墙立面连接处为了做好防漏，需要用一块玻璃条来做压缝处理，给玻璃条注胶然后固定在玻璃板缝之上，最后还要给玻璃条两侧注胶做好防漏处理，如图 6-30 所示。

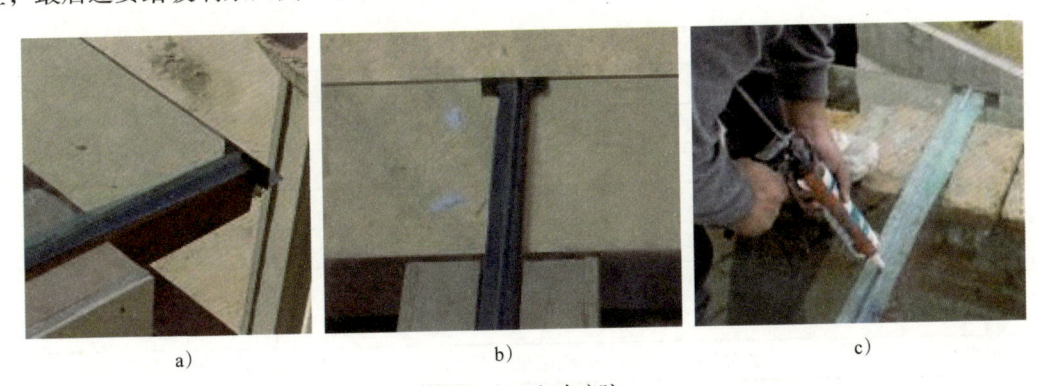

图 6-29　注玻璃胶
a) 固定一边玻璃板　b) 再固定旁边另一块玻璃板　c) 两块玻璃板之间注胶

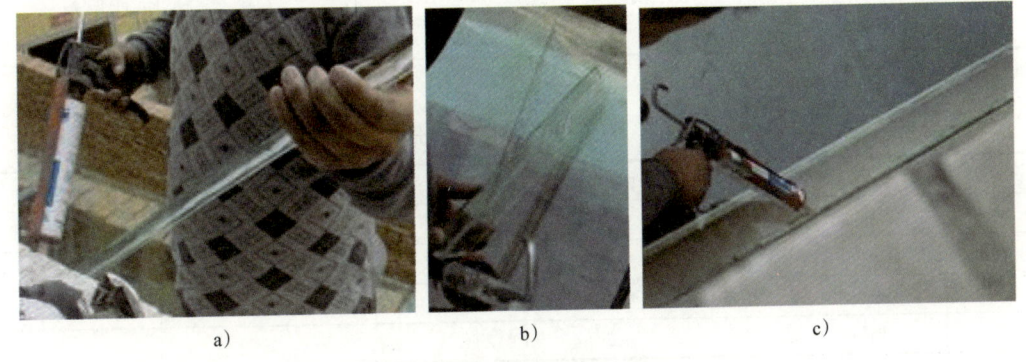

图 6-30　玻璃的防漏处理
a) 给玻璃条注胶　b) 安装在板缝上　c) 给玻璃条两侧注胶

（三）成品保护

（1）对玻璃采光顶构件、面板等，应采取保护措施，不得发生变形、变色、污染等现象。
（2）玻璃采光顶施工中，其表面的粘附物应及时清除。
（3）玻璃采光顶完成后应制定清洁方案，清扫时应避免损伤表面。
（4）清洗玻璃采光顶时，清洁剂应符合要求，不得产生腐蚀和污染。

五、项目验收

1. 检查项目

玻璃采光顶铺装完成后，其主要检查项目有：
（1）饰面标高、尺寸、坡度和造型应符合安全和设计要求。
（2）材料的材质、品种、规格应符合设计及质量要求。

（3）金属结构部分应做防锈处理。
（4）木质材料应做防腐处理。
（5）玻璃与外墙立面、玻璃与玻璃间连接处的防漏处理。

2. 允许偏差

玻璃采光顶的允许偏差及检测方法见表 6-7 ~ 表 6-9。

表 6-7　平面夹层玻璃加工尺寸及形状允许偏差　　　（单位：mm）

项　目	玻璃厚度 D	允许偏差		检测方法
		L ≤ 1200	1200 < L ≤ 2400	
边长（L）	4 ≤ D < 6	+2，-1	—	用钢卷尺
	6 ≤ D < 11	+2，-1	+3，-1	
	11 ≤ D < 17	+3，-2	+4，-2	
	17 ≤ D < 24	+4，-3	+5，-3	
对角线差	—	≤ 4.0		
弯曲度		平面夹层玻璃的弯曲度不得超过 0.3%		用直尺或金属线、塞尺

表 6-8　玻璃采光顶钢型材构件尺寸允许偏差

项　目	允许偏差	项　目	允许偏差
长度	L/2000 且 ± 2.0mm	端头斜度	-15′

注：L 单位为毫米。

表 6-9　全玻璃采光顶安装允许偏差

序号	项　目	允许偏差 /mm	序号	项　目	允许偏差 /mm
1	脊（顶）水平高差	±3	5	跨度	±3
2	脊（顶）水平错位	±2	6	上表面平直度	±1
3	檐口水平高差	±3	7	胶缝底宽度	+1
4	檐口水平错位	±2			

六、项目拓展——玻璃采光顶三大性能解决方案

（1）玻璃采光顶最大的问题是保温隔热性能较差，如果室内外温差较大，容易产生冷凝水的滴落。解决冷凝水的问题有三种办法：首先是可以考虑采用双层玻璃，改善保温隔热的性能；其次是将玻璃顶设计成一定的坡度和弧度，并组织好完善的排水系统，一般地说，玻璃采光顶坡面与水平的夹角以不小于 18°、不大于 45° 为宜；还有一种办法是将玻璃顶下面的墙体上留风缝或孔，让外面的冷空气渗入室内，使玻璃顶的内外侧温差减小，这种玻璃顶的下面难以形成凝结水，而且可以改善室内的空气质量，但会增加一定的室内能耗。

（2）玻璃采光顶的防水问题特别突出，防水基本方法归纳起来有两种："导"，即利用玻璃采光顶的坡度，将顶面雨水因势利导地迅速排除，使渗漏的可能性减小到最小范围；"堵"，即利用防水材料，堵塞玻璃与杆件间的缝隙，要求无缝、无孔，以防止雨水渗漏。导是主要方面，防水效果好，省工、省料，因此综合处理玻璃采光顶防水时，应以导为主，以堵为辅，导堵结合。

（3）玻璃采光顶的眩光、过热问题。当采用普通夹层玻璃时，太阳光透射率及传热系数均较大，且直射的太阳光使人眩目，可采用热反射夹层玻璃，其单向透像性能能防止眩目，且传热系数较低。另外采用在采光顶的内侧加遮阳膜或适当地增加室内的绿化，也可以有效地避免眩光、过热问题。

习 题

一、填空题

1. 玻璃幕墙按结构及外形分为 _____、_____、_____ 和 _____ 等。
2. 玻璃幕墙所采用的主要材料包括 _____、_____ 和 _____ 等几类。
3. 用于玻璃幕墙的玻璃种类很多，有 _____、_____、_____、_____ 及 _____ 等。
4. 玻璃采光顶指建筑物的屋顶、雨篷等的全部或部分材料被 _____ 等透光材料所取代。
5. 玻璃采光顶主要由 _____、_____、_____、_____ 等材料组成。

二、是非题

1. 幕墙是承担主体结构荷载与作用，将防风、遮雨、保温、隔热、防噪声、防空气渗透等使用功能与建筑装饰功能有机融合为一体的建筑外围护结构。（　　）
2. 建筑幕墙中防水密封材料硅酮胶主要用于封闭缝隙、粘结。（　　）
3. 没有骨架的玻璃幕墙一般多用于建筑的首层部位，多采用悬挂式结构。（　　）
4. 幕墙的连接件应选用镀锌件或者对其进行防腐处理。（　　）
5. 夹层玻璃具有较高的强度，在受到冲击作用时不易破坏，属于安全玻璃的一种。（　　）
6. 两片玻璃板连接处为了做好防漏，只需要注入玻璃胶即可。（　　）

三、简答题

1. 玻璃幕墙有哪些类型？
2. 绘制明框玻璃幕墙的构造并简述其施工工艺流程。
3. 点支式玻璃幕墙的构造要点是什么？
4. 玻璃采光顶饰面特点有哪些？

参考文献

[1] 李风.建筑室内装饰材料[M].北京：机械工业出版社，2018.
[2] 葛春雷.室内装饰材料与施工工艺[M].北京：中国电力出版社，2019.
[3] 汤留泉.图解室内设计装饰材料与施工工艺[M].北京：机械工业出版社，2019.
[4] 杨金铎，李洪岐.装饰装修材料[M].4版.北京：中国建材工业出版社，2020.
[5] 赵婷，向敏洁.室内装饰材料与施工工艺[M].长沙：湖南人民出版社，2018.
[6] 曹春雷.室内装饰材料与施工工艺[M].北京：北京理工大学出版社，2019.
[7] 吴卫光，张琪.装饰材料与工艺[M].上海：上海人民美术出版社，2019.
[8] 理想·宅.室内设计材料手册——饰面材料[M].北京：化学工业出版社，2020.
[9] 陈郡东，赵鲲，朱小斌，等.室内设计实战指南（工艺、材料篇）[M].桂林：广西师范大学出版社，2020.